中国农业标准经典收藏系列

中国农业行业标准汇编

（2021）

种植业分册

标准质量出版分社　编

中 国 农 业 出 版 社
农 村 读 物 出 版 社
北　京

主　　编：刘　伟

副 主 编：冀　刚　廖　宁

编写人员（按姓氏笔画排序）：

冯英华　刘　伟　杨桂华

胡烨芳　廖　宁　冀　刚

出 版 说 明

近年来，我们陆续出版了多版《中国农业标准经典收藏系列》标准汇编，已将2004—2018年由我社出版的4 400多项标准单行本汇编成册，得到了广大读者的一致好评。无论从阅读方式还是从参考使用上，都给读者带来了很大方便。

为了加大农业标准的宣贯力度，扩大标准汇编本的影响，满足和方便读者的需要，我们在总结以往出版经验的基础上策划了《中国农业行业标准汇编（2021）》。本次汇编对2019年出版的226项农业标准进行了专业细分与组合，根据专业不同分为种植业、畜牧兽医、植保、农机、综合和水产6个分册。

本书收录了农作物生产技术规程、品种审定规范、加工技术规范、储运技术规范、栽培技术规程、鉴定技术规程、等级规格、种质资源描述规范、繁育技术规程等方面的农业标准33项，并在书后附有2019年发布的6个标准公告供参考。

特别声明：

1. 汇编本着尊重原著的原则，除明显差错外，对标准中所涉及的有关量、符号、单位和编写体例均未做统一改动。

2. 从印制工艺的角度考虑，原标准中的彩色部分在此只给出黑白图片。

3. 本辑所收录的个别标准，由于专业交叉特性，故同时归于不同分册当中。

本书可供农业生产人员、标准管理干部和科研人员使用，也可供有关农业院校师生参考。

标准质量出版分社

2020年9月

目　　录

ICS 59.060.10
B 32

中华人民共和国农业行业标准

NY/T 251—2019
代替 NY/T 251—1995

剑麻织物　单位面积质量的测定

Unit area mass—Sisal fabric determination

2019-12-27 发布　　2020-04-01 实施

中华人民共和国农业农村部　发布

前　言

本标准按照 GB/T 1.1—2009 给出的规则起草。

本标准代替 NY/T 251—1995《剑麻织物　单位面积质量的测定》。与 NY/T 251—1995 相比，除编辑性修改外主要技术变化如下：

——增加了“规范性引用文件”(见 2)；

——增加了“试验仪器” 中的“恒温恒湿试验箱”(见 3)；

——修改了“测定方法”中的温、湿度范围(见 4，1995 年版的 5)；

——删除了“原理”(1995 年版的 3)。

本标准由中华人民共和国农业农村部提出。

本标准由农业农村部热带作物及制品标准化技术委员会归口。

本标准起草单位：农业农村部剑麻及制品质量监督检验测试中心。

本标准主要起草人：陶进转、陈莉莎、陈伟南、冯超、刘海燕。

本标准所代替标准的历次版本发布情况为：

——NY/T 251—1995。

剑麻织物　单位面积质量的测定

1　范围

本标准规定了剑麻织物单位面积质量的测定方法。

本标准适用于剑麻织物生产、贸易、验收等。

2　规范性引用文件

下列文件对于本文件的应用是必不可少的。凡是注日期的引用文件，仅注日期的版本适用于本文件。凡是不注日期的引用文件，其最新版本(包括所有的修改单)适用于本文件。

NY/T 249　剑麻织物物理性能试验的取样和试样裁取

3　试验仪器

3.1　天平：感量 0.01 g。

3.2　钢尺：分度值 1 mm。

3.3　恒温恒湿试验箱：工作室尺寸不小于 500 mm×600 mm×500 mm；温度范围：0℃～100℃；湿度范围：20%RH～98%RH。

4　测定方法

4.1　取样

剪取与织物纬线平行、长度为 0.5 m 的样品 3 个。

4.2　调湿

将样品在温度为 20℃、相对湿度为 65%的条件下进行调湿；其中温度的容差为±2.0℃，相对湿度的容差为±4%。

4.3　试样要求

4.3.1　试样裁取

从调湿后的样品裁取试样，部位按 NY/T 249 的规定执行，每块为 200 mm×200 mm，试样的边平行于经向或纬向。

4.3.2　试样数量

试样数量开始应采用 4 个试样做试验，如果计算出的变异系数(CV)>4.0%，就应增加测试试样，并符合以下要求：

——若 4.0%<CV≤5.5%，则增加 2 个试样，共 6 个；

——若 5.5%<CV≤7.0%，则增加 4 个试样，共 8 个；

——若 CV>7.0%，则增加 8 个试样，共 12 个。

4.4　测定

4.4.1　称量每个试样质量，精确至 0.01 g。

4.4.2　在每个试样背面分 4 个位置测量试样长度、宽度，精确至 1 mm。

4.5　结果计算

4.5.1　每个试样单位面积质量按式(1)计算。

$$G_i = \frac{m}{A} \times 10^6 \qquad (1)$$

式中：

G_i ——单个试样的单位面积质量，单位为克每平方米(g/m^2)；

m ——试样质量，单位为克(g)；

A ——试样面积，单位为平方毫米(mm^2)。

4.5.2 单位面积质量按式(2)计算。

$$G=\frac{\sum G_i}{n} \qquad (2)$$

式中：

G ——试样单位面积质量，单位为克每平方米(g/m^2)；

G_i——单个试样的单位面积质量，单位为克每平方米(g/m^2)；

n——试样个数，单位为个。

结果保留至个位。

5 试验报告

试验报告应包括下列项目：

——试验项目涉及执行的标准编号、名称；

——试验条件；

——试验用的试样数；

——每个试样的尺寸、单位面积质量和全部试样平均单位面积质量；

——试验单位、试验员和试验日期。

ICS 83.040.10
B 72

中华人民共和国农业行业标准

NY/T 385—2019
代替 NY/T 385—1999

天然生胶　技术分级橡胶(TSR)浅色胶生产技术规程

Raw natural rubber—Technically specified rubber(TSR)—Technical code of practice for production of light-coloured rubber

2019-12-27 发布　　2020-04-01 实施

中华人民共和国农业农村部　发布

前　言

本标准按照 GB/T 1.1—2009 给出的规则起草。

本标准代替 NY/T 385—1999《天然生胶　浅色标准橡胶生产技术规程》。与 NY/T 385—1999 相比，除编辑性修改外主要变化如下：

——标准名称改为《天然生胶　技术分级橡胶(TSR)　浅色胶生产技术规程》；

——用 GB/T 4498.1 代替 GB/T 8085(见 2 和 6.2，1999 版的 2 和 6.2)；

——用 GB/T 15340 代替 GB/T 8083、GB/T 8084(见 2 和 6.1，1999 版的 2、6.1 和 6.2)；

——用 GB/T 24131.1 代替 GB/T 8087(见 2 和 6.2，1999 版的 2 和 6.2)；

——增加了引用标准 NY/T 1403《天然橡胶　评价方法》(见 2 和 6.1)；

——工艺流程中增加了“泵送”“装车”“复称”“金属检测”4 道工序，删去“净化(自然沉降)”和“滴水”等工序(见 4，1999 版的 4)；

——增加了 5.2.6；

——5.3.4 中“锤磨法不应超过 35%(质量分数)”改为：“锤磨法、撕粒法不应超过 35%(质量分数)”；

——在 5.3.5 和 5.3.6 中，删去了“连续干燥机的载胶链板”这部分内容(见 5.3.5、5.3.6，1999 版的 5.3.5、5.3.6)；

——5.4.3 改为：“干燥温度和时间的控制：进口热风最高温度应在 105℃以内，干燥时间不应超过 300 min。同时干燥系统出料段应设置抽风冷却装置，出车时的胶料温度不应超过 50℃”；

——增加了 5.4.4、5.4.5 和 5.4.6；

——增加了 5.5“压包”；

——6 的名称改为“产品质量检验”；

——6.1“取样”改为“取样和评价”，内容改为“浅色胶应按 GB/T 15340 的规定执行；评价按 NY/T 1403 的规定执行，除非有关各方同意采用其他方法”；

——7.1、7.2 和 7.3 合并，内容改为“按 GB/T 8082 的规定进行产品包装、标志、储存与运输”；

——删去了 8“技术经济指标”；

——增加附录 B“鲜胶乳氨含量的测定”。

本标准由中华人民共和国农业农村部提出。

本标准由农业农村部热带作物及制品标准化技术委员会归口。

本标准由中国热带农业科学院农产品加工研究所、海南天然橡胶产业集团股份有限公司、云南农垦集团有限责任公司、海南省天然橡胶质量检验站起草。

本标准主要起草人：张北龙、袁瑞全、邓辉、黄红海、陈旭国、卢光、刘培铭、丁丽、周世雄。

本标准所代替标准的历次版本发布情况为：

——NY/T 385—1999。

天然生胶　技术分级橡胶(TSR)　浅色胶生产技术规程

1　范围

本标准规定了天然生胶的浅色胶生产的基本工艺及技术要求。

本标准适用于用天然鲜胶乳生产浅色胶的生产工艺。

2　规范性引用文件

下列文件对于本文件的应用是必不可少的。凡是注日期的引用文件，仅注日期的版本适用于本文件。凡是不注日期的引用文件，其最新版本(包括所有的修改单)适用于本文件。

GB/T 601　化学试剂　标准滴定溶液的制备

GB/T 3510　未硫化橡胶　塑性的测定　快速塑性计法

GB/T 3517　天然生胶　塑性保持率(TSR)的测定

GB/T 4498.1　橡胶　灰分的测定　第1部分：马弗炉法

GB/T 8081　天然生胶　技术分级橡胶(TSR)规格导则

GB/T 8082　天然生胶　技术分级橡胶(TSR)　包装、标志、贮存和运输

GB/T 8086　天然生胶　杂质含量的测定

GB/T 8088　天然生胶和天然胶乳　氮含量的测定

GB/T 14796　天然生胶　颜色指数测定法

GB/T 15340　天然、合成生胶取样及其制样方法

GB/T 24131.1　生橡胶　挥发分含量的测定　第1部分：热辊法和烘箱法

NY/T 1403　天然橡胶　评价方法

3　胶乳的收集

3.1　胶乳收集工作程序

鲜胶乳→加保存剂(一般用氨作保存剂，也可与硼酸并用)→检验分级→去除凝块杂物→过滤→称量→储存→运输→橡胶加工厂。

3.2　胶乳收集的要求

3.2.1　收胶员应熟悉胶乳早期保存的要求和操作方法，了解各主要橡胶品系胶乳的特性，做好胶乳的早期保存工作，防止胶乳变质。

3.2.2　应选用生胶颜色浅的橡胶树品系(如PB86、RRIM600等)的优质胶乳，以保证所生产的浅色胶的颜色指数符合GB/T 8081的要求。

3.2.3　收胶站(点)所有与胶乳接触的用具、容器应保持清洁，使用前以约10%(质量分数)的氨水溶液浸涂消毒。

3.2.4　一般用氨水溶液(或硼酸溶液)作鲜胶乳的保存剂。开始收胶时，应先在收胶池(罐)内加入部分氨水溶液(或硼酸溶液)，并在收胶完成后，按胶乳实际数量补加鲜胶乳的氨水溶液(或硼酸溶液)，但鲜胶乳的氨含量不应大于0.04%(质量分数)，或硼酸含量不大于0.1%(质量分数)；鲜胶乳收集完成后应在8h内凝固。

3.2.5　收胶时，应严格检查鲜胶乳的质量，对变质胶乳应分开处理。

3.2.6　去除鲜胶乳中大的凝块和杂物，然后用孔径355 μm(40目)不锈钢筛网过滤，过滤时不应敲打或用手擦筛网，经过滤的胶乳称重后倒入储胶池(罐)中。

3.2.7　收胶员在胶乳未发运完毕前，不应离开岗位，并随时观察胶乳的质量状况，发现胶乳有变质趋向

时，尽快采取措施进行处理，变质胶乳不宜用于生产浅色胶。

3.2.8 发运单应填写胶乳的数量、质量、保存剂种类及干胶含量、发运时间等信息。

4 生产工艺流程

鲜胶乳→检验分级→净化(离心分离除杂或过滤)→混合→稀释及加抗氧化剂→凝固→凝块熟化→压薄→压绉→造粒→泵送→装车→干燥→称量→压包→复称→金属检测→包装、标志→产品。

5 生产操作要求

5.1 鲜胶乳的净化、混合和稀释

5.1.1 应严格检查进厂胶乳质量。变质胶乳、长流胶乳或雨冲胶乳不应用于生产浅色胶(割胶工人直接送厂的鲜胶乳，按收胶站的操作要求进行处理)。

5.1.2 进厂胶乳应经离心分离器或孔径 250 μm(60 目)不锈钢筛网过滤。发现分离或过滤不理想时，应立即检查分离器或过滤是否正常，确保浅色胶的杂质含量低于 0.05%(质量分数)。

5.1.3 制胶用水应符合附录 A 的要求。

5.1.4 净化后的胶乳流入混合池后，搅拌均匀，取样快速测定干胶含量，然后加水稀释至适宜的浓度。适宜浓度的干胶含量(质量分数)在 18%～22%，具体情况应根据不同的造粒方法、物候期和季节等情况确定。

在加水稀释时，同时加入焦亚硫酸钠作抗氧化剂。具体方法是：将焦亚硫酸钠配制成质量分数为 5%～10%的溶液，然后与稀释用水(总稀释用水量包括抗氧化剂溶液)一起加入胶乳中，并搅拌均匀；焦亚硫酸钠用量不应超过干胶量的 0.05%(质量分数)。

如果使用二氧化锡作抗氧剂时，则先把二氧化锡溶于酸溶液中，在胶乳凝固加酸时，与酸溶液一起加入胶乳，二氧化锡不应超过干胶量的 0.02%(质量分数)。

5.1.5 经加水稀释后的胶乳，应取样按附录 B 规定的方法测定其氨含量，以准确计算凝固剂用量。

5.1.6 稀释后的胶乳应在混合池静置 5 min～10 min，使微细的泥沙沉降池底，然后开始凝固。

5.1.7 混合池底含杂质的胶乳，应重新净化处理。

5.2 凝固

5.2.1 凝固酸的用量以纯酸计算。采用醋酸作凝固剂时，用量为干胶质量分数的 0.62%～0.65%；用甲酸作凝固剂时，用量为干胶质量分数的 0.3%～0.4%。中和酸的用量应根据胶乳的含氨量确定。总用酸量为凝固酸与中和酸之和。用酸度计控制用酸量时，pH 应在 4.8～5.0。

5.2.2 配制稀酸溶液的用水应符合附录 A 的要求，采用"并流加酸"凝固时，凝固稀酸溶液的浓度应根据"并流加酸"方法中对应的酸液池的大小和高度确定。采用其他凝固方法时可根据生产中的实际情况，将醋酸配成约为 5%(质量分数)、甲酸约为 3%(质量分数)的稀溶液。

5.2.3 完成凝固操作后，应及时将混合池、流胶槽、用具及场地清洗干净。

5.2.4 正常情况下，凝固 30 min 后应采取压泡等措施，防止凝块表面氧化变色。凝块熟化时间应在 4 h 以上、20 h 以下。

5.2.5 对于快速凝固法，可根据工艺需要自定。

5.2.6 白天气温超过 30℃时，应及时安排后续工序的生产，避免待加工时间过长。

5.3 造粒

5.3.1 造粒前应向凝固槽注入符合质量要求的水将凝块浮起。

5.3.2 生产前，应认真检查和调试好各种设备，保证所有设备处于良好状态。

5.3.3 设备运转正常后，应用水冲洗与凝块接触的部位，调节好设备的喷水量，随即进料生产。

5.3.4 进入造粒机前，绉片的厚度不应超过 6 mm。造粒后湿胶粒的含水量(以干基计)，锤磨法、撕粒法不应超过 35%(质量分数)，挤压法不应超过 40%(质量分数)。

5.3.5 装载湿胶粒的干燥车每次装胶料前，应将干燥车上干燥过的残留胶粒及杂物清除干净。

5.3.6 湿胶料装入干燥车时，应做到均匀、疏松，避免捏压结团，装胶高度应一致。装车完毕可适当喷淋清水以除去残酸。

5.3.7 造粒完毕，应继续用水冲洗设备 2 min～3 min，然后停机清洗场地。对散落地面的胶粒应另行处理。

5.4 干燥

5.4.1 湿胶粒喷洒清水后，可适当放置滴水，但不应超过 30 min，即送入干燥设备进行干燥。

5.4.2 干燥过程中应随时注意供热状况，调节至适宜的供热量与风量。

5.4.3 干燥温度和时间的控制：进口热风最高温度应在 105℃以内，干燥时间不应超过 300 min。同时干燥系统出料段应设置抽风冷却装置，出车时的胶料温度不应超过 50℃。

5.4.4 停止供热后，继续抽风一段时间，使进口温度≤70℃。

5.4.5 定期检查干燥设备上的密封情况，密封性能不好时应及时修复。

5.4.6 干燥工段应建立干燥时间、温度、出胶情况、进出车号等生产记录。

5.5 压包

5.5.1 干燥后的胶料应冷却至 50℃以下方可压包。

5.5.2 压包前应对每车胶料在易于出现干燥问题的位置抽取不少于 4 块胶块切割检查。

5.5.3 压包后每 6 包取 1 包切开检查，并取样检查。

6 产品质量检验

6.1 取样和评价

浅色胶取样按 GB/T 15340 的规定执行，评价按 NY/T 1403 的规定执行，除非有关各方同意采用其他方法。

6.2 检验

按 GB/T 3510、GB/T 3517、GB/T 4498.1、GB/T 8086、GB/T 8088、GB/T 14796、GB/T 24131.1 的规定对样品进行检验。

6.3 定级

按 GB/T 8081 的规定对产品进行定级。

7 包装、标志、储存与运输

按 GB/T 8082 的规定进行产品包装、标志、储存与运输。

附 录 A
（规范性附录）
浅色胶生产用水的水质要求

浅色胶生产用水的水质要求应符合表 A.1 的要求。

表 A.1 浅色胶生产用水的水质要求

项目（最大值）	数值
总固体，mg/L	150
悬浮的固体，mg/L	20
氯化物，mg/L	50
铜，mg/L	0.2
锰，mg/L	0.2
铁，mg/L	2

附　录　B
（规范性附录）
鲜胶乳氨含量的测定

B.1　原理

氨是碱性物质，与盐酸进行中和反应，可以测定胶乳中氨的含量。其反应式如下：

$$NH_3 + HCl = NH_4Cl$$

B.2　仪器

普通的实验室仪器。

B.3　试剂

仅使用确认的分析纯试剂，蒸馏水或纯度与之相等的水。

B.3.1　用于标定的试剂为分析级试剂。

B.3.2　盐酸标准溶液

B.3.2.1　盐酸标准储备溶液，c(HCl)＝0.1 mol/L

按 GB/T 601 的规定制备。

B.3.2.2　盐酸标准溶液，c(HCl)＝0.02 mol/L

用 50 mL 移液管吸取 50.00 mL c(HCl)＝0.1mol/L 的盐酸标准储备溶液（B.3.2.1）放于 250 mL 容量瓶中，用蒸馏水稀释至刻度，摇匀。此溶液准确浓度按标准储备溶液稀释 5 倍计算。

B.3.3　质量对体积分数为 0.1%甲基红乙醇溶液

称取 0.1 g 甲基红，溶于 100 mL 体积分数为 95%乙醇的滴瓶中，摇匀即可。

B.4　操作程序

用 1 mL 的吸管准确吸取 1 mL 鲜胶乳（用滤纸把吸管口外的胶乳擦干净）放入已装有约 50 mL 蒸馏水的锥形瓶中，吸管中黏附着的胶乳用蒸馏水洗入锥形瓶。然后加入 2 滴～3 滴质量对体积分数为 0.1%甲基红乙醇溶液（B.3.3），用 0.02 mol/L 盐酸标准溶液（B.3.2.2）进行滴定，当颜色由淡黄变成粉红色时即为终点，记下消耗盐酸标准溶液的毫升数。

B.5　结果的表示

以 100 mL 胶乳中含氨（NH_3）的克数表示胶乳的氨含量。氨含量按式（B.1）计算。

$$A = \frac{1.7\,cV}{V_0} \qquad \text{(B.1)}$$

式中：

A ——氨含量，单位为百分号（%）；

c ——盐酸标准溶液的摩尔浓度，单位为摩尔每升（mol/L）；

V ——消耗盐酸标准溶液的量，单位为毫升（mL）；

V_0——胶乳样品的量，单位为毫升（mL）。

ICS 65.020.20
B 05

中华人民共和国农业行业标准

NY/T 1534—2019
代替 NY/T 1534—2007

水稻工厂化育秧技术规程

Technical code of practice for rice factory seedling nursing

2019-08-01 发布　　2019-11-01 实施

中华人民共和国农业农村部　发布

前　　言

本标准按照 GB/T 1.1—2009 给出的规则起草。

本标准代替 NY/T 1534—2007《水稻工厂化育秧技术要求》。与 NY/T 1534—2007 相比，除编辑性修改外主要内容变化如下：

——修改了标准名称为《水稻工厂化育秧技术规程》；
——修改了规范性引用文件(见 2)；
——删除了术语和定义(见 2007 年版的 3)；
——增加了基质作为床土(见 4.3)；
——删除了秧床的准备(见 2007 年版的 7)；
——修改了硬盘和软盘的分类(见 6.1,2007 年版的 9.1)；
——修改了出苗方式(见 7.1,2007 年版的 9.1)；
——修改了绿化炼苗(见 7.2,2007 年版的 9.2)。

本标准由农业农村部农业机械化管理司提出。

本标准由全国农业机械标准化技术委员会农业机械化分技术委员会(SAC/TC 201/SC 2)归口。

本标准起草单位：江苏省农业机械试验鉴定站。

本标准主要起草人：张平、纪鸿波、张婕、季红波、腾兆丽、谢宝青、杨浩勇、王超柱。

本标准所代替标准的历次版本发布情况为：

——NY/T 1534—2007。

水稻工厂化育秧技术规程

1 范围

本标准规定了水稻工厂化育秧的工艺流程、床土准备、种子准备、播种、育秧和秧苗质量。

本标准适用于机插毯状秧苗、钵体秧苗的工厂化育秧。

2 规范性引用文件

下列文件对于本文件的应用是必不可少的。凡是注日期的引用文件，仅注日期的版本适用于本文件。凡是不注日期的引用文件，其最新版本(包括所有的修改单)适用于本文件。

GB 4404.1 粮食作物种子 第1部分:禾谷类

JB/T 10594 日光温室和塑料大棚结构与性能要求

NY/T 390 水稻育秧塑料钵体软盘

NY/T 2674 水稻机插钵形毯状育秧盘

NYJ/T 06 连栋温室建设标准

3 工艺流程

工厂化育秧流程见图1。

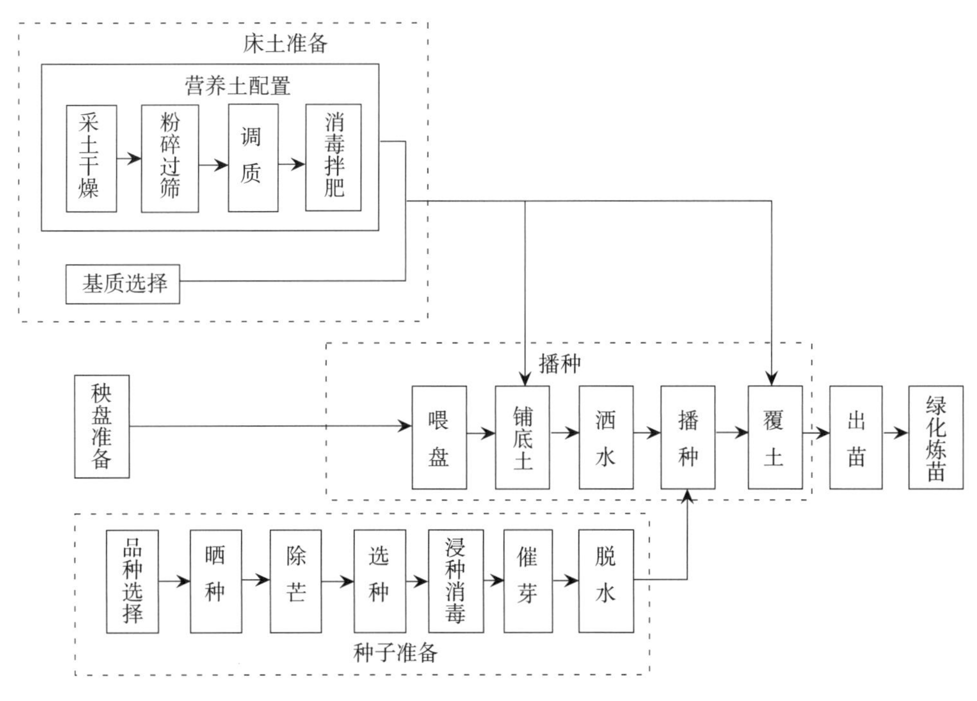

图1 工厂化育秧流程

4 床土准备

4.1 床土种类

水稻工厂化育秧床土有营养土和基质两种。

4.2 营养土

4.2.1 采土

取用通气透水性好、无杂草、病菌少的轻黏壤土。

4.2.2 碎土筛土

所采土壤应翻晒、粉碎并过筛，用于毯状育秧底土颗粒直径不大于 5 mm，覆土颗粒直径不大于 2 mm；用于钵体育秧底土、覆土颗粒直径不大于 2 mm。

4.2.3 pH

营养土的 pH 应为 5.5～7.0，否则应进行调质处理。

4.2.4 含水率

营养土的含水率应不大于 25%。

4.2.5 消毒

采用符合当地农艺要求的方式进行消毒处理。

4.2.6 拌肥

根据秧苗生育期间的养分需求，补充氮、磷、钾等肥料。

4.3 基质选择

选择符合当地水稻育秧要求的基质。

5 种子准备

5.1 品种选择

选用符合农艺要求并经审定的品种。所选种子应符合 GB 4404.1 的要求。

5.2 晒种

在干燥的场地上，将种子翻晒 2 d～3 d。

5.3 除芒

为使稻种符合盘育秧播种机作业条件，有芒和小枝梗的稻种，应除去稻芒和小枝梗。除芒率不小于 95%，去梗率不小于 95%，破损率不大于 1.0%。

5.4 选种

一般采用盐水或泥水选种，比重：籼稻 1.08～1.10、粳稻 1.13～1.16，选种后需用水冲洗。也可采用机械选种。

5.5 浸种消毒

将种子浸入水与消毒液的混合液中。浸种时间以积温表示，籼稻 60℃、粳稻 80℃。浸种消毒后须用清水冲洗。

5.6 催芽

稻种发芽最适宜温度为 25℃～35℃，最高温度为 42℃。催芽应达到 90%以上种子破胸露白。催芽方法因地制宜。

5.7 脱水

将种子于通风阴凉处摊晾 4 h～6 h，或用脱水机脱水，以芽谷含水率小于 32%为标准。种子呈内湿外干、不黏手状态。

6 播种

6.1 播种设备

6.1.1 毯状秧苗育秧硬盘

用于毯状苗的培育，规格有 58 cm×28 cm 和 58 cm×23 cm 两种。

毯状秧苗育秧硬盘的规格及技术要求见表 1。

表 1　毯状秧苗育秧硬盘的规格及技术要求

类　　型		58 cm×28 cm 盘		58 cm×23 cm 盘	
		外形尺寸	内腔尺寸	外形尺寸	内腔尺寸
基本规格	长，mm	600±1	580^{1}_{0}	600±1	580^{1}_{0}
	宽，mm	300±1	280^{1}_{0}	250±1	230^{1}_{0}
	高，mm	30±1	28±1	30±1	28±1
质量，g		≥450		≥400	
适用插秧机行距，mm		300		250	
渗水孔	孔径，mm	Φ4		Φ4	
	数量，个	≤1 624(均匀分布)		≤1 276(均匀分布)	
	孔间距，mm	10×10		10×10	
强度要求	－20℃以下不开裂				
	－10℃时，从 1 m 高处自由掉落硬地面不开裂				
	－5℃ 时，将秧盘置于硬地面，500 g 钢球从 1 m 高处坠落，分别冲击秧盘中部和四角，不开裂				
	38℃时，秧盘荷重 120 kg 不产生塑性变形				

6.1.2　钵形毯状秧苗育秧硬盘

其规格及技术要求应符合 NY/T 2674 的要求。

6.1.3　毯状秧苗育秧软盘

毯状秧苗育秧软盘的规格及技术要求见表 2。

表 2　毯状秧苗育秧软盘的规格及技术要求

项　　目		技术指标
基本规格	内腔长，mm	580±1
	内腔宽，mm	280±1
	内腔高，mm	28±1
	软盘的边框宽，mm	≥5
壁厚，mm		≥0.2
质量，g		≥30
渗水孔	孔径，mm	Φ3～Φ4
	孔数，个	180～240
	破孔率，%	≤1.5
	通孔率，%	≥99.5
拉断力，N		≥250
耐温性能		45℃恒温下持续 2 h，不应软化变形
		－20℃低温下持续 2 h，不应有脆裂痕

6.1.4　钵体秧苗育秧软盘

其规格及技术要求应符合 NY/T 390 的要求。

6.1.5　钵形毯状秧苗育秧软盘

其规格及技术要求应符合 NY/T 2674 的要求。

6.1.6　育秧播种机

选择可以连续完成或部分完成秧盘输送、铺土、喷水、播种、覆土等作业过程的育秧播种机。

6.2　播种作业

6.2.1　播种期

按气候条件、品种特性、腾茬时间、秧龄、插秧机效率等因素，确定播种期。

6.2.2　底土厚度

秧盘内底土厚度为 1.5 cm～2 cm。

6.2.3　覆土厚度

播种后覆土厚度为 0.3 cm～0.5 cm。

6.2.4 洒水量

以秧盘底土淋透、土面不积水为准。

6.2.5 播种量

根据水稻品种、秧龄长短、不同播期、大田基本苗、经济性等因素，确定播种量。按式(1)计算一般机插盘播种量(干种)。

$$L=\frac{A\times S\times Z}{1000\times a\times f} \qquad (1)$$

式中：

L——盘播种量，单位为克(g)；

A——秧盘面积，单位为平方厘米(cm^2)；

S——农艺要求的每穴插秧株数，单位为株；

Z——千粒重，单位为克(g)；

a——插秧机取秧面积，单位为平方厘米(cm^2)；

f——发芽率，单位为百分率(%)。

注：插秧机取秧面积一般按平均取秧面积选取。

7 育秧

7.1 出苗

7.1.1 叠盘出苗

最低气温超过15℃时，可采用叠盘出苗方式。在室内或室外叠盘，顶上和四周加盖黑色塑料薄膜(或无纺布)，48 h后出盘送入育秧温室。叠盘催苗时，需注意避免高温烧苗。

7.1.2 控温出苗

从播种流水线下来的秧盘，进入出苗房，苗房湿度符合当地农艺要求。出苗的温度状态为：

秧盘进入 —35℃~38℃ / 25 h~30 h→ 出芽 —30℃ / 6 h~8 h→ 25℃ / 6 h~8h → 停止加温 / 6 h~8 h → 秧盘出去（芽鞘长0.5 cm~0.8 cm）→ 送入育秧温室

7.1.3 直接出苗

播好种的秧盘直接送至育秧温室中，盖上黑色塑料薄膜(无纺布)遮光保湿，控制室内温度在25℃~35℃，保持盘土湿润，进行催苗2 d~3 d。

7.2 绿化炼苗

根据工厂化育秧方式不同可分为大棚(包含日光温室和塑料大棚)内绿化炼苗和连栋温室内绿化炼苗。

大棚要求应符合JB/T 10594的要求，连栋温室要求应符合NYJ/T 06的要求。

7.2.1 大棚内绿化炼苗

7.2.1.1 1叶1心期前：盖膜(布)保湿，棚温控制在30℃~32℃，湿度80%左右；1叶1心期后：棚温控制在25℃以内。利用晴好天气，每平方米用0.2 g多效唑兑水喷施，喷后即封棚，用壮秧剂配制的营养土免喷多效唑。

7.2.1.2 2叶期：棚温控制在20℃左右，保护床土干燥。但在营养土发白、开裂、秧苗卷叶时需淋补墒，忌大水漫灌。在晴好天气下，每天10:00在两头掀膜(布)通风炼苗，16:00前盖好。

7.2.1.3 3叶期：晴天日放夜覆，阴天开棚通风，棚温低于12℃时，需闭棚保温。3.5叶时开棚炼苗，移栽前3 d追施肥，每平方米用尿素30 g、氯化钾5 g兑水3 kg~5 kg泼浇并清水淋苗。

7.2.2 连栋温室内绿化炼苗

7.2.2.1 通过增温或降温方式将1叶1心期温度控制在25℃~30℃，2叶1心期温度控制在20℃~25℃。

7.2.2.2 播后至1叶1心期保持湿润，1叶1心期后控水，移栽前2 d断水炼苗。为控制秧苗长速，促进根系盘结，控水标准应为不卷叶不补水。

7.2.2.3 层架式育秧可采用位移法增加光照，通过层架的自动循环升降，使得每层的秧苗都能接受光照，保证每层秧苗移栽前有 1 d～3 d 较充足的光照。

7.2.2.4 秧苗生长正常，叶色浓绿的可免施肥料。

7.2.2.5 秧苗移栽前 2 d～3 d 用好“起身药”，防治螟虫、稻蓟马、灰飞虱、稻瘟病等常见病虫草害。

8 秧苗质量

机移栽壮秧标准见表 3、表 4。

表 3 机插壮秧标准

苗形	秧龄，d	叶龄，片	苗高，cm	百苗干质量，g	根数，条/株	根系盘结力，N
中苗	18～35	3.5～4.0	14～20	2 以上	10～15	58.8～78.4
小苗	12～25	2.5～3	10～14	1.5 以上	10 左右	53.9～73.5

表 4 钵苗壮秧标准

苗形	秧龄，d	叶龄，片	苗高，cm	根数，条/株
双季早、晚稻	双早 20～30	3.5～4.5	13～17	12～16
	双晚 18～20			
中稻、单晚	15～20	3.0～3.4	12～15	8～12
北方中、大苗	中苗 30～35	3.1～4.0	15～17	9～11
	大苗 40～45	4.5～5.5	20～25	13～15

ICS 67.080.10
B 31

中华人民共和国农业行业标准

NY/T 2667.13—2019

热带作物品种审定规范 第13部分:木菠萝

Registration rules for variety of tropical crops—Part 13: Jackfruit

2019-12-27 发布　　2020-04-01 实施

中华人民共和国农业农村部　发布

前　　言

NY/T 2667《热带作物品种审定规范》拟分为如下部分：

——第 1 部分：橡胶树；

——第 2 部分：香蕉；

——第 3 部分：荔枝；

——第 4 部分：龙眼；

——第 5 部分：咖啡；

——第 6 部分：芒果；

——第 7 部分：澳洲坚果；

——第 8 部分：菠萝；

——第 9 部分：枇杷；

——第 10 部分：番木瓜；

——第 11 部分：胡椒；

——第 12 部分：椰子；

——第 13 部分：木菠萝；

…………

本部分为 NY/T 2667 的第 13 部分。

本部分按照 GB/T 1.1—2009 给出的规则起草。

本部分由中华人民共和国农业农村部提出。

本部分由农业农村部热带作物及制品标准化技术委员会归口。

本部分起草单位：中国热带农业科学院香料饮料研究所、海南省农业科学院热带果树研究所。

本部分主要起草人：谭乐和、吴刚、范鸿雁、何凡、胡丽松、郭利军、刘爱勤。

热带作物品种审定规范　第 13 部分:木菠萝

1　范围

本部分规定了木菠萝(*Artocarpus heterophyllus* Lam.)品种审定的审定要求、判定规则和审定程序。

本部分适用于木菠萝品种的审定,尖蜜拉(*Artocarpus champeden* Spreng)品种的审定可参照执行。

2　规范性引用文件

下列文件对于本文件的应用是必不可少的。凡是注日期的引用文件,仅注日期的版本适用于本文件。凡是不注日期的引用文件,其最新版本(包括所有的修改单)适用于本文件。

NY/T 489　木菠萝

NY/T 2515　植物新品种特异性、一致性和稳定性测试指南　木菠萝

NY/T 2668.13　热带作物品种试验技术规程　第 13 部分:木菠萝

NY/T 3008　木菠萝栽培技术规程

农业部令 2012 年第 2 号　农业植物品种命名规定

3　审定要求

3.1　基本要求

3.1.1　品种来源明确,无知识产权纠纷。

3.1.2　品种名称应符合农业部令 2012 年第 2 号的要求。

3.1.3　品种具有特异性、一致性和稳定性。

3.1.4　品种通过比较试验、区域性试验和生产性试验,申报材料齐全。

3.2　目标性状要求

3.2.1　基本指标

果形端正,总可溶性固形物含量≥16%,可食率≥30%,其他主要经济性状优于或相当于对照品种。

3.2.2　特异性状指标

3.2.2.1　高产品种

单位面积产量比对照品种增产≥10%,经统计分析差异显著;其他主要经济性状与对照品种相当。

3.2.2.2　优质品种

总可溶性固形物含量、可食率等主要品质性状与对照品种相比,≥1 项性状优于对照品种,经统计分析差异显著。

3.2.2.3　其他特异品种

单果重、果肉颜色、果肉厚度或其他特异经济性状等方面≥1 项指标明显优于对照品种,其他性状符合 3.2.1 条件。

4　判定规则

满足 3.1 和 3.2.1 中的全部要求,同时满足 3.2.2 中的要求≥1 项,判定为符合品种审定要求。

5　审定程序

5.1　现场鉴评

5.1.1　地点确定

根据申请书中所示随机抽样 1 个～2 个代表性的生产性试验点作为现场鉴评地点。

5.1.2 鉴评内容及记录

现场鉴评项目和方法按附录A的规定执行,现场鉴评记录按附录B的规定执行。不便现场鉴评的测试项目指标,需提供农业农村部认可的检测机构出具的检测报告。

5.1.3 综合评价

根据5.1.2的鉴评结果,对产量、品质、抗性等进行综合评价。

5.2 初审

5.2.1 申请审定品种名称

按农业部令2012年第2号的规定审查。

5.2.2 申报材料

对品种比较试验、区域性试验、生产性试验报告等技术内容的真实性、完整性、科学性进行审查。

5.2.3 品种试验方案

试验地点选择、对照品种确定、试验设计与实施、采收与测产,应按NY/T 2668.13的规定进行审查。

5.2.4 品种试验结果

对植物学特征、农艺性状、主要经济性状(包括丰产性、品质、抗性等)和生产技术要点等结果的完整性、真实性和准确性进行审查。

5.2.5 初审意见

依据5.2.1、5.2.2、5.2.3、5.2.4的审查情况,结合现场鉴评结果,对申请审定品种进行综合审定,提出初审意见。

5.3 终审

对申报材料、现场鉴评综合评价、初审结果进行综合审定,提出终审意见,并进行无记名投票表决,赞成票超过与会专家总数2/3以上的品种,通过审定。

附 录 A
(规范性附录)
木菠萝品种审定现场鉴评内容

A.1 观测项目

见表 A.1。

表 A.1 观测项目

记载内容	观测记载项目
基本情况	地点、经纬度、海拔、土壤类型、土壤肥力状况、试验点面积、气候特点、管理水平、种苗类型、定植时期、株行距、种植密度
主要植物学特征及农艺性状	株高、冠幅、干周、单果重、留果数、果实纵径、果实横径、果实形状、果皮颜色、果皮皮刺、果皮厚度、果肉颜色、果肉厚度、年开花次数
品质性状	总可溶性固形物含量、可食率、胶状物、果肉香气、果肉质地
丰产性	单株产量、亩产量

A.2 观测方法

A.2.1 基本情况

A.2.1.1 试验小区概况

主要包括地点、经纬度、海拔、土壤类型、土壤肥力状况、试验点面积、气候特点。

A.2.1.2 管理水平

考察试验地管理水平,分为精细、中等、粗放。

A.2.1.3 种苗类型

分为嫁接苗、扦插苗、其他。

A.2.1.4 定植时间

申请品种和对照品种的定植时间。

A.2.1.5 株行距

测量小区内的株距和行距,精确到 0.1 m。

A.2.1.6 种植密度

根据 A.2.1.5 数据计算种植密度,精确到 1 株/亩。

A.2.2 主要植物学特征及农艺性状

A.2.2.1 株高

每小区随机选取生长正常的植株≥3 株,测量植株高度,精确到 0.1 m。

A.2.2.2 冠幅

用 A.2.2.1 的样本,按“十字形”测量植株树冠的宽度,精确到 0.1 m。

A.2.2.3 干周

用 A.2.2.1 的样本,测量植株主干离地 30 cm 处或嫁接位以上 10 cm 处的粗度,精确到 0.1 cm。

A.2.2.4 单果重

每小区随机选取生长正常的植株≥3 株,分别采摘全部成熟果实称重,除以总个数,精确 0.1 kg。

A.2.2.5 其他植物学特征及农艺性状

留果数应按 NY/T 3008 的规定执行;果实纵径、果实横径、果实形状、果皮颜色、果皮皮刺、果皮厚度、果肉颜色、果肉厚度、年开花次数等应按 NY/T 2515 的规定执行。

A.2.3 品质性状

总可溶性固形物含量、胶状物、果肉香气、果肉质地应按 NY/T 2515 的规定执行;可食率应按 NY/T 489 的规定执行。

A.2.4 丰产性

A.2.4.1 单株产量

果实成熟时,每小区随机选取生长正常的植株≥3 株,分别采摘全树果实称重,根据年周期累积果实产量计算单株产量,精确到 0.1 kg。

A.2.4.2 亩产量

根据 A.2.1.6 和 A.2.4.1 结果,计算亩产量,精确到 0.1 kg。

A.2.4.3 其他

可根据小区内发生的病害、虫害、寒害等具体情况进行记载。

附 录 B
(规范性附录)
木菠萝品种现场鉴评记录表

木菠萝品种现场鉴评记录表见表 B.1。

表 B.1 木菠萝品种现场鉴评记录表

日期:__________年__________月__________日

基本情况:__________省(自治区、直辖市)__________ 市(区、县)__________乡(镇)

经度:__________ 纬度:__________ 海拔:__________

面积:__________亩 土壤类型:__________

测试项目	申请品种						对照品种					
品种名称												
管理水平	1. 精细;2. 中等;3. 粗放											
种苗类型												
定植时间,年												
株行距,m												
种植密度,株/亩												
年开花次数,次												
留果数,个/株												
果皮颜色	1. 黄色;2. 黄绿色;3. 黄褐色;4. 褐色						1. 黄色;2. 黄绿色;3. 黄褐色;4. 褐色					
果实形状	1. 扁圆形;2. 近圆形;3. 长椭圆形;4. 椭圆形						1. 扁圆形;2. 近圆形;3. 长椭圆形;4. 椭圆形					
果皮皮刺	1. 尖;2. 中等;3. 钝						1. 尖;2. 中等;3. 钝					
果肉颜色	1. 浅黄色;2. 中等黄色;3. 深黄色;4. 橙红色						1. 浅黄色;2. 中等黄色;3. 深黄色;4. 橙红色					
株号	1	2	3	4	5	平均	1	2	3	4	5	平均
株高,m												
冠幅,m												
干周,cm												
单果重,kg												
果实纵径,cm												
果实横径,cm												
果皮厚度,cm												
果肉厚度,mm												
总可溶性固形物含量,%												
可食率,%												
胶状物	1. 少; 2. 中; 3. 多						1. 少; 2. 中; 3. 多					
果肉香气	1. 淡; 2. 中等; 3. 浓						1. 淡; 2. 中等; 3. 浓					

表 B.1（续）

测试项目	申请品种						对照品种					
果肉质地	1. 软； 2. 脆						1. 软； 2. 脆					
单株产量,kg												
亩产量,kg												
其他												
签名	组长：　　　　　　成员：											

注 1：测量株数：3 株～5 株。
注 2：抽样方式：随机抽样。
注 3：根据测产单株产量及亩定植株数计算亩产量。

ICS 67.080.10
B 31

中华人民共和国农业行业标准

NY/T 2668.13—2019

热带作物品种试验技术规程 第13部分:木菠萝

Regulations for the variety tests of tropical crops—Part 13: Jackfruit

2019-12-27 发布　　2020-04-01 实施

中华人民共和国农业农村部 发布

前　　言

NY/T 2668《热带作物品种试验技术规程》拟分为如下部分：

——第 1 部分：橡胶树；

——第 2 部分：香蕉；

——第 3 部分：荔枝；

——第 4 部分：龙眼；

——第 5 部分：咖啡；

——第 6 部分：芒果；

——第 7 部分：澳洲坚果；

——第 8 部分：菠萝；

——第 9 部分：枇杷；

——第 10 部分：番木瓜；

——第 11 部分：胡椒；

——第 12 部分：椰子；

——第 13 部分：木菠萝；

——第 14 部分：剑麻；

…………

本部分为 NY/T 2668 的第 13 部分。

本部分按照 GB/T 1.1—2009 给出的规则起草。

本部分由中华人民共和国农业农村部提出。

本部分由农业农村部热带作物及制品标准化技术委员会归口。

本部分起草单位：中国热带农业科学院香料饮料研究所、海南省农业科学院热带果树研究所。

本部分主要起草人：谭乐和、吴刚、范鸿雁、何凡、胡丽松、郭利军、刘爱勤。

热带作物品种试验技术规程　第13部分:木菠萝

1　范围

本部分规定了木菠萝(*Artocarpus heterophyllus* Lam.)的品种比较试验、区域性试验和生产性试验的技术要求。

本部分适用于木菠萝品种试验,尖蜜拉(*Artocarpus champeden* Spreng)品种试验可参照执行。

2　规范性引用文件

下列文件对于本文件的应用是必不可少的。凡是注日期的引用文件,仅注日期的版本适用于本文件。凡是不注日期的引用文件,其最新版本(包括所有的修改单)适用于本文件。

GB/T 6194　水果、蔬菜可溶性糖测定法

GB/T 6195　水果、蔬菜维生素C含量测定法(2,6-二氯靛酚滴定)

NY/T 489　木菠萝

NY/T 1473　木菠萝　种苗

NY/T 2515　植物新品种特异性、一致性和稳定性测试指南　木菠萝

NY/T 2667.13　热带作物品种审定规范　第13部分:木菠萝

NY/T 3008　木菠萝栽培技术规程

3　品种比较试验

3.1　试验地点选择

试验地点应能代表所属生态类型区的气候、土壤、栽培条件和生产水平。

3.2　对照品种

对照品种应为已登记或审(认)定的品种,或当地生产上公知公用的品种,或在育种目标性状上表现最突出的现有品种。

3.3　试验设计与实施

采用完全随机设计或完全随机区组设计,重复≥3次。每个小区每个品种(系)≥5株。种苗质量应符合NY/T 1473的要求,栽培管理按NY/T 3008的规定执行。产量等目标性状观测数据年限≥3个年生产周期;试验区内各项管理措施要求一致,同一试验的每一项田间操作应在同一天内完成。

3.4　采收与测产

当果实成熟度达到要求时,及时采收,每个小区逐株测产,统计年周期内单株产量和单位面积产量。

3.5　观测记录与鉴定评价

按附录A的规定执行。

3.6　试验总结

对试验品种(系)的质量性状进行描述,对产量等重要数量性状观测数据进行统计分析,按附录B的规定撰写品种比较试验年度报告,按附录C的规定撰写品种比较试验总报告。

4　品种区域性试验

4.1　试验地点选择

根据不同品种(系)的适应性,在至少2个省(自治区、直辖市)不同生态区域设置≥3个试验点。试验点同时满足3.1的要求。

4.2 对照品种

满足 3.2 的要求，根据试验需要可增加对照品种。

4.3 试验设计

采用完全随机设计或完全随机区组设计，重复≥3 次。每个小区每个品种≥5 株，株距 5 m～6 m、行距 6 m～7 m；同一组别不同试验点的种植密度与规格一致，试验区内各项管理措施要求一致；单株数据分别记载，试验年限应连续观测≥3 个年生产周期。

4.4 试验实施

4.4.1 种植

种苗质量应符合 NY/T 1473 的要求，种植应按 NY/T 3008 的规定执行。

4.4.2 田间管理

土肥水管理、树体管理、主要病虫害防治应按 NY/T 3008 的规定执行。

4.5 采收与测产

按 3.4 的规定执行。

4.6 观测记载与鉴定评价

按附录 A 的规定执行。

4.7 试验总结

对试验品种(系)的质量性状进行描述，对产量等重要数量性状观测数据进行统计分析，按附录 B 的规定撰写品种区域性试验年度报告，按附录 C 的规定撰写区域性试验总报告。

5 品种生产性试验

5.1 试验地点选择

满足 4.1 的要求。

5.2 对照品种

满足 4.2 的要求。

5.3 试验设计

采用随机区组设计或对比试验，株距 5 m～6 m、行距 6 m～7 m；随机区组设计的重复数≥3 次，一个试验点每个申请品种(系)的种植面积≥3 亩，小区内每个品种(系)≥1 亩；对比试验的重复数≥3 次，每次重复每个品种(系)的种植面积≥1 亩。产量等目标性状观测数据年限≥3 个年生产周期。

5.4 试验实施

按 4.4 的规定执行。

5.5 采收与测产

当果实成熟度达到要求时，及时采收。每小区随机选取正常植株≥5 株，分别采收全树果实称重，统计株产，折算亩产。

5.6 观测记载与鉴定评价

按附录 A 的规定执行。

5.7 试验总结

对试验品种(系)的质量性状进行描述，对产量等重要数量性状观测数据进行统计分析，对品种表现作出综合评价，按附录 B 的规定撰写品种生产性试验年度报告，按附录 C 的规定撰写品种生产性试验总报告，并总结生产技术要点。

附　录　A
（规范性附录）
木菠萝品种试验观测项目与记载标准

A.1　基本情况

A.1.1　试验地概况

试验地概况主要包括：地理位置、经纬度、地形、海拔、坡度、坡向、土壤类型、土壤肥力状况、定植时间等。

A.1.2　气象资料

记载内容主要包括：年均温、年降水量、光照时数、无霜期、极端最高温、极端最低温以及灾害天气情况等。

A.1.3　种苗情况

记录种苗类型、种苗来源等。

A.1.4　田间管理情况

常规管理，包括整形修剪、除草、排灌、施肥、病虫害防治等。

A.2　木菠萝品种试验田间观测与记载项目

A.2.1　观测项目

见表 A.1。

表 A.1　观测项目

内　容	记载项目
植物学特征及农艺性状	株高、冠幅、干周、叶形、叶长、叶宽、叶色、单果重、果实纵径、果实横径、果实形状、果皮颜色、果皮皮刺、果皮厚度、果肉颜色、果苞厚度、种子形状、种子颜色、种子单粒重
生物学特性	初花期、末花期、年开花次数、果实发育期、果实成熟期
品质特性	总可溶性固形物含量、可食率、胶状物、果肉香气、果肉质地、还原糖含量、总糖含量、维生素 C 含量
丰产性	单株产量、亩产量
抗性	抗病虫性

A.2.2　鉴定方法

A.2.2.1　植物学特征及农艺性状

A.2.2.1.1　种子形状

每小区随机选取生长正常的植株≥3 株，每株取 2 个果，从果实中随机选取 20 粒种子，目测种子的形状，按最大相似原则，确定种子的形状，种子形状有球形、椭圆形、长椭圆形、肾形、其他。

A.2.2.1.2　种子颜色

用 A.2.2.1.1 的样本，随机选取 20 粒种子，目测种子颜色并与标准色卡进行比较，按最大相似原则，确定种子颜色，颜色有白色、乳白色、褐色、深褐色、其他。

A.2.2.1.3　种子单粒重

用 A.2.2.1.1 的样本，随机选取 20 粒种子，进行称重。结果以平均值表示，单位为克(g)，精确到 0.1 g。

A.2.2.1.4　其他植物学特征及农艺性状

株高、冠幅、干周和单果重应按 NY/T 2667.13 的规定执行；叶形、叶长、叶宽、叶色、果实纵径、果实横径、果实形状、果皮颜色、果皮皮刺、果皮厚度、果肉颜色、果苞厚度等，应按 NY/T 2515 的规定执行。

A.2.2.2　生物学特性

初花期、末花期、年开花次数、果实发育期、果实成熟期，按 NY/T 2515 的规定执行。

A.2.2.3 品质特性

总可溶性固形物含量、胶状物、果肉香气、果肉质地，按 NY/T 2515 的规定执行；可食率应按 NY/T 489 的规定执行；维生素 C 含量应按 GB/T 6195 的规定执行；总糖含量、还原糖含量应按 GB/T 6194 的规定执行。

A.2.2.4 丰产性

A.2.2.4.1 单株产量

品种比较试验和区域性试验：当果实成熟度达到要求时，分别采收，每个小区逐株测产，统计年周期内单株产量；生产性试验：每小区随机选取正常植株≥5 株，分别采收全株果实称重，统计年周期内单株产量；精确到 0.1 kg。

A.2.2.4.2 亩产量

根据单株产量、亩株数计算亩产量，精确到 0.1 kg。

A.2.2.5 抗性

根据小区内发生的病害、虫害等具体情况加以记载。

A.2.3 项目记载

A.2.3.1 木菠萝品种比较试验观测记载项目

见表 A.2。

表 A.2 木菠萝品种比较试验观测项目记载表

观测项目		参试品种	对照品种	备注
植物学特征及农艺性状	株高，m			
	冠幅，m			
	干周，cm			
	叶形			
	叶长，cm			
	叶宽，cm			
	叶色			
	单果重，kg			
	果实纵径，cm			
	果实横径，cm			
	果实形状			
	果皮颜色			
	果皮皮刺			
	果皮厚度，cm			
	果肉颜色			
	果苞厚度，mm			
	种子形状			
	种子颜色			
	种子单粒重，g			
生物学特性	初花期(YYYYMMDD)			
	末花期(YYYYMMDD)			
	果实发育期，d			
	果实成熟期(YYYYMMDD)			
	年开花次数，次			
品质特性	总可溶性固形物含量，%			
	可食率，%			
	胶状物			
	果肉香气			
	果肉质地			
	还原糖含量，%			
	总糖含量，%			
	维生素 C 含量，mg/100 g			

表 A.2(续)

观测项目		参试品种	对照品种	备注
丰产性	单株产量,kg			
	亩产量,kg			
抗性	抗病虫性			
其他				

A.2.3.2 木菠萝品种区域性试验观测记载项目

见表 A.3。

表 A.3 木菠萝品种区域性试验观测项目记载表

观测项目		参试品种	对照品种	备注
植物学特征及农艺性状	株高,m			
	冠幅,m			
	干周,cm			
	叶形			
	叶长,cm			
	叶宽,cm			
	叶色			
	单果重,kg			
	果实纵径,cm			
	果实横径,cm			
	果实形状			
	果皮颜色			
	果皮皮刺			
	果皮厚度,cm			
	果肉颜色			
	果苞厚度,mm			
	种子形状			
	种子颜色			
	种子单粒重,g			
生物学特性	初花期(YYYYMMDD)			
	末花期(YYYYMMDD)			
	果实发育期,d			
	果实成熟期(YYYYMMDD)			
	年开花次数,次			
品质特性	总可溶性固形物含量,%			
	可食率,%			
	胶状物			
	果肉香气			
	果肉质地			
	还原糖含量,%			
	总糖含量,%			
	维生素 C 含量,mg/100 g			
丰产性	单株产量,kg			
	亩产量,kg			
抗性	抗病虫性			
其他				

A.2.3.3 木菠萝品种生产性试验观测记载项目

见表 A.4。

表 A.4 木菠萝品种生产性试验观测项目记载表

观测项目		参试品种	对照品种	备注
植物学特征及农艺性状	株高,m			
	冠幅,m			
	干周,cm			
	单果重,kg			
	果实纵径,cm			
	果实横径,cm			
	果实形状			
	果皮颜色			
	果皮皮刺			
	果皮厚度,cm			
	果肉颜色			
	果苞厚度,mm			
生物学特性	初花期(YYYYMMDD)			
	末花期(YYYYMMDD)			
	果实发育期,d			
	果实成熟期(YYYYMMDD)			
	年开花次数,次			
品质特性	总可溶性固形物含量,%			
	可食率,%			
	胶状物			
	果肉香气			
	果肉质地			
	还原糖含量,%			
	总糖含量,%			
	维生素 C 含量,mg/100 g			
丰产性	单株产量,kg			
	亩产量,kg			
抗性	抗病虫性			
其他				

附　录　B
（规范性附录）
木菠萝品种试验年度报告

B.1　概述

本附录给出了《木菠萝品种试验年度报告》格式。

B.2　报告格式

B.2.1　封面

木菠萝品种试验年度报告

（　　年度）

试验地点：________________

承担单位：________________

试验负责人：________________

试验执行人：________________

通信地址：________________

邮政编码：________________

联系电话：________________

电子信箱：________________

B.2.2　地理与气象数据

纬度(°)：________，经度(°)：________，海拔(m)：________，年平均气温(℃)：________，最冷月平均气温(℃)：________，最低气温(℃)：________，最高气温(℃)：________，年降水量(mm)：________。

特殊气候及各种自然灾害对供试品种生长和产量的影响，以及补救措施：________________________________。

B.2.3　试验地基本情况和栽培管理

B.2.3.1　基本情况

坡度：________，坡向：________，前作：________，土壤类型：________。

B.2.3.2　田间设计

参试品种：________个，对照品种：________个，重复：________次，行距：________ m，株距：________ m，试验面积：________ m^2。

参试品种汇总表见表B.1。

表B.1　木菠萝参试品种汇总表

代号	品种名称	组别	亲本组合	选育单位	联系人与电话

B.2.3.3　栽培管理

种植日期和方法：________________

施肥：________________

排灌：________________

树体管理：________________

疏果：________________

病虫害防治：________________

其他特殊处理：________________

B.2.4 物候期

见表 B.2。

表 B.2 木菠萝物候期调查汇总表

调查项目	参试品种				对照品种			
	重复Ⅰ	重复Ⅱ	重复Ⅲ	平均	重复Ⅰ	重复Ⅱ	重复Ⅲ	平均
初花期(YYYYMMDD)								
末花期(YYYYMMDD)								
果实发育期,d								
果实成熟期(YYYYMMDD)								
年开花次数,次								

B.2.5 主要植物学特征调查表

见表 B.3。

表 B.3 主要植物学特征性状调查汇总表

调查项目	参试品种				对照品种			
	重复Ⅰ	重复Ⅱ	重复Ⅲ	平均	重复Ⅰ	重复Ⅱ	重复Ⅲ	平均
株高,m								
冠幅,m								
干周,cm								
叶形								
叶长,cm								
叶宽,cm								
叶色								
单果重,kg								
果实纵径,cm								
果实横径,cm								
果实形状								
果皮颜色								
果皮皮刺								
果皮厚度,cm								
果肉颜色								
果苞厚度,mm								
种子形状								
种子颜色								
种子单粒重,g								

B.2.6　产量性状

见表 B.4。

表 B.4　木菠萝产量性状调查结果汇总表

代号	品种名称	重复	收获小区		单株产量,kg	亩产量,kg	平均亩产,kg	比对照增减,%	显著性测定	
			株距,m	行距,m					0.05	0.01
		Ⅰ								
		Ⅱ								
		Ⅲ								
		Ⅰ								
		Ⅱ								
		Ⅲ								

B.2.7　品质检测

见表 B.5。

表 B.5　木菠萝品种品质检测结果汇总表

代号	品种名称	重复	总可溶性固形物含量,%	还原糖含量,%	总糖含量,%	维生素 C 含量,mg/100 g
		Ⅰ				
		Ⅱ				
		Ⅲ				
		Ⅰ				
		Ⅱ				
		Ⅲ				

B.2.8　品质评价

见表 B.6。

表 B.6　木菠萝品种品质评价结果汇总表

代号	品种名称	重复	果肉香气	果肉质地	胶状物	可食率,%	综合评价	终评位次
		Ⅰ						
		Ⅱ						
		Ⅲ						
		Ⅰ						
		Ⅱ						
		Ⅲ						
注:综合评价至少请 5 名代表评价,划分 4 个等级:1)优、2)良、3)中、4)差。								

B.2.9　抗性

见表 B.7。

表 B.7　木菠萝抗性调查结果汇总表

代号	品种名称	抗病性	抗虫性	备注

B.2.10　其他特征特性

B. 2.11 品种综合评价(包括品种特征特性、优缺点和推荐审定等)

见表 B.8。

表 **B.** 8 木菠萝品种综合评价表

代号	品种名称	综合评价

B. 2.12 本年度试验评述(包括试验进行情况、准确程度、存在问题等)

B. 2.13 对下年度试验工作的意见和建议

B. 2.14 附:__________年度专家测产结果

附 录 C
（规范性附录）
木菠萝品种试验总报告

C.1 概述

本附录给出了《木菠萝品种试验总报告》格式。

C.2 报告格式

C.2.1 封面

木菠萝品种试验总报告

试验地点：____

承担单位：____

试验负责人：______________________________________

试验执行人：______________________________________

通信地址：____

邮政编码：____

联系电话：____

电子信箱：____

C.2.2 品种比较试验报告

C.2.2.1 试验目的

C.2.2.2 试验地自然条件

C.2.2.3 参试品种(标明对照品种)

C.2.2.4 试验设计和方法

C.2.2.5 试验结果与分析

C.2.2.6 结论

C.2.3 品种区域性试验报告

C.2.3.1 试验目的

C.2.3.2 区域地点及自然条件(土壤条件)

C.2.3.3 参试品种(标明对照品种)

C.2.3.4 试验设计和方法

C.2.3.5 试验结果与分析

C.2.3.6 结论

C.2.4 品种生产性试验报告

C.2.4.1 试验目的

C.2.4.2 试验地点及自然条件(土壤条件)

C.2.4.3 试验承担单位

C.2.4.4 参试品种及对照品种

C.2.4.5 试验设计和方法

C.2.4.6 试验结果与分析

C.2.4.7　结论

C.2.4.8　附:栽培技术要点

ICS 67.080.10
B 32

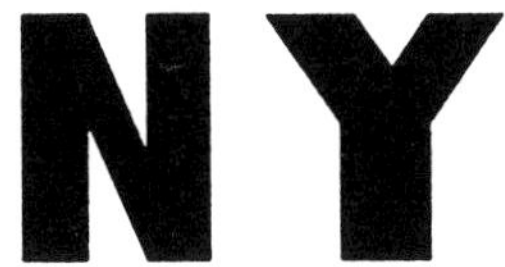

中华人民共和国农业行业标准

NY/T 2668.14—2019

热带作物品种试验技术规程 第14部分:剑麻

Technical code of practice for the variety test of tropical crops—Part 14: Sisal

2019-12-27 发布　　2020-04-01 实施

中华人民共和国农业农村部 发布

前　　言

NY/T 2668《热带作物品种试验技术规程》拟分为如下部分：

——第 1 部分：橡胶树；

——第 2 部分：香蕉；

——第 3 部分：荔枝；

——第 4 部分：龙眼；

——第 5 部分：咖啡；

——第 6 部分：芒果；

——第 7 部分：澳洲坚果；

——第 8 部分：菠萝；

——第 9 部分：枇杷；

——第 10 部分：番木瓜；

——第 11 部分：胡椒；

——第 12 部分：椰子；

——第 13 部分：木菠萝；

——第 14 部分：剑麻。

本部分为 NY/T 2668 的第 14 部分。

本部分按照 GB/T 1.1—2009 给出的规则起草。

本部分由中华人民共和国农业农村部提出。

本部分由农业农村部热带作物及制品标准化技术委员会归口。

本部分起草单位：中国热带农业科学院南亚热带作物研究所。

本部分主要起草人：周文钊、李俊峰、杨子平、鹿志伟、张燕梅、陆军迎。

热带作物品种试验技术规程
第 14 部分:剑麻

1 范围

本部分规定了剑麻(*Agave sisalana* Perrine)的品种比较试验、品种区域性试验和品种生产性试验的技术要求。

本部分适用于剑麻品种试验。

2 规范性引用文件

下列文件对于本文件的应用是必不可少的。凡是注日期的引用文件,仅注日期的版本适用于本文件。凡是不注日期的引用文件,其最新版本(包括所有的修改单)适用于本文件。

NY/T 222 剑麻栽培技术规程

NY/T 1941 农作物种质资源鉴定技术规程 龙舌兰麻

NY/T 1942 龙舌兰麻抗病性鉴定技术规程

NY/T 2448 剑麻种苗繁育技术规程

3 品种比较试验

3.1 试验点选择

试验地点应在适宜种植区内,选择光照充足、排水良好、土壤肥力相对一致的地块。

3.2 试验年限

正常割叶≥5 年。

3.3 对照品种

选择生产品种 H. 11648 或在育种目标性状上表现突出的同类品种为对照品种。

3.4 试验设计

采用随机区组法或改良对比法设计,重复≥3 次。每个小区每个品种(系)≥18 株,观测记录株数≥10 株。单行种植株距为 0.9 m～1.2 m,行距为 2.5 m～3.8 m。双行种植每小区 2 个双行以上,株距为 0.9 m～1.2 m,小行距 1.0 m～1.2 m,大行距为 3.0 m～4.2 m。

3.5 试验种苗

种苗繁育按 NY/T 2448 的规定执行,种苗规格应达到 NY/T 222 中剑麻种苗分级指标界定的 3 级以上。

3.6 麻园管理

栽培管理按 NY/T 222 的规定执行。

3.7 观测记载项目及方法

按附录 A 的规定执行。

3.8 测产

达到开割标准后,每品种(系)选取除边行边株以外的正常生长植株 10 株,及时收割测产,计算年度鲜叶产量和纤维产量。

3.9 试验总结

对试验品种(系)的质量性状进行描述,对产量等重要数量性状观测数据进行统计分析,按附录 B 的规定撰写剑麻品种比较试验年度报告,按附录 C 的规定撰写剑麻品种比较试验总报告。

4 品种区域性试验

4.1 试验点选择

满足 3.1 的要求。根据试验品种(系)的适应性,在 2 个以上省(区)不同生态区域设置≥3 个试验点。

4.2 试验年限

正常割叶≥3 年。

4.3 对照品种

符合 3.3 的要求,可根据试验需要增加对照品种。

4.4 试验设计

采用随机区组法或改良对比法设计,重复≥3 次,每个小区每个品种(系)≥28 株。种植密度参照 3.4 的要求,同一类型不同试验点种植密度应一致。

4.5 试验种苗

按 3.5 的规定执行。

4.6 麻园管理

按 NY/T 222 的规定执行。

4.7 观测记载项目及方法

按附录 A 的规定执行。

4.8 测产

按 3.8 的规定执行。

4.9 试验总结

对试验品种(系)的生长量和产量等重要性状观测数据进行统计分析,对品种(系)区域性表现作出综合评价,按附录 B 的规定撰写品种区域性试验年度报告,按附录 C 的规定撰写品种区域性试验总报告。

5 品种生产性试验

5.1 试验点选择

根据试验品种(系)的适应性,在适宜种植的地区设置≥3 个具有生产代表性的试验点。

5.2 试验年限

正常割叶≥3 年。

5.3 对照品种

选择本地区大面积种植的或在育种目标性状上表现突出的同类品种为对照品种。

5.4 试验设计

采用随机区组法或改良对比法设计,重复≥3 次,每个试验点种植面积≥6 亩,每个小区每个品种(系)≥300 株。种植密度参照当地主栽品种。

5.5 试验种苗

按 4.5 的规定执行。

5.6 麻园管理

按 NY/T 222 的规定执行。

5.7 观测记载项目及方法

观测试验品种(系)的植株生长量、鲜叶产量和纤维产量,记载品种(系)的病虫害发生情况及抗风、耐寒等性状表现,观测记载方法按附录 A 的规定执行。

5.8 测产

试验麻园达到开割标准后,每个小区每个品种(系)选择 300 株,收获成熟叶片测定每亩鲜叶产量;随机选择 10 株,重复 3 次,按照 NY/T 1941 的规定测定叶片纤维含量,计算每亩纤维产量。

5.9 试验总结

对试验品种(系)的生长量和单位面积产量等试验数据进行统计分析,对品种(系)表现作出综合评价,按附录B的规定撰写品种生产性试验年度报告,按附录C的规定撰写品种生产性试验总报告,并总结栽培技术要点。

附　录　A
（规范性附录）
剑麻品种试验观测项目鉴定与记载标准

A.1　基本情况

A.1.1　试验地概况

主要包括地理位置、地形、坡度、坡向、海拔、土壤类型、前茬作物种类等。

A.1.2　气象资料

主要包括气温、降水量、极端温度、灾害天气等。

A.1.3　栽培管理

主要包括种苗情况、施肥情况、定植时间、割叶情况等。

A.2　观测项目和鉴定方法

A.2.1　观测项目

见表 A.1。

表 A.1　观测项目

性　状	鉴　定　项　目
主要植物学特征	叶片形态、叶片形状、叶片颜色、叶片斑纹、叶片蜡粉、叶面、叶缘、叶顶刺、叶尖形态
生物学特性	叶片长度、叶片宽度、叶片厚度、年展叶数、单叶重、叶片纤维含量
品质性状	纤维长度、束纤维断裂强力、纤维色泽
产量	亩产鲜叶、亩产纤维
抗逆性	抗风性、抗寒性、抗斑马纹病、抗茎腐病和其他抗病虫性状

A.2.2　鉴定方法

A.2.2.1　主要生长性状

主要植物学特征、生物学特性和品质性状的鉴定按 NY/T 1941 的规定执行。

A.2.2.2　产量

试验麻园达到 NY/T 222 规定的开割标准后，按试验小区选取除边行边株以外的正常生长植株 10 株，收获心叶以下大于 45°角生长的成熟叶片，称量鲜叶质量，根据平均单株鲜叶质量与单位面积种植株数的乘积计算鲜叶产量；将收获的叶片用机械抽取纤维后干燥，称量干纤维质量，根据平均单株干纤维质量与单位面积种植株数计算纤维产量。

A.2.2.3　抗逆性

A.2.2.3.1　抗风性

在台风或强风危害后，以试验小区为调查单元，每单元除边行边株外随机选择调查株 10 株，重复 3 次，观察记录每株叶片受风害情况，按表 A.2 的风害分级标准确定各调查株的风害等级，根据风害平均级和 2 级～3 级风害植株占调查总植株数的比例评定品种的抗风性。风害平均级按式（A.1）计算。

表 A.2　剑麻风害分级

级　别	分级标准
0	无风害
1	折叶在 5 片以下
2	折叶在 6 片～10 片或麻株被刮倾斜
3	折叶在 11 片以上或麻株被刮倒

$$P = \frac{\sum (N_i \times i)}{M} \quad \text{(A.1)}$$

式中：

P ——风害平均级；

N_i——第 i 风害级的植株数，单位为株；

i ——风害级；

M ——调查总株数，单位为株。

计算结果表示到小数点后一位。

A.2.2.3.2 抗寒性

遇寒害年份，在发生寒害后 1 个月，以试验小区为单元，每单元除边行边株外随机选择调查株 10 株，重复 3 次，观察记录每株叶片受寒害情况，按表 A.3 的寒害分级标准确定各调查株叶片的寒害等级，根据寒害平均级和 2 级～4 级受害叶片数所占比例评定品种的耐寒性。寒害平均级按式(A.2)计算。

表 A.3 剑麻寒害分级

级 别	分级标准
0	叶片基本无受害
1	叶片受害面积≤1/5
2	叶片受害面积占 1/5～2/5
3	叶片受害面积占 2/5～3/5
4	叶片受害面积≥3/5

$$BT = \frac{\sum (N_j \times j)}{M_0} \quad \text{(A.2)}$$

式中：

BT ——寒害平均级；

N_j ——第 j 寒害级的植株数，单位为株；

j ——寒害级；

M_0 ——调查总株数，单位为株。

计算结果表示到小数点后一位。

A.2.2.3.3 抗病(虫)性

剑麻斑马纹病、剑麻茎腐病抗性鉴定方法按 NY/T 1942 的规定执行。其他病害、虫害等根据具体情况记载。

A.3 记载项目

A.3.1 基本资料

剑麻品种试验基本资料登记表见表 A.4。

表 A.4 剑麻品种试验基本资料登记表

登记项目	记录内容
试验类型	
参试品种	
对照品种	
种植时间	
试验地点	
生态类型区	
重复数	
种植面积	
种植株数	

表 A.4(续)

登记项目		记录内容
小区面积		
小区种植株数		
种植规格		
亩植株数		
备耕情况	机耕情况	
	起畦情况	
种苗情况	种苗类型	
	种苗规格	
基肥情况	有机肥种类和数量	
	化肥种类和数量	
割叶情况	开割时间	
	割叶强度	

A.3.2 品种比较试验记载项目

见表 A.5。

表 A.5 剑麻品种比较试验观测项目记载表

观测项目		参试品种	对照品种	备注
植物学特征	叶片形态			
	叶片形状			
	叶片颜色			
	叶片斑纹			
	叶片蜡粉			
	叶面			
	叶缘			
	叶顶刺			
	叶尖形态			
生物学特性	叶片长度,cm			
	叶片宽度,cm			
	叶片厚度,mm			
	年展叶数,片			
	单叶重,kg			
	叶片纤维含量,%			
品质性状	纤维长度,mm			
	束纤维断裂强力,N			
	纤维色泽			
产量	亩产鲜叶,kg			
	亩产纤维,kg			
抗逆性	抗风性			
	抗寒性			
	抗斑马纹病			
	抗茎腐病			
	其他抗病虫性状			
其他				

A.3.3 品种区域性试验记载项目

见表 A.6。

表 A.6 剑麻品种区域性试验观测项目记载表

观测项目		参试品种	对照品种	备注
植物学特征	叶片形态			
	叶片形状			
	叶片颜色			
	叶片蜡粉			
	叶片形态			
生物学特性	叶片长度,cm			
	叶片宽度,cm			
	叶片厚度,mm			
	年展叶数,片			
	单叶重,kg			
	叶片纤维含量,%			
品质性状	纤维长度,mm			
	束纤维断裂强力,N			
	纤维色泽			
产量	亩产鲜叶,kg			
	亩产纤维,kg			
抗逆性	抗风性			
	抗寒性			
	抗斑马纹病			
	抗茎腐病			
	其他抗病虫形状			
其他				

A.3.4 生产性试验记载项目

见表 A.6。

附　录　B
（规范性附录）
剑麻品种试验年度报告

B.1　概述

本附录给出了《剑麻品种试验年度报告》格式。

B.2　报告格式

B.2.1　封面

剑麻品种试验年度报告
（　　　年度）

试验类型：________________
试验地点：________________
承担单位：________________
试验负责人：________________
试验执行人：________________
通信地址：________________
邮政编码：________________
联系电话：________________
电子信箱：________________

B.2.2　试验地基本情况

经度：____°　′　″，纬度：____°　′　″，海拔：________m，年日照总时数：________h，年平均气温：________℃，最冷月气温：________℃，最低气温：________℃，年降水量：________mm。

坡度：______°，坡向：________，土壤类型：________，土壤 pH：________。

特殊气候及各种自然灾害对试验品种生长和产量的影响以及补救措施：________________。

B.2.3　田间试验设计

试验品种：________，对照品种：________，大行距：________m，小行距：________m，株距：________m，排列方式：________，重复：________次，试验面积：________亩。

参试品种汇总表见表 B.1。

表 B.1　参试品种汇总表

代号	品种名称	类型(组别)	亲本组合	选育单位	联系人与电话

B.2.4　栽培管理

施肥：________________________________

除草：______

病虫害防治：______

其他管理措施：______

B.2.5 农艺性状

见表B.2。

表B.2 剑麻农艺性状调查结果汇总表

代号	品种名称	年展 叶数，片	单株割叶 片数，片	叶长，cm	叶宽，cm	叶厚，mm	单叶重，kg	叶片纤维含量，%

B.2.6 产量性状

见表B.3。

表B.3 剑麻产量性状调查结果汇总表

代号	品种名称	重复	单株鲜叶 产量，kg	单株纤维 产量，kg	鲜叶亩产，kg	纤维亩产，kg	比增，%	显著性测定	
								0.05	0.01
		Ⅰ							
		Ⅱ							
		Ⅲ							
		Ⅰ							
		Ⅱ							
		Ⅲ							

B.2.7 抗逆性

见表B.4。

表B.4 主要抗逆性状调查结果汇总表

代号	品种 名称	抗风性		抗寒性		抗斑马纹病		抗茎腐病		其他
		风害 平均级	2级～3级风害 植株比例，%	寒害 平均级	2级～4级寒害 叶片比例，%	发病率，%	病情指数	发病率，%	病情指数	

B.2.8 其他特征特性

______

B.2.9 品种综合评价(包括品种特征特性、优缺点和推荐审定等)

见表B.5。

表B.5 剑麻品种综合评价表

代号	品种名称	综合评价

B.2.10 本年度试验评述(包括试验进行情况、准确程度、存在问题等)

B.2.11 对下年度试验工作的意见和建议

B.2.12 附:__________年度专家测产结果

附 录 C
(规范性附录)
剑麻品种试验总报告

C.1 概述

本附录给出了《剑麻品种试验总报告》格式。

C.2 报告格式

C.2.1 封面

剑麻品种试验总报告

承担单位:________________________________
试验负责人:______________________________
试验执行人:______________________________
通信地址:________________________________
邮政编码:________________________________
联系电话:________________________________
电子信箱:________________________________

C.2.2 品种比较试验报告

C.2.2.1 试验目的

C.2.2.2 试验地自然条件

C.2.2.3 参试品种(标明对照品种)

C.2.2.4 试验设计和方法

C.2.2.5 试验结果与分析

C.2.2.6 结论

C.2.3 品种区域性试验报告

C.2.3.1 试验目的

C.2.3.2 区域地点及自然条件(土壤条件)

C.2.3.3 参试品种(标明对照品种)

C.2.3.4 试验设计和方法

C.2.3.5 试验结果与分析

C.2.3.6 结论

C.2.4 品种生产性试验报告

C.2.4.1 试验目的

C.2.4.2 试验地点及自然条件

C.2.4.3 试验承担单位

C.2.4.4 参试品种及对照品种

C.2.4.5 试验设计和方法

C.2.4.6 试验结果与分析

C.2.4.7 结论

C.2.4.8 附:栽培技术要点

ICS 65.020.01
B 05

中华人民共和国农业行业标准

NY/T 3347—2019

玉米籽粒生理成熟后自然脱水速率鉴定技术规程

Technical code of practice for kernel dehydration rate after physiological maturity in maize

2019-01-17 发布　　　　2019-09-01 实施

中华人民共和国农业农村部 发布

前　　言

本标准按照 GB/T 1.1—2009 给出的规则起草。

本标准由农业农村部种植业管理司提出并归口。

本标准起草单位:吉林省农业科学院、东北农业大学、吉林省公主岭市气象局。

本标准主要起草人:李晓辉、李淑芳、张春宵、刘文国、杨德光、王吉艳、王宇、刘文平、李万军、路明、王敏、刘杰、刘艳芝。

玉米籽粒生理成熟后自然脱水速率鉴定技术规程

1 范围

本标准规定了玉米(*Zea mays* L.)籽粒生理成熟后自然脱水速率的术语和定义、原理、测定前的准备、仪器、鉴定、结果计算及评价标准。

本标准适用于北方春播区的玉米自交系、单交种的籽粒生理成熟后自然脱水速率鉴定。

2 规范性引用文件

下列文件对于本文件的应用是必不可少的。凡是注日期的引用文件,仅注日期的版本适用于本文件。凡是不注日期的引用文件,其最新版本(包括所有的修改单)适用于本文件。

GB 4404.1 粮食作物种子 第1部分:禾谷类

GB/T 20264 粮食、油料两次烘干测定法

3 术语和定义

GB/T 20264 界定的以及下列术语和定义适用于本文件。

3.1

玉米自交系 maize inbred line

由单株玉米连续自交多代,经过选择而产生的基因型相对纯合的后代。

3.2

玉米单交种 maize single cross hybrid

两个遗传基础不同的玉米自交系间杂交,产生有生产利用价值的 F_1 代。

3.3

玉米生理成熟期 maize physiological mature stage

玉米果穗干物质积累已停止并且籽粒干物重达最大的时期。

3.4

玉米收获期 maize harvest period

玉米籽粒生理成熟后2周~4周收获的日期。

3.5

籽粒含水量 kernel moisture content

籽粒样品烘干所失去的重量占样品原始重量的百分比。

3.6

籽粒自然脱水速率 kernel natural dehydration rate

生理成熟至收获期间单位有效积温玉米籽粒减少的含水量。

4 原理

通过测定生理成熟期和收获期的籽粒含水量计算脱水速率,并基于上述3个指标综合评价参鉴样品的脱水性能。

5 测定前的准备

5.1 试验设计

5.1.1 小区设计

采用随机区组设计，设3次重复，5行区，小区面积20 m^2。每小区两个边行作为保护行，小区头尾各种植5行材料作为大保护行。种植密度按照测试内容或推荐密度实施，自交系和杂交种分区种植。

5.1.2 种子要求

试验种子质量应符合GB/T 4404.1的规定，数量满足试验需要，种子大小一致，活力高。

5.1.3 播种

适期同时播种。

5.2 田间管理

5.2.1 栽培管理

按正常田间管理。

5.2.2 套袋授粉

去除小区行头各2株，于抽雄期选取中间3行生长发育整齐一致且健壮的典型植株抽丝前全部套袋并挂牌标记，待全部花丝抽齐后同一时间采用点粉方式一次性完成人工授粉，并准确记录授粉日期。

6 仪器

6.1 烘箱

工作温度：20℃～250℃；控温精度：±1℃。

6.2 温度记录仪

工作温度：－20℃～70℃；控温精度：±0.1℃。

7 鉴定

7.1 自授粉日开始第35 d，雨天除外，每隔2 d于9:00摘取3个挂牌标记的果穗，采用烘干减重法测定含水量。

7.2 记录籽粒生理成熟期含水量。

7.3 收获期选取挂牌标记的8个植株果穗中部籽粒，采用烘干减重法测定含水量。

8 结果计算

8.1 籽粒含水量

按式(1)计算。

$$KMC=\frac{FW-DW}{FW}\times 100 \quad \cdots\cdots (1)$$

式中：

KMC ——籽粒含水量，单位为百分率(%)；

FW ——籽粒鲜重，单位为克(g)；

DW ——籽粒干重，单位为克(g)。

8.2 籽粒生理成熟后自然脱水速率

按式(2)计算。

$$KDR=\frac{KMC1-KMC2}{EAT}\times 100 \quad \cdots\cdots (2)$$

式中：

KDR ——籽粒自然脱水速率，单位为百分率每摄氏度每天[%/(℃·d)]；

$KMC1$——生理成熟期籽粒含水量，单位为百分率(%)；

$KMC2$——收获期籽粒含水量，单位为百分率(%)；

EAT ——生理成熟至收获间隔有效积温，单位为摄氏度·天(℃·d)。

9 评价标准

玉米自交系和单交种的籽粒生理成熟后自然脱水速率评价见附录 A。

附 录 A
（规范性附录）
玉米籽粒生理成熟后自然脱水速率评价

A.1 自交系籽粒生理成熟后自然脱水速率评价分级

见表 A.1。

表 A.1 自交系籽粒生理成熟后自然脱水速率评价分级

级别	描述	分级指标[%/(℃·d)]	参照样品
1	快	≥0.156	丹 340
2	中	0.080<KDR<0.156	Mo17
3	慢	≤0.080	自 330

A.2 单交种籽粒生理成熟后自然脱水速率评价分级

见表 A.2。

表 A.2 单交种籽粒生理成熟后自然脱水速率评价分级

级别	描述	分级指标[%/(℃·d)]	参照样品
1	快	≥0.204	迪卡 517
2	中	0.130<KDR<0.204	郑单 958
3	慢	≤0.130	德美亚 3 号
注：玉米籽粒生理成熟后自然脱水速率鉴定分为自交系脱水速率鉴定和单交种脱水速率鉴定。			

ICS 65.020.20
B 05

中华人民共和国农业行业标准

NY/T 3415—2019

香菇菌棒工厂化生产技术规范

Technical specification for artificial shiitake log by industrial production

2019-01-17 发布　　2019-09-01 实施

中华人民共和国农业农村部　发布

前　言

本标准按照 GB/T 1.1—2009 给出的规则起草。

本标准由农业农村部种植业管理司提出并归口。

本标准起草单位:浙江省农业科学院[农业农村部农产品及加工品质量安全监督检验测试中心(杭州)]、庆元县食用菌科研中心、浙江省农业技术推广中心、武义创新食用菌有限公司。

本标准主要起草人:徐丽红、李蓉、陈青、施礼、叶长文、吴应淼、邹玉亮、周爱珠、吕捷、闻玉成、姜百秋、戴芬、孙彩霞、于国光、吴岩课。

香菇菌棒工厂化生产技术规范

1 范围

本标准规定了香菇(*lentinus edodes*)菌棒工厂化生产的术语和定义、选址和布局、设施装备、原材料、料棒制作、菌棒制作、出厂、运输、生产档案、售后及技术服务等。

本标准适用于香菇菌棒工厂化生产。

2 规范性引用文件

下列文件对于本文件的应用是必不可少的。凡是注日期的引用文件,仅注日期的版本适用于本文件。凡是不注日期的引用文件,其最新版本(包括所有的修改单)适用于本文件。

GB/T 4456 包装用聚乙烯吹塑薄膜

GB/T 5483 天然石膏

GB 5749 生活饮用水卫生标准

GB/T 12728 食用菌术语

GB 13735 聚乙烯吹塑家用地面覆盖薄膜

GB 19170 香菇菌种

NY/T 119 饲料用小麦麸

NY 5099 无公害食品 食用菌栽培基质安全技术要求

3 术语和定义

GB/T 12728 和 GB 19170 界定的以及下列术语和定义适用于本文件。

3.1

菌棒工厂化生产 artificial log by industrial production

应用科学合理配方、机械化拌料装袋、高效灭菌设施进行香菇菌棒流水线生产,在可控条件下进行接种、发菌。

3.2

料棒 substrate log

利用专用装袋机械,在低压高密度聚乙烯塑料薄膜筒袋中装满香菇培养基质(并经过灭菌)的棒型培养包。

3.3

菌棒 artificial bed-log

料棒经灭菌并接入香菇菌种后长有菌丝的培养袋。也称菌筒、人造菇木。

注:改写 GB/T 12728—2006,定义 2.6.63。

3.4

高温抑制线 high-temperatured line

也叫高温圈,食用菌菌丝在生产过程中受高温的不良影响,菌棒或菌瓶壁表面出现泛黄、发暗或菌丝变稀弱等现象,从而形成的具有明显界限的环状物。

注:改写 GB/T 12728—2006,定义 2.5.18。

4 选址和布局

4.1 选址

环境清洁,远离污染源;地势高燥,排水通畅,不易遭受洪涝、风灾;通风良好,水电配套,交通便利。

4.2 基地布局

合理布局各功能区块,原材料库、配拌料区、废水回收池在下风口,接种区、发菌区在上风口。拌料区、装袋区、灭菌区、冷却区、接种室、发菌室,各功能区合理分布并配备消防安全设施。

5 设施装备

5.1 设施

5.1.1 原材料库

防雨防潮防火,防虫防鼠,防杂菌污染。

5.1.2 配拌料区

场地平整、空间充足、水电方便。

5.1.3 装袋区

配置与生产规模相应的自动装袋、扎口设备、灭菌架,与配拌料区及灭菌区相连。

5.1.4 灭菌区

配置常压或高压灭菌设备,排湿散热通畅、进出料方便,与冷却区相通。

5.1.5 冷却区

要求洁净、防尘、易散热。

5.1.6 接种室

清洁、无尘、达到与接种无菌要求配套的净化程度,配备无尘工作服、工作靴(鞋)或防污染鞋套。

5.1.7 发菌室

要求清洁、适湿、适温、通风、避光,有防虫防鼠措施。

5.2 装备

配备粉碎机、过筛机、称重机、拌料机、装袋机、扎口机、铲车、灭菌柜(釜、灶)、蒸汽灭菌锅炉、接种棒、周转车、消毒控温控湿系统、通风换气过滤系统、照明系统等。

6 原材料

6.1 主料

木屑质量符合 NY 5099 规定的要求。杂木屑颗粒度长×宽×厚为(0.8±0.4)cm×(0.5±0.3)cm×(0.2±0.1)cm,无霉烂,无结块,无异味,无油污等化学污染。

6.2 辅料

6.2.1 石膏按 GB/T 5483 的规定执行。

6.2.2 水按 GB 5749 的规定执行。

6.2.3 麦麸按 NY/T 119 的规定执行。

6.3 筒袋

栽培袋应用低压高密度聚乙烯的塑料筒袋,规格(50～60)cm×(15～24)cm×(0.04～0.06)mm,物理机械性能符合 GB/T 4456 的规定。

6.4 封口材料

长宽与所用塑料筒袋相配套、厚度 0.01 mm 的低压高密度聚乙烯薄膜套袋或用 70 cm～80 cm 聚乙烯吹塑农用地面覆盖薄膜,性能符合 GB 13735 的规定。

7 料棒制作

7.1 配料

培养料配方:杂木屑 79%、麦麸 20%、石膏 1%,含水量 50%～65%。

根据不同品种可适当调整配方。

7.2 配制方法

第 1 d 晚上或提前 8 h～12 h 预湿，机械拌料 2 次，先混合干料，再加水湿拌，pH 6.5～7.5。

7.3 装袋

料拌好后，4 h 内完成装袋，装袋应松紧适度，参数见表 1。

表 1 料袋装料参数

袋长，cm	料棒长，cm	料棒重量，kg
50	33～35	1.6～1.7
55	38～40	1.7～1.8
60	43～45	1.9～2.0
注：筒袋直径 15 cm。		

7.4 扎口上架

自动或手动扎口，检查发现破损的筒袋用胶布贴补，料棒整齐摆放在灭菌周转架上。

7.5 灭菌

7.5.1 常压灭菌

装袋后及时灭菌，料温达到 100℃后保持 12 h～24 h，视灭菌条件和装袋容量可适当调整灭菌时间，料棒堆之间留有空隙，利于空气流通。

7.5.2 压力灭菌

料棒采用压力灭菌时应打孔，料温达到 106℃后，保持 8 h～12 h，视灭菌条件和装袋容量可适当调整灭菌时间，料棒堆之间留有空隙，利于空气流通。

7.6 冷却

料温自然降至 70℃～90℃时，移到无菌冷却区冷却。

7.7 料棒质量检查

检验合格的料棒可出厂，检验不合格的，加新料重新进行拌料、灭菌。料棒检验方法按表 2 的规定执行。

表 2 料棒检查方法及质量要求

检查类别	质量要求	检查方法
酸碱度	pH 5.5～6	试纸或 pH 计检验
外观指标	无破损、无胀袋 料棒灭菌后呈褐色或深褐色 料棒不出现花斑点(杂菌侵染)	目测法
	料棒刚出锅时变软，冷却后变硬	触摸法
气味	木屑熟透香味	鼻嗅法

8 菌棒制作

8.1 消毒

接种室用臭氧或熏蒸等方法消毒。接种工具、菌种袋表及接种者双手用 75%的酒精擦拭消毒。

8.2 接种

8.2.1 在接种室按照无菌操作进行，每一室接种应为单一品种，避免错种。

8.2.2 接种时用打孔器(直径 1.5 cm～2.0 cm)等距打孔后立即用菌种填满穴口，不留空隙。一根菌棒接种 3 个～5 个穴。

8.2.3 菌棒套袋或接种穴用地膜覆盖封口。接种完成后进行记录并贴好标签。

8.2.4 接种温度≤22℃,湿度≤70%。

8.2.5 接种室每次使用后,要及时清理清洁,排除废气,台面用75%酒精擦拭消毒。

8.3 发菌管理

8.3.1 接种后的菌棒移至清洁、适湿、适温、通风、避光的培养场所进行发菌管理,发菌初期采用3×3或4×4"#"字形堆叠发菌,60袋/m^2~80袋/m^2,第一次刺孔后采用"△"或2×2"#"字形堆叠。

8.3.2 采取控温发菌,发菌室内温度20℃~24℃。采取自然温度发菌,当温度在10℃以下时,采取必要的加热保温措施。温度高于25℃,则需及时散堆、降温。

8.3.3 发菌室相对湿度宜控制55%~70%。

8.3.4 应定期通风换气,保持发菌室空气清新、无异味。

8.3.5 刺孔通气管理

室温超过28℃禁止刺孔,刺孔通气技术要求按表3的规定执行。

表3 刺孔通气技术要求

品 种	刺孔次数	发菌程度	刺孔部位	深度,mm	孔径,mm	孔数,个
中晚熟品种	第一次(可免)	发菌圈直径≥10 cm	发菌圈内侧2 cm	≤15	2	6~8
	第二次	菌丝刚发满全袋	全袋	10~15	3~4	40~60
	第三次	菌丝基本生理成熟	全袋	25	3~4	60~100
早熟品种	第一次	接种孔菌丝相连	发菌圈内侧2 cm	≤10	2	6~8
	第二次	菌丝发满后	全袋	10~15	3~4	60~70
	第三次(可免)	排场时	全袋	20	3~4	60~100

8.3.6 翻堆及发菌检查

8.3.6.1 发菌阶段结合刺孔通气,翻堆2次~4次,翻堆时调整发酵条件并剔除感染杂菌的菌棒进行无害化处理。

8.3.6.2 每次翻堆需检查发菌情况,剔除感染杂菌的菌棒,并妥善处理。

8.4 转色管理

根据品种具体要求进行转色管理。

8.5 菌棒质量要求

检验不合格的,加新料重新进行拌料、灭菌。菌棒外观及气味要求符合表4的要求。

表4 菌棒质量要求

项 目	质量要求	检查方法
菌丝生长量	发菌至发菌圈相连或菌袋60%~70%布满菌丝或发满菌袋	目测法
菌丝体特征	洁白浓密,生长旺健	
不同部位菌丝体	生长均匀,无角变,无高温抑制线	
培养基及菌丝体	紧贴袋壁,无干缩	
培养物表面分泌物	无或有少量深黄色至棕褐色水珠	
杂菌菌落	无	
拮抗现象	无	
原基	有少量	
子实体	无	
气味	有香菇菌棒特有的香味,无酸、臭、霉等异味	鼻嗅法

9 出厂、运输

9.1 检验质量合格的菌棒可出厂。

9.2 运输车辆要干净、无刺钉。

9.3 装货和卸货必须轻拿轻放，避免震动。

9.4 菌棒运输过程中要防尘、防污染、减少振动，控制温度并及时卸货到适宜处，避免菌棒堆积引起高温烧菌。

10 生产档案

10.1 料棒生产应记录原料、配方、拌料装袋时间、料棒规格、紧实度、重量、酸碱度、破袋率、灭菌时间及数量等。

10.2 菌棒应记录接种品种、菌种来源、接种时间、发菌时间、发菌条件、数量及排气时间。

10.3 销售档案应记录产品名称（料棒或菌棒）、生产与销售时间、数量、批次及购买者信息等内容。

10.4 档案应保存2年以上。

11 售后及技术服务

应提供后续发菌管理、操作要点、品种栽培技术资料等。

ICS 67.080.20
B 31

中华人民共和国农业行业标准

NY/T 3416—2019

茭白储运技术规范

Technical specification of storage and transportation for water bamboo

2019-01-17 发布　　　　2019-09-01 实施

中华人民共和国农业农村部　发布

前　言

本标准按照 GB/T 1.1—2009 给出的规则起草。

本标准由农业农村部种植业管理司提出并归口。

本标准起草单位:浙江省农业科学院、金华市农产品质量综合监督检测中心。

本标准主要起草人:胡桂仙、赖爱萍、陈杭君、朱加虹、王强、张玉、吾建祥、赵首萍、刘笑宇、徐明飞。

茭白储运技术规范

1 范围

本标准规定了茭白的采收、质量要求、入库、预冷、储藏、包装、出库和运输等。

本标准适用于茭白的储藏与运输。

2 规范性引用文件

下列文件对于本文件的应用是必不可少的。凡是注日期的引用文件,仅注日期的版本适用于本文件。凡是不注日期的引用文件,其最新版本(包括所有的修改单)适用于本文件。

GB 2762 食品安全国家标准 食品中污染物限量

GB 2763 食品安全国家标准 食品中农药最大残留量

GB 4806.7 食品安全国家标准 食品接触用塑料材料及制品

GB/T 6543 运输包装用单瓦楞纸箱和双瓦楞纸箱

NY/T 1655 蔬菜包装标识通用准则

NY/T 1834 茭白等级规格

NY/T 2000 水果气调库储藏通则

3 采收

3.1 采收时间

茭白采收宜在晴天的清晨或阴天等气温较低时进行,避开高温时段。

3.2 采收成熟度

需储藏的茭白应根据品种特性,适时采收。最适采收期宜为 3 片外叶长齐,心叶短缩,孕茭部位显著膨大、叶鞘裂开前的时期。

3.3 采收方法

需储藏的茭白宜采收壳茭,在茭壳下部薹管节下 1 cm～2 cm 处将其割断,勿伤邻近的分蘖,留叶鞘 27 cm～40 cm,除去茭白叶。

4 质量要求

4.1 基本要求

用于储藏的茭白质量应符合 NY/T 1834 中特级和一级的规定。

4.2 污染物和药物残留

茭白污染物和药物残留量指标应分别符合 GB 2762 和 GB 2763 的规定。

5 入库

5.1 入库的准备

入库前 5 d 对库房进行消毒,消毒方法按照 NY/T 2000 的规定执行。入库前对制冷设备检修并调试正常,库房温度应预先 1 d～3 d 降至－1℃～0℃。

5.2 入库码放

茭白摆放宜为“井”字形,堆垛与库壁间隙宜大于 10 cm,每立方米有效库容量的储藏不宜超过 200 kg,未经预冷的茭白日入库量应不超过库容量的 30%。储存用茭白应为整修好的壳茭,按照不同品种、产地、等级、时间分别垛码,并悬挂垛牌。

6 预冷

茭白采收后宜在 2 h～6 h 内运送到预冷库进行预冷，使茭白中心温度接近储藏温度，一般茭白品种的预冷温度为(0±1)℃，预冷时间为 24 h～36 h。

7 储藏

7.1 温度

储藏温度宜为 0℃～1℃。库房温度要定时测量，其数值以不同测温点的平均值表示。一般每个库房应选择 3 个～5 个有代表性的测温点，测温仪误差不超过 1℃。储藏期间应防止库房内温度的急剧变化，波动幅度不超过±1℃。

7.2 湿度

空气相对湿度宜为 85%～90%。库房湿度的测点选择与测温点一致，库内相对湿度达不到要求时，可用加湿器或人工方法进行补湿。

7.3 储藏管理

库房应实行专人管理，定期对库内温度、湿度等重要参数及注意事项做出记录，建立档案。定期抽查，如发现微生物侵染或病虫害感染的茭白，需及时从库内清除。

7.4 储藏期限

夏季茭白的储藏时间在 45 d 内为宜，秋季茭白的储藏时间在 60 d 内为宜。

8 包装

8.1 包装材料

包装材料应符合食品卫生要求，清洁卫生、无毒、无污染，适宜搬运、运输。外包装可采用纸箱，质量应符合 GB/T 6543 的要求，无虫蛀、腐烂、受潮等现象；内包装应采用茭白保鲜袋，以 0.03 mm～0.05 mm 的低密度聚乙烯包装袋为宜，同时符合 GB 4806.7 的要求。

8.2 包装方式

先将包装袋平铺在外包装箱内，将预冷后的茭白整齐地放入低密度聚乙烯包装袋内，包装方式宜采用水平排列方式，不可硬塞，不可挤压，每个包装单位净含量以 10 kg～15 kg 为宜。同时，包装应具有明确的包装标识，符合 NY/T 1655 的规定，注明产品名称、产地、生产日期及储存条件等信息。

9 出库

出库时，应将脱水、腐烂、有明显异味及其他不符合上市要求的茭白剔除。出库后，应轻搬、轻放，避免造成茭白机械损伤。

10 运输

运输宜采用冷藏车、保温车或附带保温箱的运输设备，车辆运输前应进行清洁，车内温度宜为0℃～5℃。装车时，包装与包装之间要摆实、绑紧，层间宜加上减震材料，轻装、轻卸，防止因震动或挤压引起的损伤，运输时间在 48 h 内为宜。

ICS 67.080.20
B 31

中华人民共和国农业行业标准

NY/T 3418—2019

杏鲍菇等级规格

Grades and specifications of *pleurotus eryngii*

2019-01-17 发布　　2019-09-01 实施

中华人民共和国农业农村部　发布

前　言

本标准按照 GB/T 1.1—2009 给出的规则起草。

本标准由农业农村部种植业管理司提出并归口。

本标准起草单位:浙江省农业科学院、磐安县农业技术推广中心。

本标准主要起草人:胡桂仙、赵首萍、金群力、朱加虹、王强、谢磊、刘笑宇、赖爱萍、卢淑芳。

杏鲍菇等级规格

1 范围

本标准规定了杏鲍菇的术语和定义、要求、检验方法、包装、标识和储运。

本标准适用于杏鲍菇鲜品的等级规格划分。

2 规范性引用文件

下列文件对于本文件的应用是必不可少的。凡是注日期的引用文件，仅注日期的版本适用于本文件。凡是不注日期的引用文件，其最新版本(包括所有的修改单)适用于本文件。

GB/T 191 包装储运图示标志

GB 4806.7 食品安全国家标准 食品接触用塑料材料及制品

GB/T 5737 食品塑料周转箱

GB/T 6543 运输包装用单瓦楞纸箱和双瓦楞纸箱

NY/T 1655 蔬菜包装标识通用准则

国家质量监督检验检疫总局令2005年第75号 定量包装商品计量监督管理办法

3 术语和定义

下列术语和定义适用于本文件。

3.1

杏鲍菇 ***Pleurotus eryngii***

又名刺芹侧耳，属担子菌亚门层菌纲伞菌目侧耳科侧耳属，子实体肉质。菌盖中央稍凹，近圆形、漏斗形，表面淡黄色、淡红褐色、灰褐色，有丝状光泽，平滑，有近放射状或波浪状细条纹；菌褶延生、乳白色，边缘及两侧平滑；菌柄侧生、偏生至中生，表面光滑，白色或近白色，圆柱形、近似圆柱形、棒槌形，中实。

3.2

残缺菇 fragmentary mushroom

菌柄、菌盖不完整的菇体。

3.3

畸形菇 deformed mushroom

因受物理、化学、生物等不良因素影响形成的变形杏鲍菇。

注：改写GB/T 12728—2006，定义2.7.15。

3.4

附着物 attachment

附着在杏鲍菇产品中的培养料残渣等。

4 要求

4.1 基本要求

杏鲍菇应符合下列基本要求：

a) 具有杏鲍菇特有的外观、形状、色泽，无异种菇；

b) 外观新鲜，发育良好，具有该品种应有特征；

c) 无异味、霉变、腐烂；

d) 无坏死组织，菇盖、菇柄中部无严重机械伤；

e) 无病虫害造成的损伤；

f) 清洁、无肉眼可见的其他杂质、异物。

4.2 等级

4.2.1 等级划分

在符合基本要求的前提下，杏鲍菇分为特级、一级和二级，各等级应符合表1的要求。

表1 杏鲍菇等级要求

项目	要求		
	特级	一级	二级
色泽	菌柄白色、近白色；菌盖浅灰或浅褐色、表面有丝状光泽；菌肉白色；菌褶肉白色至浅褐色		
光滑度	菌盖、菌柄光滑	菌盖、菌柄较光滑	菌盖、菌柄较光滑
形状	菇盖近圆形；菇柄圆柱形、近似圆柱形、棒槌形，中实		
	菇形完整、周正、无残缺，菌柄无明显弯曲	菇形较完整、较周正，允许有轻度残缺或弯曲	菇形基本完整，允许有残缺或弯曲
气味	杏鲍菇特有的轻微杏仁香味、无异味		
异物	霉烂菇、虫体、毛发、金属物、沙石等肉眼可见异物不允许混入		
残缺菇，%(质量比)	≤0.5	≤1.0	≤2.0
畸形菇，%(质量比)	0	≤1.0	≤2.0
附着物，%(质量比)	≤0.3	≤0.5	≤1.0

4.2.2 等级容许度

按质量计：

a) 特级允许有5%不符合该等级的要求，但应符合一级的要求；

b) 一级允许有8%不符合该等级的要求，但应符合二级的要求；

c) 二级允许有12%不符合该等级的要求，但符合基本要求。

4.3 规格

4.3.1 规格划分

以菌柄直径、菌柄长度为指标，杏鲍菇划分为小(S)、中(M)、大(L)3种规格，规格划分应符合表2的要求。

表2 杏鲍菇规格

项目	要求		
	大(L)	中(M)	小(S)
菌柄直径，cm	>5.0	4.0～5.0	<4.0
菌柄长度，cm	>17.0	14.0～17.0	<14.0
整齐度要求	同批包装，菌柄直径差异±1.0 cm，菌柄长度差异±1.0 cm	同批包装，菌柄直径差异±0.5 cm，菌柄长度差异±1.0 cm	同批包装，菌柄直径差异±0.5 cm，菇体长度差异±0.5 cm
注：大(L)、中(M)规格的划分满足菌柄直径或菌柄长度2个条件之一即为满足相应规格要求，小(S)规格划分需要同时满足菌柄直径和菌柄长度2个条件。			

4.3.2 规格容许度

各规格的容许度按质量计：

a) 大(L)允许有5%的产品不符合该规格要求；

b) 中(M)允许有8%的产品不符合该规格要求；

c) 小(S)允许有12%的产品不符合该规格要求。

5 检验方法

5.1 色泽、光滑度、形状、气味、异物

用肉眼观察、鼻嗅等方法测试。

5.2 残缺菇、畸形菇、附着物

随机抽取10个杏鲍菇进行测定,分别拣出残缺菇、畸形菇、附着物,用感量为0.1 g天平称其质量,并按式(1)分别计算其占样品的百分率,精确到小数点后1位。

$$X = \frac{m_1}{m} \times 100 \quad \cdots\cdots (1)$$

式中:

X ——残缺菇、畸形菇、附着物的质量分数,单位为克每百克(g/100 g);

m_1——样品中残缺菇、畸形菇、附着物的质量,单位为克(g);

m ——样品的质量,单位为克(g)。

5.3 菌柄直径、菌柄长度

随机抽取10个杏鲍菇进行测定,用精度为1 mm的量具,量取菌柄的最大和最小直径,计算出杏鲍菇菌柄直径平均值。量取菌柄的最大和最小长度,计算出菌柄长度的平均值。

6 包装

6.1 基本要求

同一包装内的杏鲍菇产品应具有一致的等级、规格、品种和来源,不允许混级包装。包装内的产品可视部分应具有整个包装产品的代表性。包装不应对杏鲍菇造成损伤,包装内不应有异物。

6.2 包装方式

杏鲍菇用带气孔的聚乙烯、聚丙烯塑料袋、塑料膜或自黏保鲜膜作为内包装,同时用内衬塑料薄膜袋的纸箱、塑料周转箱或聚苯乙烯包装箱作为外包装。外包装应牢固、干燥、清洁、无异味、无毒,便于装卸、仓储和运输。包装箱内杏鲍菇应水平紧密排放,但不应挤压。

6.3 包装材料

包装材料应清洁、干燥、牢固、无污染、无毒、无异味、内壁无尖突物,无虫蛀、腐烂、霉变等。纸箱应符合GB/T 6543的规定,塑料周转箱应符合GB/T 5737的规定,聚苯乙烯包装箱应符合GB 4806.7的规定,内包装用的聚乙烯、聚丙烯塑料袋、塑料膜或自黏保鲜膜应符合GB 4806.7的规定。

6.4 净含量及允许误差

单位包装单位净含量及允许误差应符合国家质量监督检验检疫总局令2005年第75号的要求。

6.5 限度范围

每批受检样品质量不符合等级,大小不符合规格要求的允许误差,按所检单位的平均值计算,其值不应超过规定的限度,且任何所检单位的允许误差值不应超过规定值的2倍。

7 标识

7.1 包装标识

应符合GB/T 191和NY/T 1655的规定,产品包装应标明产品名称、等级、规格、产品采用标准、净含量、采收和包装日期、生产单位及详细地址、联系电话等。标注内容要求字迹清晰、规范、完整、准确。

7.2 等级标识

采用"特级"、"一级"和"二级"表示。

7.3 规格标识

采用"小(S)"、"中(M)" 和"大(L)"表示,同时标注相应规格指标值的范围。

8 储运

8.1 储存

鲜杏鲍菇应储存在2℃～4℃条件下，杏鲍菇不应裸露储存，应包装严格密封置于避光、通风良好、阴凉干燥、防虫、防鼠处储存。不应与有毒、有害、有异味的物品混存。

8.2 运输

运输工具应清洁、卫生、无污染、无杂物。一般即时销售及短途运输的鲜销杏鲍菇，可采用常温方式进行储运；对于长距离运输的鲜食杏鲍菇，宜采用2℃～4℃温度可调的冷链方式进行运输。

附　录　A
(资料性附录)
杏鲍菇等级、规格和包装参考图例

A.1　杏鲍菇不同等级、规格实物图例

见图 A.1。

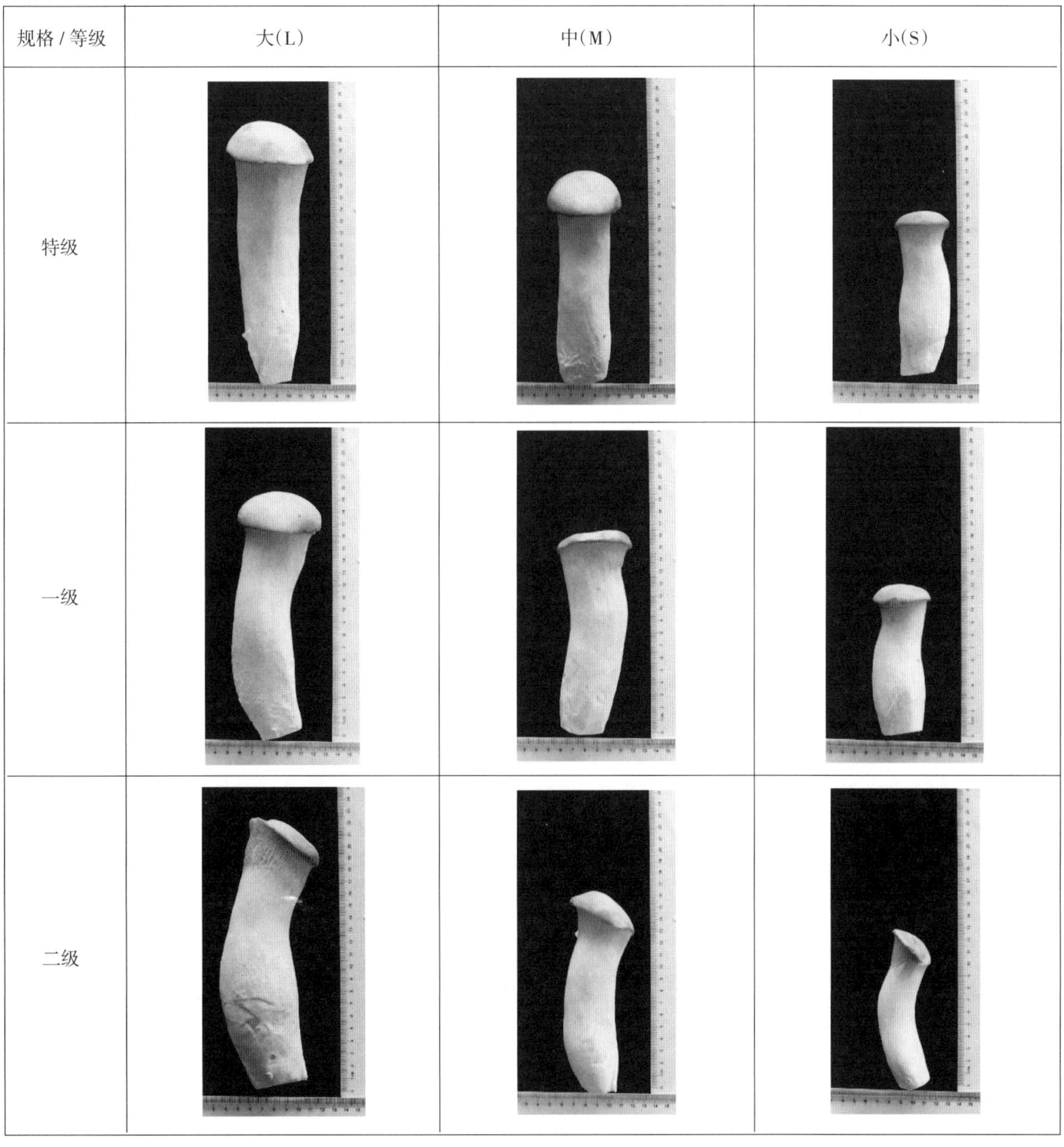

图 A.1　杏鲍菇不同等级、规格实物图例

A.2 杏鲍菇不同包装实物图例

见图 A.2。

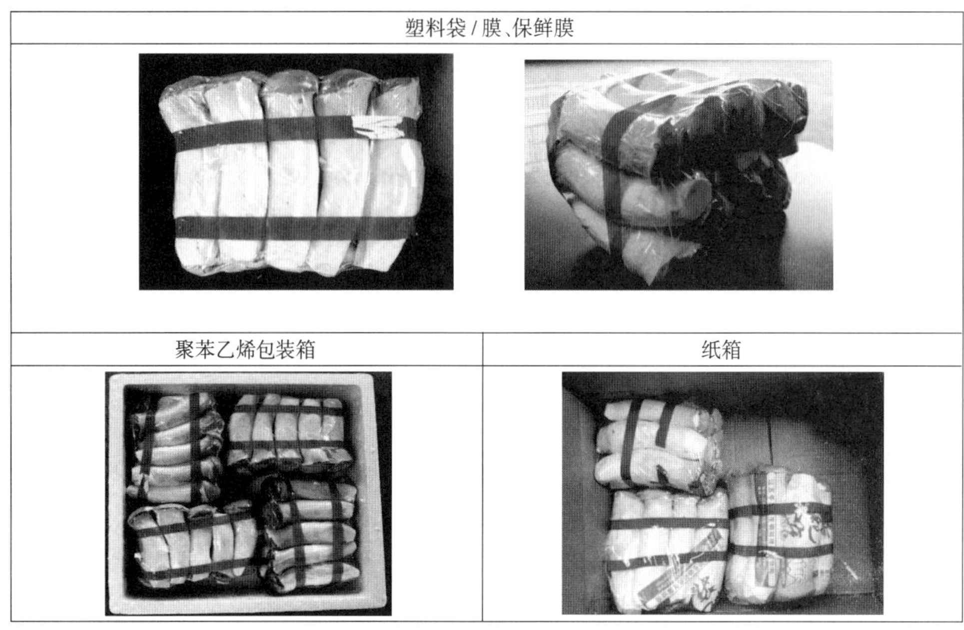

图 A.2 杏鲍菇不同包装实物图例

ICS 65.020.20
B 21

中华人民共和国农业行业标准

NY/T 3426—2019

玉米细胞质雄性不育杂交种生产技术规程

Technical code of practice for maize cytoplasmic male sterility seed production

2019-01-17 发布 2019-09-01 实施

中华人民共和国农业农村部 发布

前　　言

本标准按照 GB/T 1.1—2009 给出的规则起草。

本标准由中华人民共和国农业农村部提出并归口。

本标准起草单位:北京市农林科学院玉米研究中心。

本标准主要起草人:赵久然、王荣焕、宋伟、冯培煜、王元东、邢锦丰、刘春阁、徐田军、苏爱国。

玉米细胞质雄性不育杂交种生产技术规程

1 范围

本标准描述了玉米种子的类别，规定了细胞质雄性不育杂交种生产程序和技术要求。

本标准适用于玉米细胞质雄性不育系三系配套杂交种种子的生产。

2 规范性引用文件

下列文件对于本文件的应用是必不可少的。凡是注日期的引用文件，仅注日期的版本适用于本文件。凡是不注日期的引用文件，其最新版本(包括所有的修改单)适用于本文件。

GB 4404.1 粮食作物种子 第1部分：禾谷类

GB/T 17315—2011 玉米种子生产技术操作规程

GB 20464 农作物种子标签通则

3 术语和定义

下列术语和定义适用于本文件。相关术语和定义与 GB 4404.1、GB 20464、GB/T 17315—2011 一致。

3.1

育种家种子 breeder seed

由育种家育成的具有特异性、一致性和遗传稳定性的最初一批自交系种子。

3.2

原种 basic seed

由育种家种子直接繁殖出来的或按照原种生产程序生产并达到规定标准的自交系种子。

3.3

亲本种子 parental seed

由原种扩繁并达到规定标准、用于生产大田用种的种子。

3.4

杂交种子 commercial hybrid seed

通过杂交制种获得的、用于大田生产种植的种子。

3.5

雄性不育系 male sterility line

雌穗发育正常、雄穗在发育过程中不能产生具有正常功能花粉的纯系(简称不育系)。

3.6

保持系 maintainer line

可保持雄性不育系的不育性在世代中稳定传递的纯系，与对应的不育系仅存在雄穗育性性状不同，其他遗传背景完全一致。

3.7

恢复系 restorer line

与不育系杂交后，可使其杂交种育性能力恢复正常的纯系。

3.8

满天星种植法　mail line well - distributed in the field

杂交种生产过程中，在每两行母本行之间人工稀疏种植父本的种植方式。

4　不育系、保持系和恢复系种子生产

4.1　不育系扩繁

4.1.1　选地

与繁育玉米自交系原种相同，按 GB/T 17315—2011 的规定执行。

4.1.2　隔离

与繁育玉米自交系原种相同，按 GB/T 17315—2011 的规定执行。

4.1.3　种子处理

保持系种子宜采用红色种衣剂包衣，不育系种子应采用差异明显的其他颜色种衣剂包衣。

4.1.4　播种

保持系应比不育系晚 3 d 播种。不育系应与保持系按照 8∶2 行比种植，严禁“满天星种植”，种植不育系、保持系两者合计密度宜为每 667 m^2 5 000 株～6 000 株。

4.1.5　去杂

在苗期、小喇叭口期、抽雄散粉前等时期，应严格去除杂株，包括异形株、高大株、小弱株等；抽雄散粉期应严格巡查不育系露花药及散粉情况，及时割除不育系行内的露花药株、散粉株。

4.1.6　去除保持系

授粉结束后应及时割除保持系植株，避免保持系种子混进不育系种子中。

4.1.7　收储

不育系应单独收获、加工、存放和储运；储藏包装应采用不同标识的包装物，并附内、外标签。

4.2　保持系、恢复系扩繁

按 GB/T 17315—2011 中第 4 章的规定执行。

5　杂交种子生产

5.1　选地、隔离、播种、去杂

按 GB/T 17315—2011 中第 5 章的规定执行。

5.2　巡查母本及去雄

母本抽雄期进行不育系育性巡查，如发现已露花药或将要露花药的植株，应及时去除其雄穗。或在抽雄前普遍去雄 1 次，可免去每天巡查。

5.3　割除父本、收获加工

授粉结束后，应及时割除父本植株，按 GB/T 17315—2011 中第 5 章的规定执行。

5.4　适量掺和

为确保大田生产安全，避免大田生产中因极端天气条件等意外可能导致的散粉异常，在种子加工包装过程中，雄性不育制种杂交种子与常规制种方法生产的正常胞质同名杂交种子宜按 2∶1 比例掺合，应确保常规制种方法生产的正常胞质同名杂交种子在总量中占比≥30%。

6　田间检查

6.1　检查项目和依据

6.1.1　生产基地情况检查、苗期检查

按 GB/T 17315—2011 的相关规定执行。

6.1.2　花期检查

应重点检查杂株、不育系露花药株的去除，散粉株的去雄情况。应依据株高、株型、叶形、叶色、雄穗形状和分枝多少、护颖色、花药色、花丝色及生育期等性状的典型性，检查去杂、去雄情况；不育系扩繁田应检查母本露花药株、散粉株的去除情况；杂交种制种田应检查母本露花药株、散粉株的去除雄穗情况。

6.1.3 收获期检查、脱粒前检查

按 GB/T 17315—2011 的相关规定执行。

6.2 检查结果的处理

每次检查都应符合附录 A 的要求，将检查结果按附录 B 的规定进行记录。不符合本规程要求，应向生产部门提出书面报告，并及时提出整改建议。经复查，对达不到要求的，建议报废。

附 录 A
(规范性附录)
玉米细胞质雄性不育杂交种生产田纯度合格指标

玉米细胞质雄性不育杂交种生产田纯度合格指标见表A.1。

表A.1 玉米细胞质雄性不育杂交种生产田纯度合格指标

类 别	项 目			
	母本散粉株率 %	父本杂株散粉株率 %	散粉杂株率 %	杂穗率 %
不育系原种	≤0.01	≤0.01	≤0.01	≤0.01
保持系、恢复系原种	—	—	≤0.01	≤0.01
不育系亲本种子	≤0.10	≤0.10	≤0.10	≤0.10
保持系、恢复系亲本种子	—	—	≤0.10	≤0.10
杂交种种子	≤0.5	≤0.5	≤1.0	≤0.5

注1:母本散粉株率指母本散粉株占总株数的百分比。母本雄穗散粉花药数≥10为散粉株。

注2:散粉杂株率指田间已散粉的杂株占总株数的百分比,散粉前已拔除的不计算在内。

注3:自交系的杂穗率指剔除杂穗前的杂穗占总穗数的百分比;杂交种的杂穗率是指母本脱粒前杂穗占总穗数的百分比。

附　录　B
（资料性附录）
玉米细胞质雄性不育杂交种生产田间检查记录

玉米细胞质雄性不育杂交种生产田间检查记录见表 B.1。

表 B.1　玉米细胞质雄性不育杂交种生产田间检查记录

No.：＿＿＿＿＿＿

生产单位：＿＿＿＿＿＿＿＿＿＿＿　管理人：＿＿＿＿＿＿＿＿＿＿　户主姓名：＿＿＿＿＿＿＿＿＿＿

品种名称：＿＿＿＿＿＿　地块编号：＿＿＿＿＿＿　前作：＿＿＿＿＿　面积：＿＿＿＿＿　隔离情况：＿＿＿＿＿

种植密度：每 667 m^2 母本不育系＿＿＿＿＿株，每 667 m^2 父本恢复系＿＿＿＿＿株　母本与父本行比：＿＿＿＿＿

播种日期：＿＿＿＿＿＿＿＿收获日期：＿＿＿＿＿＿＿＿

项　目		次　数						
		1	2	3	4	5	6	备注
检查时间(日/月)								
杂交种	母本散粉株率,%							
	父本杂株散粉率,%							
	母本杂穗率,%							
不育系	母本散粉株率,%							
	父本杂株散粉率,%							
	母本杂穗率,%							
保持系	散粉杂株率,%							
	杂穗率,%							
恢复系	散粉杂株率,%							
	杂穗率,%							
检查人								
检验意见		1. 符合要求　　2. 整改　　3. 报废						
备注：								

ICS 65.020.01
B 05

中华人民共和国农业行业标准

NY/T 3429—2019

芝麻品种资源耐湿性鉴定技术规程

Technical code of practice for identification of waterlogging tolerance in sesame

2019-01-17 发布　　　　2019-09-01 实施

中华人民共和国农业农村部　发布

前　言

本标准按照 GB/T 1.1—2009 给出的规则起草。

本标准由农业农村部种业管理司提出并归口。

本标准起草单位：中国农业科学院油料作物研究所、农业农村部油料及制品质量监督检验测试中心。

本标准主要起草人：王林海、张秀荣、周海燕、张艳欣、黎冬华、喻理、魏鑫、高媛。

芝麻品种资源耐湿性鉴定技术规程

1 范围

本标准规定了芝麻品种资源耐湿性的鉴定方法和判定规则。

本标准适用于芝麻品种资源的耐湿性鉴定。

2 规范性引用文件

下列文件对于本文件的应用是必不可少的。凡是注日期的引用文件，仅注日期的版本适用于本文件。凡是不注日期的引用文件，其最新版本(包括所有的修改单)适用于本文件。

GB 3838 地表水环境质量标准

GB 4407.2 经济作物种子 第2部分：油料类

3 术语和定义

下列术语和定义适用于本文件。

3.1

盛花期 full-bloom stage

试验材料50%的植株主茎上开花6朵～7朵的日期。

3.2

萎蔫株数 number of wilting plants

湿害胁迫后试验材料发生不同程度萎蔫症状的总株数。

3.3

存活株数 number of survival plants

湿害胁迫后第7 d存活的总株数。

3.4

耐湿指数 waterlogging tolerance index

用于反映湿害胁迫后待测材料耐湿性的指标。

4 鉴定方法与评价标准

采用盆栽种植，盛花期进行人工淹水鉴定。

4.1 盆钵及土壤准备

用于试验的盆钵分为统一规格的内盆和外盆，内盆用于种植芝麻，外盆用于处理时保水。其中内盆口径30 cm，盆底有导水孔，配有底盘；外盆口径应能轻松装下内盆并高于内盆2 cm以上，无导水孔。

盆栽土壤采用0 mm～25 mm规格的泥炭土，与当地适宜芝麻生长的壤土按2：1等比例均匀混合。

4.2 试验设计

随机区组排列，4次重复。

4.3 播种和试验管理

将待测材料种子点播于内盆中，置于托盘上按一定间隔距离(不少于10 cm)摆放于平整田地上，按统一方法管理，保证芝麻正常生长，及时间苗、定苗，每个盆钵定苗4株～5株。

4.4 胁迫处理条件和准备

进入盛花期后，在35℃以上的晴朗天气条件下即可胁迫处理，处理前剪除各盆的死株、病株、长势异常植株，调查记载各盆正常株数，有效盆栽的正常植株应不少于3株/盆。

4.5 胁迫处理

处理前，将内盆置入外盆中进行适应性生长2 d以上，然后在傍晚向处理组每个盆栽灌水至营养土面水深2 cm～3 cm，水质需达GB 3838中Ⅲ类及以上水平，保持该水位36 h后将内盆取出进行撤水。

4.6 性状调查

在处理后第3 d 14:00～16:00各调查1次每盆的萎蔫株数和萎蔫等级，撤水后第7 d 6:00～8:00调查每盆的存活株数。

萎蔫情况调查及分级标准参照图1：

图1 芝麻盛花期湿害胁迫后不同萎蔫等级

0级：植株生长正常，无萎蔫现象；

1级：植株<1/3的叶片轻微萎蔫，茎尖轻度萎蔫；

3级：植株1/3至1/2的叶片萎蔫，叶缘轻微卷曲，茎尖萎蔫并出现<90°弯曲；

5级：植株1/2以上的叶片萎蔫下垂，叶缘中度卷曲，茎尖萎蔫并出现>90°弯曲；

7级：整株叶片萎蔫下垂，严重卷曲，茎尖重度萎蔫下垂。

存活株标准：植株生长正常，或叶片萎蔫而茎尖恢复生长，或茎尖萎蔫而大部分叶片恢复生长者为存活。

4.7 耐湿指数计算

根据撤水后第3 d的萎蔫株数和萎蔫等级及第7 d的存活株数，分别计算耐湿参数，进而计算耐湿指数。

待测材料第k个盆栽撤水后第3 d的耐湿参数按式(1)计算。

$$TI_{3k}=1-\sum_{i=1}^{n}(X_i\times I)/(7\times\sum_{i=1}^{n}X_i),i=0,1,3,5,7 \qquad (1)$$

式中：

TI_{3k}——待测材料第k个盆栽撤水后第3 d的耐湿参数；

X_i ——待测材料第k个盆栽中萎蔫等级为i的株数，单位为株；

I ——萎蔫等级，同i。

待测材料撤水后第3 d的平均耐湿参数按式(2)计算。

$$\overline{TI_3}=\sum_{n=1}^{k}TI_{3k}/K,k=0,1,2,3\cdots K \qquad (2)$$

式中：

$\overline{TI_3}$——待测材料撤水后第3 d的平均耐湿参数。

K ——调查的待测材料盆数，单位为盆。

待测材料第 k 个盆栽撤水第 7 d 的耐湿参数按式(3)计算。

$$TI_{7k}=Y_k/A_k \quad\quad (3)$$

式中：

TI_{7k}——待测材料第 k 个盆栽撤水后第 7 d 的耐湿参数；

Y_k ——待测材料第 k 个盆栽的存活株数，单位为株；

A_k ——待测材料第 k 个盆栽的总株数，单位为株。

待测材料撤水后第 7 d 的平均耐湿参数按式(4)计算。

$$\overline{TI_7}=\sum_{n=1}^{k} TI_{7k}/K, k=0,1,2,3\cdots K \quad\quad (4)$$

式中：

$\overline{TI_7}$——待测材料撤水后第 7 d 的平均耐湿参数。

耐湿指数按式(5)计算。

$$TI=(\overline{TI_3}+\overline{TI_7})/2 \quad\quad (5)$$

式中：

TI——耐湿指数。

5 耐湿性判定标准

芝麻耐湿性分为 5 级：高耐、耐、中耐、不耐、极不耐。根据式(5)计算的耐湿指数，参照表 1 标准判定材料耐湿等级。

表 1 芝麻盛花期耐湿性等级判定标准

耐湿指数	耐湿性等级
≥0.80	高耐
0.60～0.79	耐
0.40～0.59	中耐
0.20～0.39	不耐
＜0.20	极不耐

ICS 67
B 21

中华人民共和国农业行业标准

NY/T 3430—2019

甜菜种子活力测定　高温处理法

Determination of sugar beet seed vigor—high temperature treatment method

2019-01-17 发布　　2019-09-01 实施

中华人民共和国农业农村部　发布

前　　言

本标准按照 GB/T 1.1—2009 给出的规则起草。

本标准由农业农村部种业管理司提出并归口。

本标准起草单位：中国农业科学院甜菜研究所、农业农村部甜菜品质监督检验测试中心、农业农村部糖料产品质量安全风险评估试验室(哈尔滨)。

本标准主要起草人：张福顺、刘乃新、吴玉梅、孙育新、林柏森。

甜菜种子活力测定　高温处理法

1　范围

本标准规定了甜菜种子的活力测定。

本标准适用于甜菜种子的活力测定。

2　规范性引用文件

下列文件对于本文件的应用是必不可少的。凡是注日期的引用文件，仅注日期的版本适用于本文件。凡是不注日期的引用文件，其最新版本(包括所有的修改单)适用于本文件。

GB 19176　糖用甜菜种子

3　原理

采用高温(40℃～45℃)和一定湿度可导致甜菜种子快速劣变，高活力种子在一定湿度下经高温处理后能正常发芽，低活力种子则产生不正常幼苗或不出苗。

4　术语和定义

下列术语和定义适用于本文件。

种子活力　seed vigour

种子活力是决定种子或种子批在发芽和出苗期间的活性水平和行为的那些种子特性的综合表现。田间出苗表现良好的种子为高活力种子。

5　仪器设备与材料

本标准应采用下列仪器：

——水浴锅：控温精度±0.1℃。

——光照培养箱：控温范围10℃～50℃，恒温波动±1℃。

——分析天平：感量1 mg。

——烘干箱：温控范围50℃～300℃，温控精度±1℃。

——封口机：功率≥500 W。

——铝箔袋：厚度0.05 mm～0.10 mm，尺寸8.00 cm×12.00 cm。

6　测定步骤

6.1　甜菜包膜种子、丸化种子脱膜

称取送验样品≥50 g用水浸泡4 h，揉搓种子并用水清洗直至完全脱膜。种子自然风干后放置在密闭容器中，应在5℃～10℃的环境条件下保存待测。

6.2　种子水分测定

称取6.1待测种子5.0 g(精确至1 mg)，放入预先烘至恒重的样品盒中称重，烘箱通电预热至110℃～115℃，将盛有样品的样品盒及盖敞口放置在烘箱内部的上层，迅速关好烘箱门，使烘箱内温度在5 min～10 min内升至(103±2)℃时开始计算时间，烘干8 h。在烘箱内盖好盒盖，取出放入干燥器内冷却至室温，称重。若同一样品两次称重差值不超过0.2%，其恒重结果可用两次测得算术平均值表示。否则，重新恒重。

根据烘干后失去的重量计算种子水分，按式(1)计算。

$$H=\frac{M_2-M_3}{M_2-M_1}\times 100 \qquad (1)$$

式中：

H ——种子水分，单位为百分率(%)；

M_1 ——样品盒＋盖的重量，单位为克(g)；

M_2 ——样品盒＋盖及样品烘干前的重量，单位为克(g)；

M_3 ——样品盒＋盖及样品烘干后的重量，单位为克(g)。

结果保留至小数点后1位。

6.3 水分调整

应调整种子含水率至24%。称取密闭容器中待测种子10 g，根据6.2中种子水分测定值计算出需加水量，调至含水量达24%后，放入密闭的容器中，在10℃条件下放置24 h。

6.4 老化处理

从密闭容器中取出调节水分后的种子放入铝箔袋中，用封口机加热密封，将铝箔袋浸入45℃水浴锅中24 h后取出，按照GB 19176规定条件和方法进行发芽试验，统计正常幼苗数，正常幼苗数可用于表示种子活力。

7 试验数据处理

种子活力值用正常幼苗数的百分率表示，用式(2)计算。当4次重复发芽试验的百分率在最大容许误差范围内时，采用4次重复的平均数表示种子活力百分率。

$$V=\frac{n}{N}\times 100 \qquad (2)$$

式中：

V ——种子活力，单位为百分率(%)；

n ——正常幼苗数，单位为株；

N ——供试种子数，单位为粒。

计算结果表示修约到最近似的整数。

8 容许误差

同一活力测定试验4次重复间的容许差距按表1的规定执行，同一样品不同实验室活力差距应按表2的规定执行。

表1 同一实验室活力试验4次重复的最大容许误差

(2.5%显著水平的两尾测定)

平均活力		最大容许误差
50%以上	50%以下	
99	2	5
98	3	6
97	4	7
96	5	8
95	6	9
93～94	7～8	10
91～92	9～10	11
89～90	11～12	12

表 1（续）

平均活力		最大容许误差
50%以上	50%以下	
87～88	13～14	13
84～86	15～17	14
81～83	18～20	15
78～80	21～23	16
73～77	24～28	17
67～72	29～34	18
56～66	35～45	19
51～55	46～50	20

表 2　同一样品不同实验室活力最大容许误差

（2.5%显著水平的两尾测定）

平均活力		最大容许误差
50%以上	50%以下	
98～99	2～3	2
95～97	4～6	3
91～94	7～10	4
85～90	11～16	5
77～84	17～24	6
60～76	25～41	7
51～59	42～50	8

9　评定

测定值＜50%为低活力种子，50%～80%为中等活力种子，＞80%为高活力种子。

ICS 65.020.20
B 05

中华人民共和国农业行业标准

NY/T 3431—2019

植物品种特异性、一致性和稳定性测试指南 补血草属

Guidelines for the conduct of tests for distinctness, uniformity and stability—Statice
(*Limonium* Mill.)
(UPOV: TG/168/3, Guidelines for the conduct of tests for distinctness, uniformity and stability—Statice, NEQ)

2019-01-17 发布 2019-09-01 实施

中华人民共和国农业农村部 发布

前　言

本标准按照 GB/T 1.1—2009 给出的规则起草。

本标准使用重新起草法修改采用了国际植物新品种保护联盟(UPOV)指南“TG/168/3,Guidelines for the conduct of tests for distinctness, uniformity and stability—Statice”。

本标准对应于 UPOV 指南 TG/168/3,与 TG/168/3 的一致性程度为非等效。

本标准与 UPOV 指南 TG/168/3 相比存在技术性差异,主要差异如下:

——增加了“花冠:类型”共 1 个性状;

——删除了“叶片:光泽度”“叶片:绒毛”“叶片:叶裂”“叶柄:有无”共 4 个性状;

——调整了“*叶:长度”“*叶:宽度”“*叶片:绿色程度”“叶片:上表面绒毛密度”“叶片:边缘绒毛密度”“叶柄:长度”“仅适用于具叶柄品种:叶柄:花青甙显色强度”“花序:花序梗粗度”“花序:花序梗绒毛密度”“*花序:花序梗侧翼宽度”“花序:花序梗侧翼边缘波状程度”“花序:第一分枝托叶长度”“花序:花序梗分枝程度”“花萼:长度”“*花萼:直径”“花冠:直径”共 16 个性状的表达状态,调整了“叶柄:长度”“叶柄:花青甙显色强度”共 2 个性状的名称,将“柱头:类型”“花:香味”共 2 个性状列入选测性状表;

——更换了标准品种。

本标准由农业农村部种业管理司提出。

本标准由全国植物新品种测试标准化技术委员会(SAC/TC 277)归口。

本标准起草单位:云南省农业科学院质量标准与检测技术研究所、农业农村部科技发展中心。

本标准主要起草人:张建华、刘艳芳、黄清梅、屈云惠、王江民、杨旭红、杨晓洪、张鹏、管俊娇、毛进。

植物品种特异性、一致性和稳定性测试指南
补血草属

1 范围

本标准规定了补血草属深波叶补血草(*Limonium sinuatum*)和杂种补血草(*Limonium latifolium*)品种特异性、一致性和稳定性测试的技术要求和结果判定的一般原则。

本标准适用于补血草属深波叶补血草和杂种补血草品种特异性、一致性和稳定性测试和结果判定。

2 规范性引用文件

下列文件对于本文件的应用是必不可少的。凡是注日期的引用文件,仅注日期的版本适用于本文件。凡是不注日期的引用文件,其最新版本(包括所有的修改单)适用于本文件。

GB/T 19557.1 植物新品种特异性、一致性和稳定性测试指南 总则

3 术语和定义

GB/T 19557.1 界定的以及下列术语和定义适用于本文件。

3.1

群体测量 single measurement of a group of plants or parts of plants

对一批植株或植株的某器官或部位进行测量,获得一个群体记录。

3.2

个体测量 measurement of a number of individual plants or parts of plants

对一批植株或植株的某器官或部位进行逐个测量,获得一组个体记录。

3.3

群体目测 visual assessment by a single observation of a group of plants or parts of plants

对一批植株或植株的某器官或部位进行目测,获得一个群体记录。

3.4

个体目测 visual assessment by observation of individual plants or parts of plants

对一批植株或植株的某器官或部位进行逐个目测,获得一组个体记录。

4 符号

下列符号适用于本文件:

MG:群体测量。

MS:个体测量。

VG:群体目测。

VS:个体目测。

QL:质量性状。

QN:数量性状。

PQ:假质量性状。

*:标注性状为 UPOV 用于统一品种描述所需要的重要性状,除非受环境条件限制性状的表达状态无法测试,所有 UPOV 成员都应使用这些性状。

(a)(b):标注内容在 B.2 中进行了详细解释。

(+):标注内容在 B.3 中进行了详细解释。

__:本文件中下划线是特别提示测试性状的适用范围。

5 繁殖材料的要求

5.1 繁殖材料以种苗形式提供。

5.2 提交的种苗数量不少于 30 株。

5.3 提交的种苗应外观健康,无病虫侵害。种苗的具体质量要求为:地径 0.3 cm 以上,苗高 5 cm 以上,叶片数为 6 片～10 片。

5.4 提交的种苗一般不进行任何影响品种性状正常表达的处理。如果已处理,应提供处理的详细说明。

5.5 提交的种苗应符合中国植物检验检疫有关规定。

6 测试方法

6.1 测试周期

测试周期至少为 1 个独立的开花生长周期。

6.2 测试地点

测试通常在一个地点进行。如果某些性状在该地点不能充分表达,可在其他符合条件的地点对其进行观测。

6.3 田间试验

6.3.1 试验设计

待测品种和近似品种相邻种植。

在设施条件下,以穴植方式种植,每个小区至少 10 株,株距 30 cm～50 cm,行距 30 cm～50 cm,设 2 个重复。

6.3.2 田间管理

可按当地常规生产管理方式进行。

6.4 性状观测

6.4.1 观测时期

性状观测应按照表 A.1 和表 A.2 列出的生育阶段进行。生育阶段描述见表 B.1。

6.4.2 观测方法

性状观测应按照表 A.1 规定的观测方法(VG、VS、MG、MS)进行。部分性状观测方法见 B.2 和 B.3。

6.4.3 观测数量

除非另有说明,个体观测性状(VS、MS)植株取样数量为 10 个,在观测植株的器官或部位时,每个植株取样数量应为 1 个。群体观测性状(VG、MG)应观测整个小区或规定大小的混合样本。

6.5 附加测试

必要时,可选用表 A.2 中的性状或本文件未列出的性状进行附加测试。

7 特异性、一致性和稳定性结果的判定

7.1 总体原则

特异性、一致性和稳定性的判定按照 GB/T 19557.1 确定的原则进行。

7.2 特异性的判定

待测品种应明显区别于所有已知品种。在测试中,当待测品种至少在一个性状上与最为近似的品种具有明显且可重现的差异时,即可判定待测品种具备特异性。

7.3 一致性的判定

一致性判定时,采用1%的群体标准和至少95%的接受概率。当样本大小为20株时,最多可以允许有1个异型株。

7.4 稳定性的判定

如果一个品种具备一致性,则可认为该品种具备稳定性。一般不对稳定性进行测试。

必要时,可以种植该品种下一批种苗,与以前提供的种苗相比,若性状表达无明显变化,则可判定该品种具备稳定性。

8 性状表

8.1 概述

根据测试需要,将性状分为基本性状和选测性状,基本性状是测试中必须使用的性状,选测性状为依据申请者要求而进行附加测试的性状。补血草属基本性状见表A.1,补血草属选测性状见表A.2。性状表列出了性状名称、表达类型、表达状态及相应的代码和标准品种、观测时期和方法等内容。

8.2 表达类型

根据性状表达方式,将性状分为质量性状、假质量性状和数量性状3种类型。

8.3 表达状态和相应代码

每个性状划分为一系列表达状态,以便于定义性状和规范描述;每个表达状态赋予一个相应的数字代码,以便于数据记录、处理和品种描述的建立与交流。

8.4 标准品种

性状表中列出了部分性状有关表达状态可参考的标准品种,以助于确定相关性状的不同表达状态和校正环境因素引起的差异。

9 分组性状

本标准中,品种分组性状如下:

a) * 叶片:形状(表A.1中性状5)。

b) * 花序:类型(表A.1中性状20)。

c) * 花萼:主要颜色(表A.1中性状27)。

d) * 花冠:颜色(表A.1中性状30)。

10 技术问卷

申请人应按附录C给出的格式填写补血草属技术问卷。

附 录 A
(规范性附录)
补血草属性状表

A.1 补血草属基本性状

见表A.1。

表A.1 补血草属基本性状

序号	性 状	观测时期和方法	表达状态	标准品种	代码
1	*植株:高度 QN	02 MS	极矮		1
			极矮到矮		2
			矮	勿忘紫	3
			矮到中		4
			中	紫云	5
			中到高		6
			高	紫花	7
			高到极高		8
			极高		9
2	植株:花序数量 QN	02 MS	极少		1
			极少到少		2
			少		3
			少到中		4
			中	紫花	5
			中到多		6
			多	紫云	7
			多到极多		8
			极多		9
3	*叶:长度 QN (a)	02 MS	短		1
			中	勿忘紫	2
			长	紫花	3
4	*叶:宽度 QN (a)	02 MS	窄	平头黄	1
			中	紫云	2
			宽	紫花	3
5	*叶片:形状 PQ (a) (+)	02 VG	阔卵圆形到三角形		1
			椭圆形		2
			窄倒卵圆形		3
			倒卵圆形		4
6	*叶片:绿色程度 QN (a)	02 VG	浅		1
			中	黄鹂鸟	2
			深		3
7	叶片:上表面绒毛密度 QN (a)	02 VG	无或极稀	紫云	1
			极稀到稀		2
			稀	紫花	3
			稀到密		4
			密		5

表 A.1（续）

序号	性　　状	观测时期和方法	表达状态	标准品种	代码
8	叶片:边缘绒毛密度 QN (a)	02 VG	无或极稀		1
			稀	紫蝴蝶	2
			密		3
9	叶片:边缘波状程度 QN (a) (+)	02 VG	无或极弱		1
			极弱到弱		2
			弱		3
			弱到中		4
			中		5
			中到强		6
			强		7
			强到极强		8
			极强		9
10	*叶片:裂刻程度 QN (a) (+)	02 VG	无或极弱		1
			极弱到弱		2
			弱		3
			弱到中		4
			中		5
			中到强		6
			强		7
			强到极强		8
			极强		9
11	叶柄:长度 QN (a)	02 MS	无或极短		1
			极短到短	紫花	2
			短		3
			短到长	黄水晶	4
			长		5
12	仅适用于具叶柄品种:叶柄:花青甙显色强度 QN (a)	02 VG	无或弱		1
			中		2
			强		3
13	*花序:花茎叶 QL (b)	02 VG	无		1
			有		9
14	*花序:花序梗长度 QN (b)	02 MS	极短		1
			极短到短		2
			短		3
			短到中		4
			中	勿忘紫	5
			中到长		6
			长	紫花	7
			长到极长		8
			极长		9
15	花序:花序梗粗度 QN (b)	02 VG	细	勿忘紫	1
			中	紫蝴蝶	2
			粗		3
16	花序:花序梗绒毛密度 QN (b)	02 VG	无或稀		1
			稀	紫云	2
			中		3
			密	紫花	4

表 A.1（续）

序号	性　　状	观测时期和方法	表达状态	标准品种	代码
17	*花序:花序梗侧翼宽度 QN (b) (+)	02 VG	无或极窄		1
			窄		2
			中		3
			宽		4
			极宽		5
18	花序:花序梗侧翼边缘波状程度 QN (b) (+)	02 VG	弱		1
			中		2
			强		3
19	花序:第一分枝托叶长度 QN (b)	02 VG	短		1
			中	紫花	2
			长	紫蝴蝶	3
20	*花序:类型 PQ (b) (+)	02 VG	类型Ⅰ		1
			类型Ⅱ		2
			类型Ⅲ		3
			类型Ⅳ		4
			类型Ⅴ		5
			类型Ⅵ		6
21	花序:花序梗分枝程度 QN (b)	02 VG	弱		1
			中	紫蝴蝶	2
			强		3
22	*花序:侧枝姿态 QN (b) (+)	02 VG	直立		1
			直立到半直立		2
			半直立		3
			半直立到水平		4
			水平		5
23	*花序:花数量 QN (b)	02 MS	极少		1
			极少到少		2
			少		3
			少到中		4
			中	紫蝴蝶	5
			中到多		6
			多	紫云	7
			多到极多		8
			极多		9
24	花萼:长度 QN (b)	02 VG	短		1
			中	紫蝴蝶	2
			长	紫花	3
25	*花萼:直径 QN (b)	02 MS	小		1
			中	黄鹂鸟	2
			大	彩蓝	3
26	*花萼:类型 PQ (b) (+)	02 VG	钟状		1
			漏斗状		2
			开裂钟状		3

表 A.1（续）

序号	性　　状	观测时期和方法	表达状态	标准品种	代码
27	*花萼:主要颜色 PQ (b)	02 VG	白色		1
			黄色		2
			橙色		3
			粉色		4
			红色		5
			紫色		6
			绿色		7
			蓝色		8
28	花冠:直径 QN (b)	02 MS	小		1
			中	紫云	2
			大		3
29	花冠:类型 PQ (b) (+)	02 VS	类型Ⅰ		1
			类型Ⅱ		2
			类型Ⅲ		3
30	*花冠:颜色 PQ (b)	02 VG	白色		1
			黄色		2
			橙色		3
			粉色		4
			红色		5
			紫色		6
			绿色		7
			蓝色		8
31	花:柱头相对于花药的位置 QN (b)	02 VG	低于		1
			等于		2
			高于		3
32	*始花期 QN	01 VG	极早		1
			极早到早		2
			早	蓝珍珠	3
			早到中		4
			中	蓝丝绒	5
			中到晚		6
			晚	彩粉	7
			晚到极晚		8
			极晚		9

A.2 补血草属选测性状

见表 A.2。

表 A.2 补血草属选测性状

序号	性　　状	观测时期和方法	表达状态	标准品种	代码
33	柱头:类型 QL (+)	02 VG	玉米穗状		1
			乳突状		2
			头状		3
34	花:香味 QL	02 VG	无		1
			有	黄水晶	9

附 录 B
(规范性附录)
补血草属性状表的解释

B.1 补血草属生育阶段

见表 B.1。

表 B.1 补血草属生育阶段表

生育阶段代码	描 述
01	始花期(15%植株开花)
02	盛花期(75%植株开花)

B.2 涉及多个性状的解释

(a) 观测植株基部中轮叶片。

(b) 观测主花序。

B.3 涉及单个性状的解释

性状分级和图中代码见表 A.1。

性状 5 * 叶片:形状,见图 B.1。

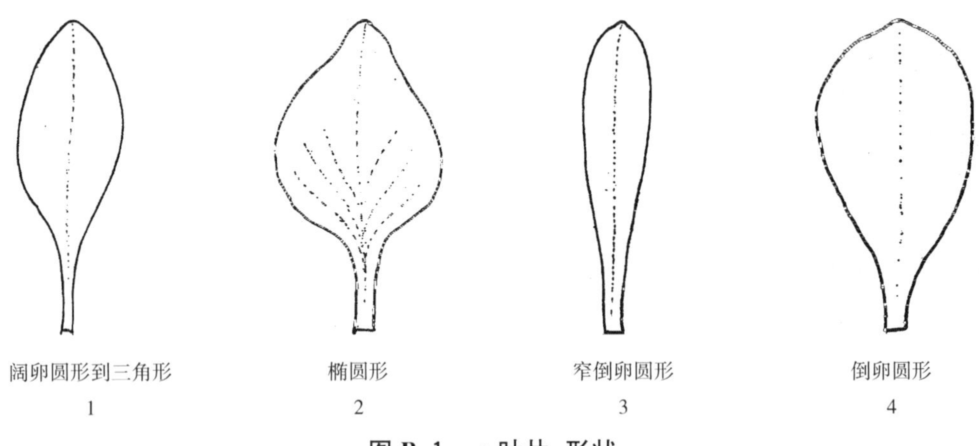

图 B.1 * 叶片:形状

性状 9 叶片:边缘波状程度,见图 B.2。

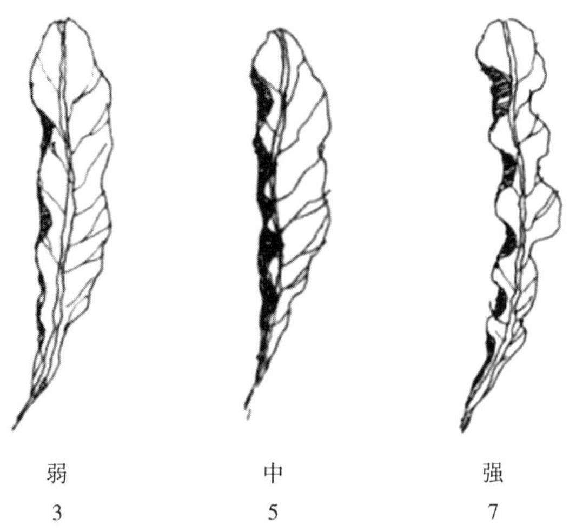

图 B.2　叶片:边缘波状程度

性状 10　*叶片:裂刻程度,见图 B.3。

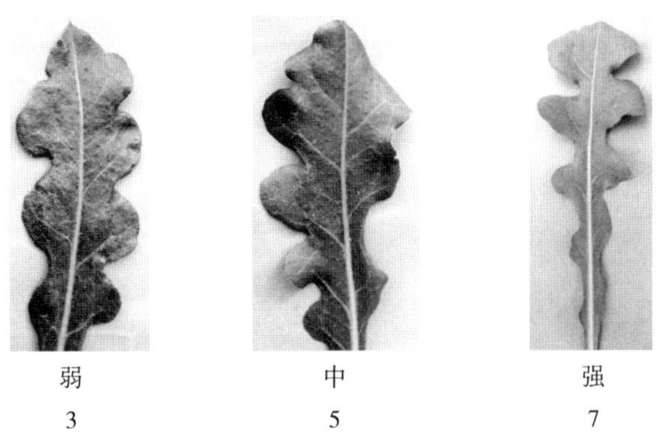

图 B.3　*叶片:裂刻程度

性状 17　*花序:花序梗侧翼宽度,见图 B.4。测量花序梗中部 2/3 处的侧翼宽度。

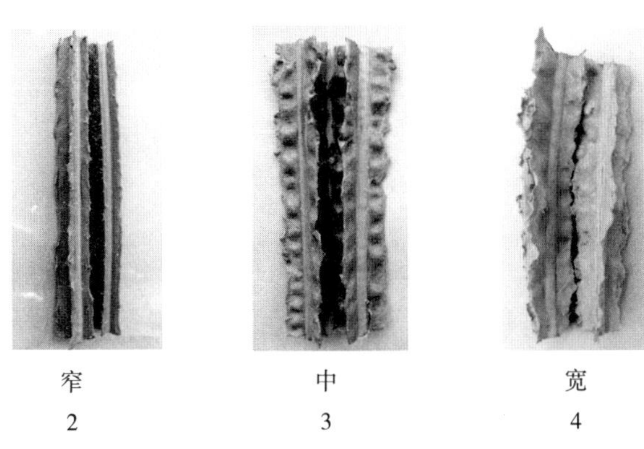

图 B.4　*花序:花序梗侧翼宽度

性状 18　花序:花序梗侧翼边缘波状程度,见图 B.5。

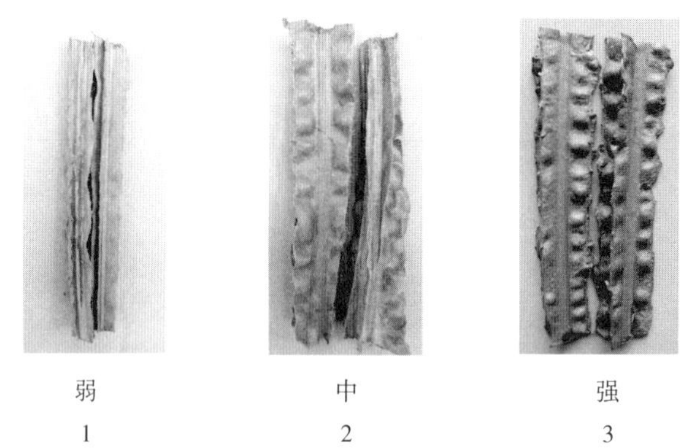

图 B.5　花序:花序梗侧翼边缘波状程度

性状 20　＊花序:类型,见图 B.6。

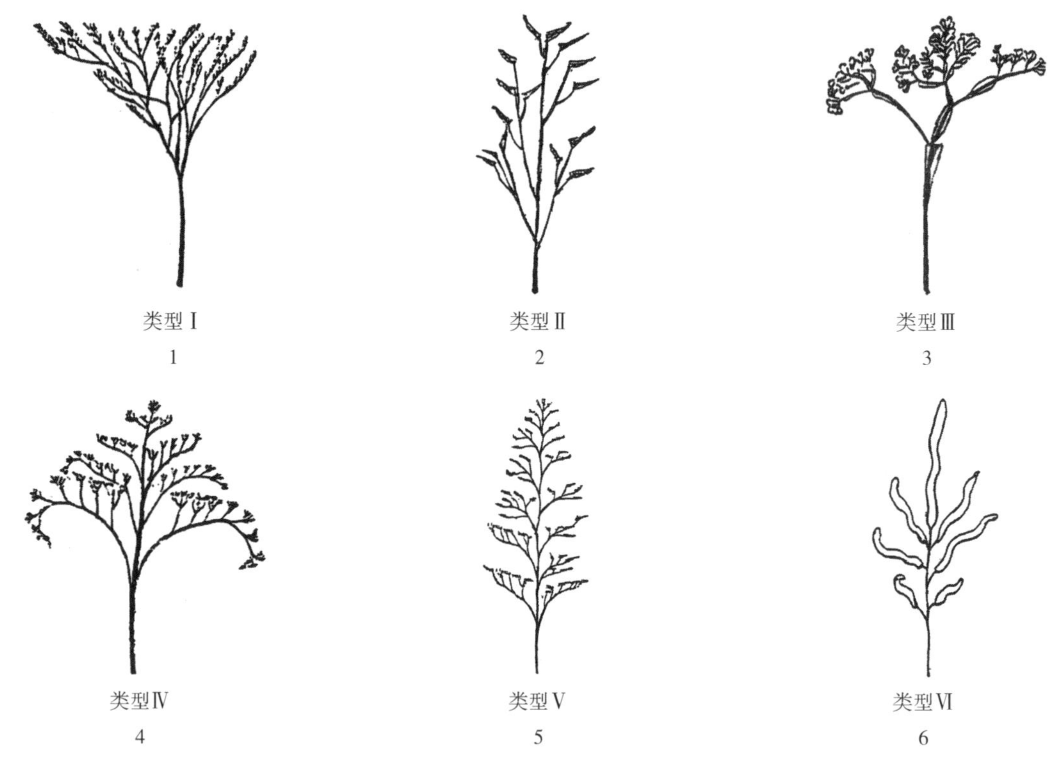

图 B.6　＊花序:类型

性状 22　＊花序:侧枝姿态,见图 B.7。目测中部侧枝基部到顶端连线与主枝的夹角。

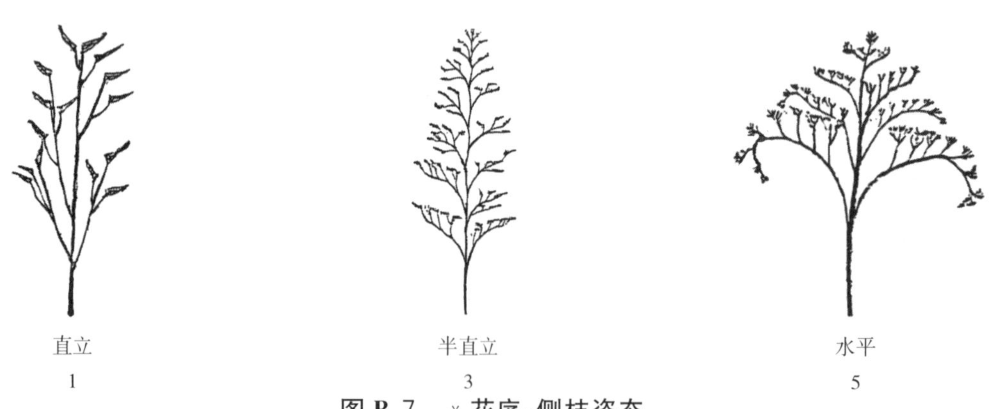

图 B.7　＊花序:侧枝姿态

性状 26　＊花萼:类型,见图 B.8。

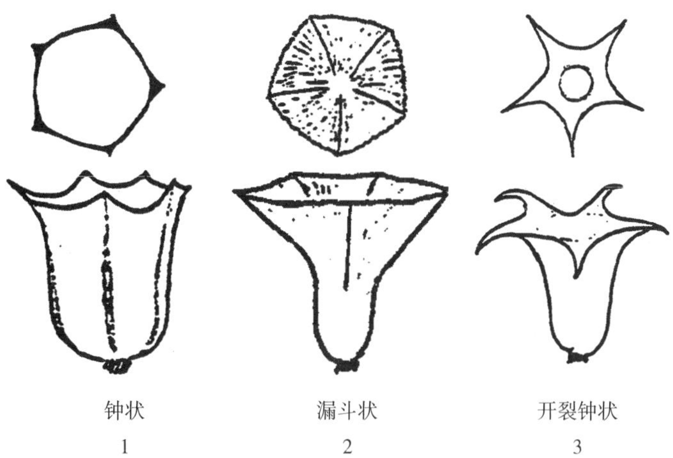

图 B.8　＊花萼:类型

性状 29　花冠:类型,见图 B.9。

图 B.9　花冠:类型

性状 33　柱头:类型,见图 B.10。

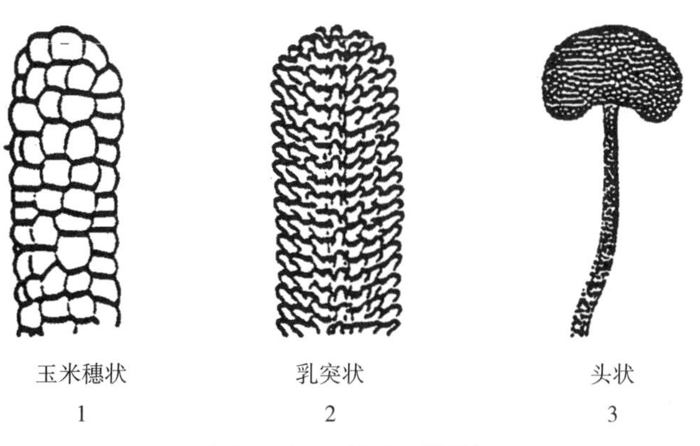

图 B.10　柱头:类型

附　录　C
（规范性附录）
补血草属技术问卷格式

补血草属技术问卷

	申请号： 申请日： （由审批机关填写）
（申请人或代理机构签章）	

C.1　品种暂定名称

C.2　申请测试人信息

姓名：
地址：
电话号码：　　　　　　传真号码：　　　　　　手机号码：
邮箱地址：
育种者姓名（如果与申请测试人不同）：

C.3　植物学分类

在相符的种类[　]中打√。

C.3.1　深波叶补血草（*Limonium sinuatum*）　[　]

C.3.2　杂种补血草（*Limonium latifolium*）　[　]

C.4　品种类型

在相符的类型[　]中打√。

C.4.1　繁殖方式

组培　[　]
块茎　[　]
其他（请指出具体方式）　[　]

C.4.2　用途

切花　[　]
盆花　[　]

C.5 申请品种的具有代表性彩色照片

（品种照片粘贴处）
（如果照片较多，可另附页提供）

C.6 品种的选育背景、育种过程和育种方法，包括系谱、培育过程和所使用的亲本或其他繁殖材料来源与名称的详细说明

C.7 适于生长的区域或环境以及栽培技术的说明

C.8 其他有助于辨别申请品种的信息

（如品种用途、品质和抗性，请提供详细资料）

C.9 品种种植或测试是否需要特殊条件

在相符的[ ]中打√。

是[ ]　　　　　否[ ]

（如果回答是，请提供详细资料）

C.10 品种繁殖材料保存是否需要特殊条件

在相符的[ ]中打√。

是[ ]　　　　　否[ ]

（如果回答是，请提供详细资料）

C.11 申请品种需要指出的性状

在表 C.1 中相符的代码后[ ]中打√,若有测量值,请填写在表 C.1 中。

表 C.1 申请品种需要指出的性状

序号	性 状	表达状态	代码	测量值
1	*植株:高度(性状 1)	极矮	1[ ]	
		极矮到矮	2[ ]	
		矮	3[ ]	
		矮到中	4[ ]	
		中	5[ ]	
		中到高	6[ ]	
		高	7[ ]	
		高到极高	8[ ]	
		极高	9[ ]	
2	*叶片:形状(性状 5)	阔卵圆形到三角形	1[ ]	
		椭圆形	2[ ]	
		窄倒卵圆形	3[ ]	
		倒卵圆形	4[ ]	
3	*花序:花茎叶(性状 13)	无	1[ ]	
		有	9[ ]	
4	*花序:类型(性状 20)	类型Ⅰ	1[ ]	
		类型Ⅱ	2[ ]	
		类型Ⅲ	3[ ]	
		类型Ⅳ	4[ ]	
		类型Ⅴ	5[ ]	
		类型Ⅵ	6[ ]	
5	*花萼:主要颜色(性状 27)	白色	1[ ]	
		黄色	2[ ]	
		橙色	3[ ]	
		粉色	4[ ]	
		红色	5[ ]	
		紫色	6[ ]	
		绿色	7[ ]	
		蓝色	8[ ]	
6	花冠:类型(性状 29)	类型Ⅰ	1[ ]	
		类型Ⅱ	2[ ]	
		类型Ⅲ	3[ ]	
7	*花冠:颜色(性状 30)	白色	1[ ]	
		黄色	2[ ]	
		橙色	3[ ]	
		粉色	4[ ]	
		红色	5[ ]	
		紫色	6[ ]	
		绿色	7[ ]	
		蓝色	8[ ]	

C.12 申请品种与近似品种的明显差异性状表

在自己知识范围内,申请测试人在表 C.2 中列出申请测试品种与其最为近似品种的明显差异。

表 C.2　申请品种与近似品种的明显差异性状表

近似品种名称	性状名称	近似品种表达状态	申请品种表达状态
注:提供可以帮助审查机构对该品种以更有效的方式进行特异性测试的信息。			

申请人员承诺:技术问卷所填写的信息真实!

签名:

ICS 65.020.20
B 05

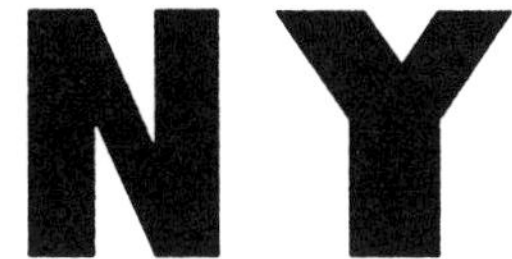

中华人民共和国农业行业标准

NY/T 3432—2019

植物品种特异性、一致性和稳定性测试指南 万寿菊属

Guidelines for the conduct of tests for distinctness, uniformity and stability—Marigold

(*Tagetes* L.)

(UPOV: TG/246/1, Guidelines for the conduct of tests for distinctness, uniformity and stability—Marigold, NEQ)

2019-01-17 发布 2019-09-01 实施

中华人民共和国农业农村部 发布

前　言

本标准按照GB/T 1.1—2009给出的规则起草。

本标准使用重新起草法修改采用了国际植物新品种保护联盟(UPOV)指南“TG/246/1,Guidelines for the conduct of tests for distinctness,uniformity and stability—Marigold”。

本标准对应于UPOV指南TG/246/1,与TG/246/1的一致性程度为非等效。

本标准与UPOV指南TG/246/1相比存在技术性差异,主要差异如下:

——增加了4个性状:“植株:花序数量”“头状花序:花序梗花青甙显色”“仅适用于具舌状小花类型的品种:舌状小花:花瓣边缘波状程度”“仅适用于头状花序具两种小花类型的品种:花瓣:两种类型小花的颜色是否一致”;

——删除了2个性状:“植株:香味”“头状花序:顶生头状花序的花序梗长度”;

——调整了9个性状的表达状态:“*植株:生长习性”“仅适用于单叶Ⅱ型品种:顶生小裂叶:宽度”“*叶:绿色程度”“*叶:边缘缺刻深度”“*仅适用于具舌状小花类型的品种:舌状小花:边缘缺刻深度”“仅适用于边缘无缺刻的品种:舌状小花:顶端形状”“*仅适用于具舌状小花类型的品种:外轮舌状小花:宽度”“*头状花序:颜色数量”“*仅适用于舌状小花颜色数量为两种的品种:舌状小花:次要颜色”,将“*始花期”列入选测性状表;

——更换了标准品种。

本标准由农业农村部种业管理司提出。

本标准由全国植物新品种测试标准化技术委员会(SAC/TC 277)归口。

本标准起草单位:云南省农业科学院质量标准与检测技术研究所、云南省农业科学院环境资源研究所、上海市农业科学院农产品质量标准与检测技术研究所。

本标准主要起草人:刘艳芳、张建华、黄清梅、屈云惠、张鹏、黄志城、徐云、褚云霞、王江民、杨晓洪、管俊娇、毛进。

植物品种特异性、一致性和稳定性测试指南 万寿菊属

1 范围

本标准规定了万寿菊属(*Tagetes* L.)品种特异性、一致性和稳定性测试的技术要求和结果判定的一般原则。

本标准适用于万寿菊属品种特异性、一致性和稳定性测试和结果判定。

2 规范性引用文件

下列文件对于本文件的应用是必不可少的。凡是注日期的引用文件,仅注日期的版本适用于本文件。凡是不注日期的引用文件,其最新版本(包括所有的修改单)适用于本文件。

GB/T 19557.1 植物新品种特异性、一致性和稳定性测试指南 总则

3 术语和定义

GB/T 19557.1界定的以及下列术语和定义适用于本文件。

3.1

群体测量 single measurement of a group of plants or parts of plants

对一批植株或植株的某器官或部位进行测量,获得一个群体记录。

3.2

个体测量 measurement of a number of individual plants or parts of plants

对一批植株或植株的某器官或部位进行逐个测量,获得一组个体记录。

3.3

群体目测 visual assessment by a single observation of a group of plants or parts of plants

对一批植株或植株的某器官或部位进行目测,获得一个群体记录。

3.4

个体目测 visual assessment by observation of individual plants or parts of plants

对一批植株或植株的某器官或部位进行逐个目测,获得一组个体记录。

4 符号

下列符号适用于本文件:

MG:群体测量。

MS:个体测量。

VG:群体目测。

VS:个体目测。

QL:质量性状。

QN:数量性状。

PQ:假质量性状。

*:标注性状为UPOV用于统一品种描述所需要的重要性状,除非受环境条件限制性状的表达状态无法测试,所有UPOV成员都应使用这些性状。

(a)～(e):标注内容在 B.2 中进行了详细解释。

(+):标注内容在 B.3 中进行了详细解释。

__:本文件中下划线是特别提示测试性状的适用范围。

5 繁殖材料的要求

5.1 繁殖材料以种子形式提供。

5.2 提交的种子数量至少 10 g。

5.3 提交的种子质量要求如下:净度≥98.0%,发芽率≥90.0%,含水量≤9.0%。

5.4 提交的种子一般不进行任何影响品种性状正常表达的处理。如果已处理,应提供处理的详细说明。

5.5 提交的种子应符合中国的植物检验检疫有关规定。

6 测试方法

6.1 测试周期

测试周期至少为 1 个独立的生长周期。

6.2 测试地点

测试通常在一个地点进行。如果某些性状在该地点不能充分表达,可在其他符合条件的地点对其进行观测。

6.3 田间试验

6.3.1 试验设计

待测品种和近似品种相邻种植。

可采用穴盘育苗,待出现 3 对～4 对真叶时移栽。移栽以开穴方式种植,每个小区的成活植株不少于 25株,株距 20 cm～30 cm,行距 30 cm～40 cm。共设 2 个重复。

6.3.2 田间管理

可按当地大田生产管理方式进行。

6.4 性状观测

6.4.1 观测时期

性状观测应按照表 A.1 和表 A.2 列出的生育阶段进行。生育阶段描述见表 B.1。

6.4.2 观测方法

性状观测应按照表 A.1 和表 A.2 规定的观测方法(VG、VS、MG、MS)进行。部分性状观测方法见 B.2 和 B.3。

6.4.3 观测数量

除非另有说明,个体观测性状(VS、MS)植株取样数量为 20 个,在观测植株的器官或部位时,每个植株取样数量应为 1 个。群体观测性状(VG、MG)应观测整个小区或规定大小的混合样本。

6.5 附加测试

必要时,可选用表 A.2 中的性状或本文件未列出的性状进行附加测试。

7 特异性、一致性和稳定性结果的判定

7.1 总体原则

特异性、一致性和稳定性的判定按照 GB/T 19557.1 确定的原则进行。

7.2 特异性的判定

待测品种应明显区别于所有已知品种。在测试中,当待测品种至少在一个性状上与最为近似的品种具有明显且可重现的差异时,即可判定待测品种具备特异性。

7.3 一致性的判定

一致性判定时,采用3%的群体标准和至少95%的接受概率。当样本大小为40株时,最多可以允许有3个异型株。

7.4 稳定性的判定

如果一个品种具备一致性,则可认为该品种具备稳定性。一般不对稳定性进行测试。

必要时,可以种植该品种下一代或者新提交的种子,与以前提供的种子相比,若性状表达无明显变化,则可判定该品种具备稳定性。

8 性状表

8.1 概述

根据测试需要,将性状分为基本性状和选测性状,基本性状是测试中必须使用的性状,选测性状为依据申请者要求而进行附加测试的性状。万寿菊属基本性状见表A.1,万寿菊属选测性状见表A.2。性状表列出了性状名称、表达类型、表达状态及相应的代码和标准品种和方法等内容。

8.2 表达类型

根据性状表达方式,将性状分为质量性状、假质量性状和数量性状3种类型。

8.3 表达状态和相应代码

每个性状划分为一系列表达状态,以便于定义性状和规范描述;每个表达状态赋予一个相应的数字代码,以便于数据记录、处理和品种描述的建立与交流。

8.4 标准品种

性状表中列出了部分性状有关表达状态可参考的标准品种,以助于确定相关性状的不同表达状态和校正环境因素引起的差异。

9 分组性状

本文件中,品种分组性状如下:

a) * 植株:高度(表A.1中性状2)。

b) * 叶:类型(表A.1中性状8)。

c) * 头状花序:小花类型(表A.1中性状16)。

d) * 头状花序:颜色数量(表A.1中性状25)。

e) * <u>仅适用于头状花序颜色数量为一种的品种</u>:头状花序:颜色(性状26),分组如下:

白色

绿色

浅黄色

深黄色

浅橙色

中等橙色

红色

棕色

f) * <u>仅适用于头状花序颜色数量为一种以上的品种</u>:管状和/或管舌状小花:主要颜色(性状29),分组如下:

白色

绿色
浅黄色
深黄色
浅橙色
中等橙色
红色
棕色

g) ＊仅适用于头状花序颜色数量为一种以上且具舌状小花的品种：舌状小花：主要颜色（性状32），分组如下：

白色
绿色
浅黄色
深黄色
浅橙色
中等橙色
红色
棕色

10 技术问卷

申请人应按附录C给出的格式填写万寿菊属技术问卷。

附　录　A
（规范性附录）
万寿菊属性状表

A.1　万寿菊属基本性状

见表 A.1。

表 A.1　万寿菊属基本性状

序号	性　　状	观测时期和方法	表达状态	标准品种	代码
1	下胚轴:花青甙显色 QL	21 VG	无		1
			有		9
2	* 植株:高度 QN (a)	42 MS	极矮	小英雄黄	1
			极矮到矮		2
			矮		3
			矮到中		4
			中	宏瑞 137	5
			中到高		6
			高		7
			高到极高	混 3 红	8
			极高		9
3	* 植株:生长习性 QN (a) (+)	42 VG	直立		1
			半直立		2
			平展		3
4	* 植株:分枝性 QN (a)	42 VS	无或极弱	MF_1(美 F_1)	1
			中		2
			强		3
5	植株:花序数量 QN (a)	42 MS	极少		1
			极少到少		2
			少	印卡 I	3
			少到中		4
			中	小英雄黄	5
			中到多		6
			多	华云 1 号	7
			多到极多		8
			极多		9
6	* 茎:花青甙显色 QL (b) (+)	42 VG	无		1
			有		9
7	茎:花青甙显色强度 QN (b) (+)	42 VG	弱		1
			中	盛情园艺 2 号	2
			强		3

表 A.1（续）

序号	性　状	观测时期和方法	表达状态	标准品种	代码
8	＊叶:类型 QL (c) (+)	42 VG	单叶Ⅰ型		1
			单叶Ⅱ型		2
9	＊叶:长度 QN (c)	42 MS	极短		1
			极短到短	小英雄黄	2
			短		3
			短到中		4
			中	混 3 绿	5
			中到长		6
			长	宏瑞 12	7
			长到极长		8
			极长		9
10	＊叶:宽度 QN (c)	42 MS	极窄		1
			极窄到窄	华云 1 号	2
			窄		3
			窄到中		4
			中	混 2 绿	5
			中到宽		6
			宽		7
			宽到极宽	宏瑞 08	8
			极宽		9
11	仅适用于单叶Ⅱ型品种:顶生小裂叶:宽度 QN (c)	42 VG MS	窄	盛情园艺	1
			中	田基地 211	2
			宽	混 3 绿	3
12	＊叶:绿色程度 QN (c)	42 VG	极浅		1
			浅		2
			中	宏瑞 12	3
			深		4
			极深		5
13	叶:边缘缺刻深度 QN (c) (+)	42 VG	浅		1
			中	淡黄单瓣	2
			深		3
14	头状花序:花序梗花青甙显色 QL (d) (+)	42 VG	无		1
			有		9
15	＊头状花序:直径 QN (d)	42 MS	极小		1
			极小到小	混 3 红	2
			小		3
			小到中		4
			中	木子 LD	5
			中到大		6
			大	宏瑞 08	7
			大到极大		8
			极大		9

表 A.1（续）

序号	性 状	观测时期和方法	表达状态	标准品种	代码
16	* 头状花序：小花类型 QL (d) (+)	42 VG	仅管状		1
			管状和舌状		2
			管舌状和舌状		3
			仅管舌状		4
			仅舌状		5
17	* 仅适用于具舌状小花类型的品种：头状花序：舌状小花轮数 QN (d) (+)	42 VG	极少	无瓣	1
			极少到少		2
			少		3
			少到中		4
			中	混 1 红	5
			中到多		6
			多	混 2 绿	7
			多到极多		8
			极多		9
18	仅适用于具舌状小花类型的品种：舌状小花：形状 PQ (d) (+)	42 VG	平展型		1
			中间型		2
			喇叭型		3
19	仅适用于具舌状小花类型的品种：舌状小花：花瓣边缘波状程度 QN (d) (+)	42 VG	极弱		1
			弱		2
			中		3
			强		4
			极强		5
20	* 仅适用于具舌状小花类型的品种：舌状小花：边缘缺刻 QL (d) (+)	42 VG	无		1
			有		9
21	* 仅适用于具舌状小花类型的品种：舌状小花：边缘缺刻深度 QN (d)	42 VG	极浅		1
			浅	宏瑞 135	2
			中		3
			深		4
			极深		5
22	仅适用于边缘无缺刻的品种：舌状小花：顶端形状 PQ (d) (+)	42 VG	圆		1
			平截		2
			微缺		3
			具尖		4
23	* 仅适用于具舌状小花类型的品种：外轮舌状小花：长度 QN (d)	42 MS	极短		1
			极短到短	周瑞 8 号	2
			短		3
			短到中	盛情园艺 2 号	4
			中		5
			中到长		6
			长		7
			长到极长	宏瑞 08	8
			极长		9

表 A.1（续）

序号	性　状	观测时期和方法	表达状态	标准品种	代码
24	*仅适用于具舌状小花类型的品种：外轮舌状小花：宽度 QN (d)	42 MS	极窄		1
			窄	周瑞 8 号	2
			中	韩勇 2 号	3
			宽	宏瑞 08	4
			极宽		5
25	*头状花序：颜色数量 QL (d)	42 VG	一种		1
			两种		2
			两种以上		3
26	*仅适用于头状花序颜色数量为一种的品种：头状花序：颜色 PQ (d) (e)	42 VG	RHS 比色卡		
27	仅适用于头状花序具两种小花类型的品种：花瓣：两种类型小花的颜色是否一致 QL (d) (+)	42 VG	否		1
			是		9
28	*仅适用于头状花序颜色数量为一种以上的品种：管状和/或管舌状小花：颜色数量 QL (d)	42 VG	一种		1
			两种		2
29	*仅适用于头状花序颜色数量为一种以上的品种：管状和/或管舌状小花：主要颜色 PQ (d) (e)	42 VG	RHS 比色卡		
30	*仅适用于管状和/或管舌状小花颜色数量为两种的品种：管状和/或管舌状小花：次要颜色 PQ (d) (e)	42 VG	RHS 比色卡		
31	*仅适用于头状花序颜色数量为一种以上的品种：舌状小花：颜色数量 QL (d)	42 VG	一种		1
			两种		2

表 A.1（续）

序号	性　状	观测时期和方法	表达状态	标准品种	代码
32	* 仅适用于头状花序颜色数量为一种以上且具舌状小花的品种：舌状小花：主要颜色 PQ (d) (e)	42 VG	RHS 比色卡		
33	* 仅适用于舌状小花颜色数量为两种的品种：舌状小花：次要颜色 PQ (d) (e)	42 VG	白色		1
			绿色		2
			浅黄色		3
			深黄色		4
			浅橙色		5
			中等橙色		6
			红色		7
			棕色		8
34	仅适用于舌状小花颜色数量为两种的品种：舌状小花：颜色分布 PQ (d) (+)	42 VG	类型 1		1
			类型 2		2
			类型 3		3
35	仅适用于舌状小花的颜色分布为类型 1 的品种：舌状小花：中心颜色区的大小 QN (d) (+)	42 VG	极小		1
			小		2
			中		3
			大		4
			极大		5

A.2　万寿菊属选测性状

见表 A.2。

表 A.2　万寿菊属选测性状

序号	性　状	观测时期和方法	表达状态	标准品种	代码
36	* 始花期 QN (+)	41 VG	极早		1
			极早到早		2
			早		3
			早到中		4
			中	宏瑞 12	5
			中到晚		6
			晚		7
			晚到极晚		8
			极晚		9

附 录 B
(规范性附录)
万寿菊属性状表的解释

B.1 万寿菊属生育阶段

见表 B.1。

表 B.1 万寿菊属生育阶段表

编号	生育阶段	描　　述
21	幼苗期	1 对～2 对真叶
41	花期	始花期(25%植株现蕾)
42		盛花期(植株 50%的花完全盛开)

B.2 涉及多个性状的解释

(a) 观测植株。
(b) 观测主茎。
(c) 观测植株中部最大的完整叶。
(d) 观测植株顶生花序,颜色的观测部位为上表面。
(e) 主要颜色是指面积最大的颜色,次要颜色是指面积第二大的颜色;对于主要颜色和次要颜色面积接近的情况,将较深的颜色作为主要颜色。

B.3 涉及单个性状的解释

性状分级和图中代码见表 A.1。

性状 3 * 植株:生长习性,见图 B.1。

直立
1

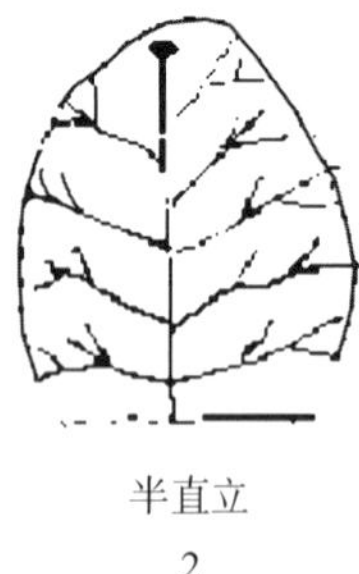
半直立
2

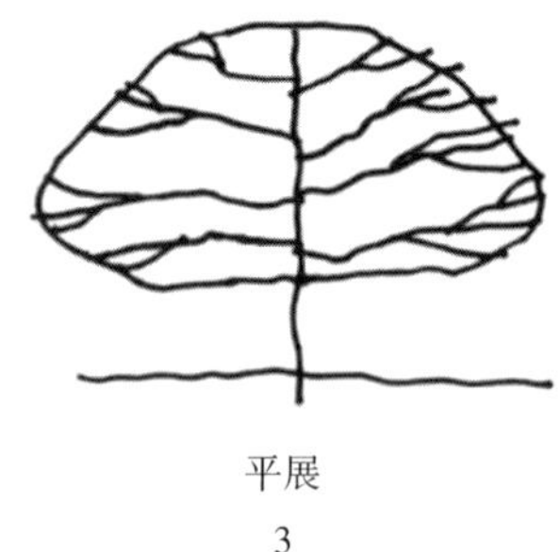
平展
3

图 B.1 * 植株:生长习性

性状 6 * 茎:花青甙显色。

性状 7 茎:花青甙显色强度。观测发育正常的主茎的 1/3 中段,对照标准品种进行分级。

性状 8 * 叶:类型,见图 B.2。

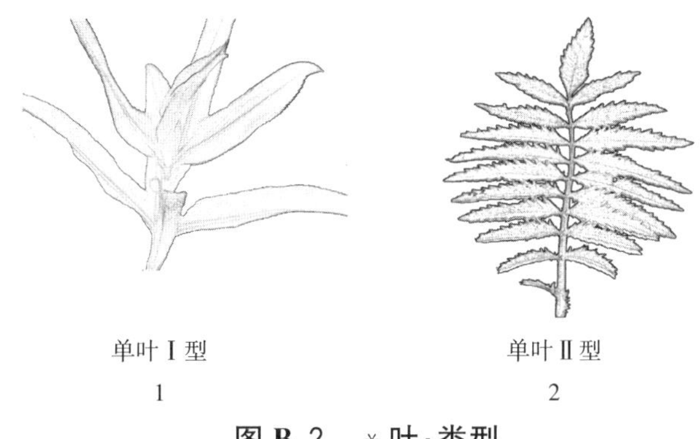

图 B.2　*叶:类型

性状 13　叶:边缘缺刻深度,见图 B.3。对于羽状深裂型的品种,叶边缘缺刻深度的观测在顶生小叶上进行,对照标准品种进行分级。

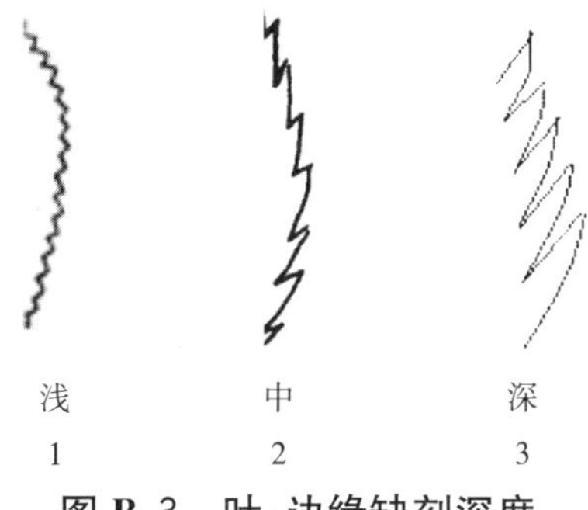

图 B.3　叶:边缘缺刻深度

性状 14　头状花序:花序梗花青甙显色,见图 B.4。

图 B.4　头状花序:花序梗花青甙显色

性状 16　*头状花序:小花类型,见图 B.5、图 B.6。观测按图 B.5 进行,三种小花类型的判定见图 B.6。

图 B.5　*头状花序:小花类型

性状 17　* 仅适用于具舌状小花类型的品种：头状花序：舌状小花轮数，见图 B.7。

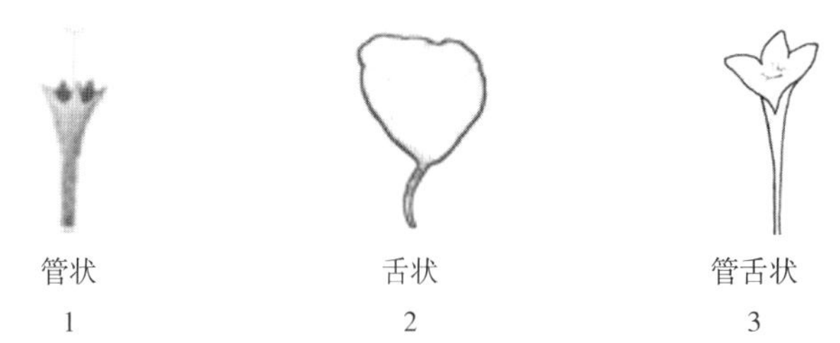

图 B.6　头状花序：小花类型

图 B.7　* 仅适用于具舌状小花类型的品种：头状花序：舌状小花轮数

性状 18　仅适用于具舌状小花类型的品种：舌状小花：形状，见图 B.8。

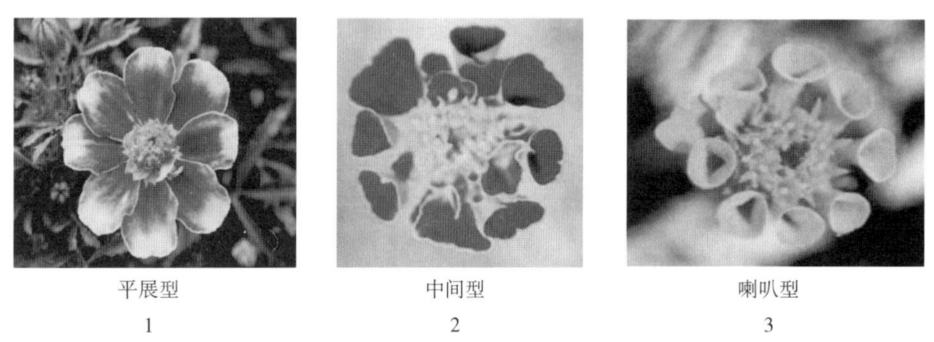

图 B.8　仅适用于具舌状小花类型的品种：舌状小花：形状

性状 19　仅适用于具舌状小花类型的品种：舌状小花：花瓣边缘波状程度，见图 B.9。

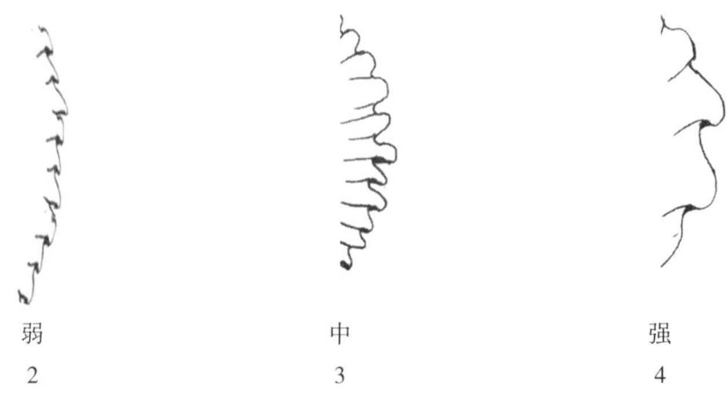

图 B.9　仅适用于具舌状小花类型的品种：舌状小花：花瓣边缘波状程度

性状 20　* 仅适用于具舌状小花类型的品种：舌状小花：边缘缺刻，见图 B.10。

图 B.10 * 仅适用于具舌状小花类型的品种：舌状小花：边缘缺刻

性状 22 仅适用于边缘无缺刻的品种：舌状小花：顶端形状，见图 B.11。

图 B.11 仅适用于边缘无缺刻的品种：舌状小花：顶端形状

性状 27 仅适用于头状花序具两种小花类型的品种：花瓣：两种类型的小花的颜色是否一致，见图 B.12。

图 B.12 仅适用于头状花序具两种小花类型的品种：花瓣：两种类型的小花的颜色是否一致

性状 34 仅适用于舌状小花颜色数量为两种的品种：舌状小花：颜色分布，见图 B.13。

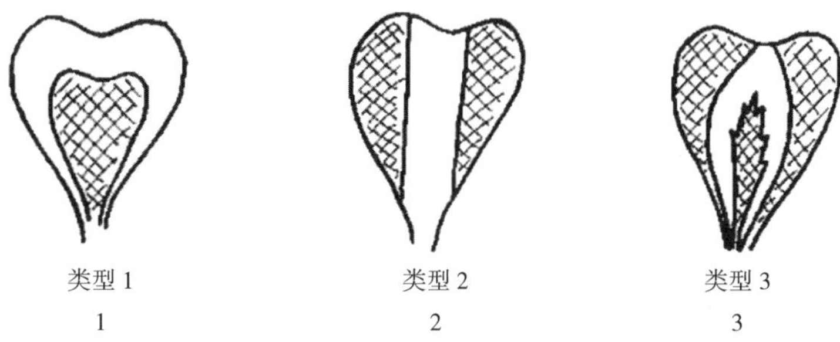

图 B.13 仅适用于舌状小花颜色数量为两种的品种：舌状小花：颜色分布

性状 35 仅适用于舌状小花的颜色分布为类型 1 的品种：舌状小花：中心颜色区的大小，见图 B.14。

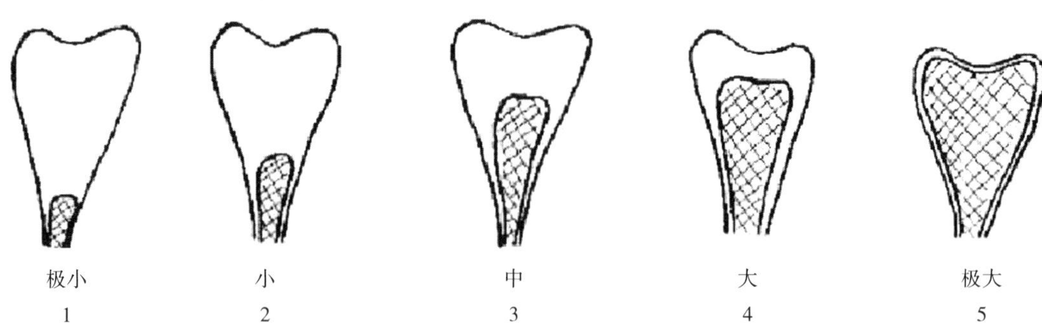

图 B.14　仅适用于舌状小花的颜色分布为类型 1 的品种:舌状小花:中心颜色区的大小

性状 36　* 始花期,始花期的测量是指从种植开始到 25%植株开花的时间长短。

附　录　C
（规范性附录）
万寿菊属技术问卷格式

万寿菊属技术问卷

申请号： 申请日： （由审批机关填写）

（申请人或代理机构签章）

C.1　品种暂定名称

C.2　申请测试人信息

姓名：
地址：
电话号码：　　　　　　　　　　传真号码：　　　　　　　　手机号码：
邮箱地址：
育种者姓名(如果与申请测试人不同)：

C.3　植物学分类

拉丁名：______________________________
中文名：______________________________

C.4　品种类型

在相符的类型[　]中打√。
观赏型[　]　　　　　加工型[　]

C.5　申请品种具有代表性的彩色照片

（品种照片粘贴处）
（如果照片较多，可另附页提供）

C.6 品种的选育背景、育种过程和育种方法，包括系谱、培育过程和所使用的亲本或其他繁殖材料来源与名称的详细说明

C.7 适于生长的区域或环境以及栽培技术的说明

C.8 其他有助于辨别申请品种的信息

（如品种用途、品质和抗性，请提供详细资料）

C.9 品种种植或测试是否需要特殊条件

在相符的[ ]中打√。

是[ ]　　　　否[ ]

（如果回答是，请提供详细资料）

C.10 品种繁殖材料保存是否需要特殊条件

在相符的[ ]中打√。

是[ ]　　　　否[ ]

（如果回答是，请提供详细资料）

C.11 申请品种需要指出的性状

在表 C.1 中相符的代码后[ ]中打√，若有测量值，请填写在表 C.1 中。

表 C.1 申请品种需要指出的性状

序号	性 状	表达状态	代码	测量值
1	* 植株：高度(性状 2)	极矮	1[ ]	
		极矮到矮	2[ ]	
		矮	3[ ]	
		矮到中	4[ ]	
		中	5[ ]	
		中到高	6[ ]	
		高	7[ ]	
		高到极高	8[ ]	
		极高	9[ ]	
2	* 叶：类型(性状 8)	单叶Ⅰ型	1[ ]	
		单叶Ⅱ型	2[ ]	
3	* 头状花序：直径(性状 15)	极小	1[ ]	
		极小到小	2[ ]	
		小	3[ ]	
		小到中	4[ ]	
		中	5[ ]	
		中到大	6[ ]	
		大	7[ ]	
		大到极大	8[ ]	
		极大	9[ ]	
4	* 头状花序：小花类型(性状 16)	仅管状	1[ ]	
		管状和舌状	2[ ]	
		管舌状和舌状	3[ ]	
		仅管舌状	4[ ]	
		仅舌状	5[ ]	
5	* 头状花序：颜色数量(性状 25)	一种	1[ ]	
		两种	2[ ]	
		两种以上	3[ ]	
6	* 仅适用于头状花序颜色数量为一种的品种：头状花序：颜色(性状 26)	白色	1[ ]	
		绿色	2[ ]	
		浅黄色	3[ ]	
		深黄色	4[ ]	
		浅橙色	5[ ]	
		中等橙色	6[ ]	
		红色	7[ ]	
		棕色	8[ ]	
7	* 仅适用于头状花序颜色数量为一种以上的品种：管状和/或管舌状小花：主要颜色(性状 29)	白色	1[ ]	
		绿色	2[ ]	
		浅黄色	3[ ]	
		深黄色	4[ ]	
		浅橙色	5[ ]	
		中等橙色	6[ ]	
		红色	7[ ]	
		棕色	8[ ]	

表 C.1（续）

序号	性　　状	表达状态	代码	测量值
8	*仅适用于头状花序颜色数量为一种以上且具舌状小花品种：舌状小花：主要颜色（性状 32）	白色	1[　]	
		绿色	2[　]	
		浅黄色	3[　]	
		深黄色	4[　]	
		浅橙色	5[　]	
		中等橙色	6[　]	
		红色	7[　]	
		棕色	8[　]	

C.12　申请品种与近似品种的明显差异性状表

在自己知识范围内，请申请测试人在表 C.2 中列出申请测试品种与其最为近似品种的明显差异。

表 C.2　申请品种与近似品种的明显差异性状表

近似品种名称	性状名称	近似品种表达状态	申请品种表达状态
注：提供可以帮助审查机构对该品种以更有效的方式进行特异性测试的信息。			

申请人员承诺：技术问卷所填写的信息真实！

签名：

ICS 65.020.20
B 05

中华人民共和国农业行业标准

NY/T 3433—2019

植物品种特异性、一致性和稳定性测试指南　枇杷属

Guidelines for the conduct of tests for distinctness, uniformity and stability—Loquat

(*Eriobotrya* Lindl.)

(UPOV:TG/159/3, Guidelines for the conduct of tests for distinctness, uniformity and stability—Loquat, NEQ)

2019-01-17 发布　　　　2019-09-01 实施

中华人民共和国农业农村部　发布

前　言

本标准按照 GB/T 1.1—2009 给出的规则起草。

本标准使用重新起草法修改了国际植物新品种保护联盟(UPOV)指南“TG/159/3,Guidelines for the conduct of tests for distinctness, uniformity and stability—Loquat”。

本标准对应于 UPOV 指南 TG/159/3,与 TG/159/3 的一致性程度为非等效。

本标准与 UPOV 指南 TG/159/3 相比存在技术性差异,主要差异如下:

——增加了 12 个性状:“树:树干皮孔”“枝条:颜色”“枝条:绒毛”“叶:叶形”“叶片:叶基形状”“叶脉:叶脉对数”“托叶:宿存性”“托叶:长度”“花:花柱数”“花:花柱着生方式”“花:雄蕊数”“花:花梗长度”;

——删除了 13 个性状:“花序:姿态”“花序:宽度”“花序:长宽比”“花序:支轴紧密度”“花序:一级支轴数”“花:大小”“果实:果顶形状”“果实:果基形状”“果实:萼孔”“果实:萼片长度”“果实:萼片基部宽度”“果实:萼筒宽度”“果实:萼筒深度”;

——调整了 21 个性状的表述:“树:树姿”“树:生长势”“中心枝:长度”“中心枝:粗度”“侧枝:数量”“侧枝:长度”“侧枝:粗度”“叶片:着生姿态”“叶片:厚度”“叶片:横切面形状”“叶片:上表面绿色程度”“叶片:叶背颜色”“叶片:叶齿间距”“叶片:叶尖形状”“叶片:叶面皱褶”“花序:花序长”“花:小花数”“花瓣:颜色”“花:花期”“果实:大小”“果实:果形”。

本标准由农业农村部种业管理司提出。

本标准由全国植物新品种测试标准化技术委员会(SAC/TC 277)归口。

本标准起草单位:华南农业大学。

本标准主要起草人:林顺权、饶得花、戴亚、黄彪、高用顺、杨向晖、胡又厘、魏伟淋。

植物品种特异性、一致性和稳定性测试指南　枇杷属

1　范围

本标准规定了枇杷属(*Eriobotrya* Lindl.)品种特异性、一致性和稳定性测试的技术要求和结果判定的一般原则。

本标准适用于枇杷属品种特异性、一致性和稳定性测试和结果判定。

2　规范性引用文件

下列文件对于本文件的应用是必不可少的。凡是注日期的引用文件,仅注日期的版本适用于本文件。凡是不注日期的引用文件,其最新版本(包括所有的修改单)适用于本文件。

GB/T 19557.1　植物新品种特异性、一致性和稳定性测试指南　总则

NY/T 2637—2014　水果和蔬菜可溶性固形物含量的测定　折射仪法

3　术语和定义

GB/T 19557.1 界定的术语和定义适用于本文件。

3.1

群体测量　single measurement of a group of plants or parts of plants

对一批植株或植株的某器官或部位进行测量,获得一个群体记录。

3.2

个体测量　measurement of anumber of individual plants or parts of plants

对一批植株或植株的某器官或部位进行逐个测量,获得一组个体记录。

3.3

群体目测　visual assessment by a single observation of a group of plants or parts of plants

对一批植株或植株的某器官或部位进行目测,获得一个群体记录。

3.4

个体目测　visual assessment by observation of individual plants or parts of plants

对一批植株或植株的某器官或部位进行逐个目测,获得一组个体记录。

4　符号

下列符号适用于本文件:

MG:群体测量。

MS:个体测量。

PQ:假质量性状。

QL:质量性状。

QN:数量性状。

VG:群体目测。

VS:个体目测。

*:标注性状为 UPOV 用于统一品种描述所需要的重要性状,除非受环境条件限制性状的表达状态无法测试,所有 UPOV 成员都应使用这些性状。

(a):涉及枝类多个相关性状的解释。

(b):涉及叶类多个性状的解释。

(+):涉及单个相关性状的解释。

5 繁殖材料的要求

5.1 繁殖材料以容器苗或接穗形式提供,嫁接苗需提供相应的砧木材料名称。

5.2 繁殖材料需要提交2年生以上嫁接苗为15株;或接穗数量至少有30个以上健壮的成熟芽,满足嫁接6株树。如提交突变品种,接穗数量至少有50个以上健壮的成熟芽,满足10株的嫁接量。

5.3 提交的繁殖材料生长良好,成熟健壮、生长势基本一致,未感染任何可视(visual)病虫害。

5.4 提交的繁殖材料一般不进行任何影响品种性状表达的处理。如果已处理,应提供处理的详细说明。

5.5 提交的繁殖材料应符合中国植物检疫的有关规定。

6 测试方法

6.1 测试周期

测试时间不少于两个正常结果年份。

6.2 测试地点

测试通常在一个地点进行。如果某些性状在该地点不能充分表现,可在其他符合条件的地点对其进行观测。

6.3 田间试验

6.3.1 试验设计

待测品种和近似品种相邻种植。

每个小区待测品种不少于5株。株距400 cm～500 cm,行距400 cm～500 cm,乔木材料,株行距可加大到500 cm～600 cm,共设2个重复。

6.3.2 田间管理

可按当地常规栽培管理方式进行。

6.4 性状观测

6.4.1 观测时期

性状观测应按照表A.1和表A.2列出的生育阶段进行。生育阶段描述见表B.1。

6.4.2 观测方法

性状观测应按照表A.1和表A.2规定的观测方法(VG、VS、MG、MS)进行。部分性状观测方法见B.2和B.3。

6.4.3 观测数量

除非另有说明,个体观测(VS、MS)性状植株取样数量不少于3个,在观测植株的器官或部位时,每个植株取样数量应为10个。群体观测(VG、MG)性状应观测整个小区或规定大小的混合样本。

6.5 附加测试

必要时,可选用表A.2中的性状或本文件未列出的性状进行附加测试。

7 特异性、一致性和稳定性结果的判定

7.1 总体原则

特异性、一致性和稳定性的判定按照GB/T 19557.1确定的原则进行。

7.2 特异性的判定

待测品种应明显区别于所有已知品种。在测试中,当待测品种至少在一个性状上与最为近似的品种具有明显且可重现的差异时,即可判定待测品种具备特异性。

7.3 一致性的判定

对于栽培枇杷杂交品种,采用1%的群体标准和95%的接受概率,当样本大小为5株时,不允许有异型株;当样本大小为10株时,最多可以允许有1株异型株。

对于变异品种,采用2%的群体标准和95%的接受概率,当样本大小为5株时,最多可以允许有1株异型株;当样本大小为10株时,最多可以允许有1株异型株。

对于枇杷属种间杂种,虽然有丰度高得多的遗传多样性和广泛的分离,但亦不允许品种的变异程度显著超过同类型品种;或参照总则的规定执行。

7.4 稳定性的判定

如果待测品种具备一致性,则可认为该品种具备稳定性。一般不对稳定性进行测试。如果在年间出现明显的差异,必要时,可以种植该品种的另一批种苗与以前提供的种苗相比,若性状表达无明显差异,则可判断该品种具备稳定性。

杂交种的稳定性判定,除直接对杂交种本身进行测试外,还可以通过对其亲本系的一致性和稳定性鉴定的方法进行判定。

8 性状表

8.1 概述

根据测试需要,将性状分为基本性状和选测性状。基本性状是测试中必须使用的性状,选测性状为依据申请者要求而进行附加测试的性状。枇杷属基本性状见表A.1,选测性状是测试中可以选择使用的性状,选测性状见表A.2。性状表列出了性状、表达状态及相应的代码和标准品种、观测时期和方法等内容。

8.2 表达类型

根据性状表达方式,将性状分为质量性状、假质量性状和数量性状3种类型。

8.3 表达状态和相应代码

每个性状划分成一系列表达状态,以便于定义性状和规范描述。每个表达状态赋予一个相应的数字代码,以便于数据记录、处理和品种描述的建立与交流。

8.4 标准品种

性状表中列出了部分性状有关表达状态可参考的标准品种,以助于确定相关性状的不同表达状态和校正环境因素引起的差异。

9 分组性状

本文件中,品种分组性状如下:

a) 树:树性(表A.1中性状1)。

b) 叶:叶形(表A.1中性状6)。

c) 花:花期(表A.1中性状24)。

d) *果实:成熟期(表A.1中性状31)。

e) 果实:纵切面形状(表A.1中性状32)。

f) *果实:果肉颜色(表A.1中性状35)。

10 技术问卷

申请人应按附录C给出的格式填写枇杷属技术问卷。

附　录　A
（规范性附录）
枇杷属性状表

A.1　枇杷属基本性状

见表A.1。

表A.1　枇杷属基本性状

序号	性　　状	观测时期和方法	表达状态	标准品种	代码
1	树:树性 PQ	12 VG	灌木	小叶枇杷	1
			灌木或小乔木	窄叶枇杷	2
			小乔木或乔木	早钟6号	3
			乔木	广西枇杷	4
2	树:枝条与主干夹角 QN (a) (+)	12 VG	小	窄叶枇杷	1
			中	早钟6号	2
			大	麻栗坡枇杷	3
3	树:树干皮孔 QN (+)	12 VG	少	早钟6号	1
			中	椭圆托叶枇杷	2
			多	椭圆枇杷	3
4	枝条:颜色 PQ (a)	12 VG	黄褐色	齿叶枇杷	1
			棕褐色	早钟6号	2
			棕红色	台湾枇杷武蔵山变型	3
			深黑色	细叶枇杷	4
5	枝条:绒毛 QN (a)	12 VG	无	小叶枇杷	1
			少	倒卵叶枇杷	2
			中	早钟6号	3
			多	麻栗坡枇杷	4
6	叶:叶形 PQ (b) (+)	12 VG	披针形	窄叶枇杷	1
			柳叶刀形	椭圆托叶枇杷	2
			椭圆形	椭圆枇杷贝特罗变种	3
			倒卵形	早钟6号	4
			近卵圆形	栎叶枇杷老挝变型	5
7	*叶片:长度 QN (b)	12 MS	极短	小叶枇杷	1
			短	香钟11号	2
			中	洛阳青	3
			长	解放钟	4
			极长	麻栗坡枇杷	5
8	*叶片:宽度 QN (b)	12 MS	窄	窄叶枇杷	1
			窄到中		2
			中	白玉	3
			中到宽		4
			宽	麻栗坡枇杷	5

表 A.1（续）

序号	性　状	观测时期和方法	表达状态	标准品种	代码
9	*叶片:长宽比 QN (b)	12 MS	小	四季枇杷	1
			中	梅花霞	2
			大	倒卵叶枇杷	3
10	叶片:叶尖形状 PQ (b) (+)	12 VG	尾尖	台湾枇杷武葳山变型	1
			急尖	茂木	2
			渐尖	早钟 6 号	3
			圆钝	齿叶枇杷	4
11	叶片:叶基形状 PQ (b) (+)	12 VG	渐狭形	麻栗坡枇杷	1
			楔形	小叶枇杷	2
			狭楔形	香花枇杷	3
			不对称楔形	栎叶枇杷	4
			宽楔近圆形	腾越枇杷	5
12	叶片:锯齿起始点 QN (b)	12 VG	基部	小叶枇杷	1
			中下部	窄叶枇杷	2
			中上部	早钟 6 号	3
13	叶脉:叶脉对数 QN (b)	12 VS	少	香花枇杷	1
			中	早钟 6 号	2
			多	麻栗坡枇杷	3
14	叶脉:中脉凸起 QL (b)	12 VG	两面都不凸起	细叶枇杷	1
			背面凸起	早钟 6 号	2
			正面凸起	南亚枇杷窄叶变型	3
			两面凸起	南亚枇杷	4
15	叶脉:绒毛 QN (b)	12 VG	无	小叶枇杷	1
			少	南亚枇杷	2
			多	早钟 6 号	3
16	叶脉:背面网脉 QL (b)	12 VG	不明显	栎叶枇杷	1
			明显	麻栗坡枇杷	2
17	叶脉:侧脉形状 QN (b)	12 VG	弯出	小叶枇杷	1
			直出	早钟 6 号	2
18	叶柄:长度 QN (b)	12 MS	短	小叶枇杷	1
			中	栎叶枇杷	2
			长	贝特罗变种	3
19	叶片:正面 QL (b)	12 VG	光滑	小叶枇杷	1
			皱褶	早钟 6 号	2
20	叶片:老叶正面绒毛 QL	12 VG	无	小叶枇杷	1
			有	栎叶枇杷	9
21	叶片:老叶背面绒毛 QL	12 VG	无	南亚枇杷	1
			有	早钟 6 号	9
22	托叶:宿存性 QL	12 VG	脱落	小叶枇杷	1
			宿存	椭圆托叶枇杷	2
23	托叶:长度 QN	12 MS	短	小叶枇杷	1
			中	椭圆托叶枇杷	2
			长	麻栗坡枇杷	3

表 A.1（续）

序号	性　　状	观测时期和方法	表达状态	标准品种	代码
24	花:花期 QL	22 VG	秋冬	解放钟、栎叶枇杷	1
			春季	大花枇杷	2
			变动于秋至春之间	台湾枇杷恒春变型、四季枇杷	3
25	花:花柱数 QN	22 VG	少	窄叶枇杷	1
			中	台湾枇杷	2
			多	早钟 6 号	3
26	花:雄蕊数 QN (+)	22 VG	少	椭圆托叶枇杷	1
			中	早钟 6 号	2
			多	麻栗坡枇杷	3
27	花:直径 QN	22 MS	小	茂木	1
			中	南亚枇杷	2
			大	薄叶枇杷	3
28	* 花:花瓣颜色 PQ	22 VG	白色	小叶枇杷	1
			黄白色	大红袍	2
			乳黄色	腾越枇杷	3
29	花:花序长度 QN	22 MS	极短		1
			短	小叶枇杷	2
			中	麻栗坡枇杷	3
			长	早钟 6 号	4
			极长		5
30	花:花梗长度 QN	22 MS	短	椭圆托叶枇杷	1
			中	广西枇杷	2
			长	台湾枇杷	3
31	* 果实:成熟期 QN	31 MG	极早	早钟 6 号	1
			早	长红 3 号	2
			中	大红袍、华宝 3 号	3
			晚	解放钟	4
			极晚	白解放钟	5
32	果实:纵切面形状 PQ (+)	31 VG	长倒卵形	茂木	1
			倒卵形	早钟六号	2
			椭圆形	Crisanto Amadeo	3
			近圆形	白玉	4
33	果实:纵径 QN	31 MS	短	冠玉	1
			中	早钟 6 号	2
			长	解放钟	3
34	* 果实:果皮颜色 PQ	31 VG	乳白色	白玉	1
			黄绿色	椭圆枇杷	2
			橙黄色	早钟 6 号	3
			红色	窄叶枇杷	4
			紫色	小叶枇杷	5
35	* 果实:果肉颜色 PQ	31 VG	乳白色	乌躬白	1
			黄白色	白茂木	2
			黄色	培优	3
			橙黄色	大五星	4
			橙红色	黄金块	5

表 A.1（续）

序号	性　　状	观测时期和方法	表达状态	标准品种	代码
36	＊果实:果皮厚度 QN	31 VG	薄	软条白沙	1
			中	华宝 3 号	2
			厚	佳伶	3
37	果实:果肉厚度 QN	31 VG	薄	白茂木	1
			中	洛阳青	2
			厚	佳伶	3
38	果实:果肉硬度 QN	31 VG	极软		1
			软	白梨	2
			中	早钟 6 号	3
			硬	Algerie	4
			极硬		5
39	＊果实:剥皮难易 QN	31 VG	极易		1
			易	白梨	2
			中	龙泉 1 号	3
			难	森尾早生	4
			极难		5
40	＊果实:可食率 QN	31 VG	极低	华农选	1
			低	坂红	2
			中	大五星	3
			高	贵妃	4
			极高	早佳 5 号	5
41	＊种子:形状 PQ (+)	31 VG	三角形	乌躬白	1
			半圆形	茂木	2
			椭圆形	龙泉 1 号	3
			近圆形	四季枇杷	4
			倒卵圆形	白茂木	5
42	种子:大小 QN	31 VG	极小		1
			小	MCB	2
			中	白玉	3
			大	马可	4
			极大		5
43	种子:数量 QN	31 VS	极少		1
			少	窄叶枇杷	2
			中	龙泉 1 号	3
			多	解放钟	4
			极多		5

A.2　枇杷属选测性状

见表 A.2。

表 A.2　枇杷属选测性状

序号	性　　状	观测时期和方法	表达状态	标准品种	代码
44	叶片:锯齿形状 PQ (b) (+)	12 VG	锐尖形	小叶枇杷	1
			渐尖形	栎叶枇杷	2
			圆钝形	台湾枇杷	3

表 A.2（续）

序号	性　　状	观测时期和方法	表达状态	标准品种	代码
45	叶片：锯齿间距 QN (b)	12 VG	小	窄叶枇杷	1
			中	白玉	2
			大	齿叶枇杷	3
46	花：小花数 QN	22 VG	少	软条白砂	1
			中	洛阳青	2
			多	夹脚	3
47	花：花柱着生方式 QN	22 VG	离生	小叶枇杷	1
			基部合生	南亚枇杷	2
			中部合生	广西枇杷	3
48	果实：可溶性固形物含量 QN (+)	31 MG	低	大渡河枇杷	1
			中	早钟 6 号	2
			高	台湾枇杷恒春变型	3

附 录 B
（规范性附录）
枇杷属性状表的解释

B.1 枇杷属物候期

见表 B.1。

表 B.1 枇杷属物候期表

序号	名 称	描 述
11	春梢停止生长期	春梢叶片转色直至成熟的时期
12	秋梢停止生长期	秋梢叶片转色直至成熟的时期
21	初花期	全树 5%的花序小花开放的时期
22	盛花期	全树 50%花序小花开放的时期
23	终花期	全树 75%以上花序小花开放的时期
31	果实成熟期	成熟度达九成以上的时期

B.2 涉及多个性状的解释

(a) 枝类相关性状的观测应选取树冠外围中上部从主枝或副主枝上生长出的一年生春梢枝条。
(b) 叶类相关性状的观测应选取树冠外围中上部春梢成熟叶。

B.3 涉及单个性状的解释

性状 2 树:枝条与主干夹角,见图 B.1。

小 1　　中 2　　大 3

图 B.1 树:枝条与主干夹角

性状 3 树:树干皮孔,见图 B.2。

少　　中　　多

1　　2　　3

图 B. 2　树:树干皮孔

性状 6　叶:叶形,见图 B. 3。

披针形　　柳叶刀形　　椭圆形　　倒卵形　　近卵圆形

1　　2　　3　　4　　5

图 B. 3　叶:叶形

性状 10　叶片:叶尖形状,见图 B. 4。

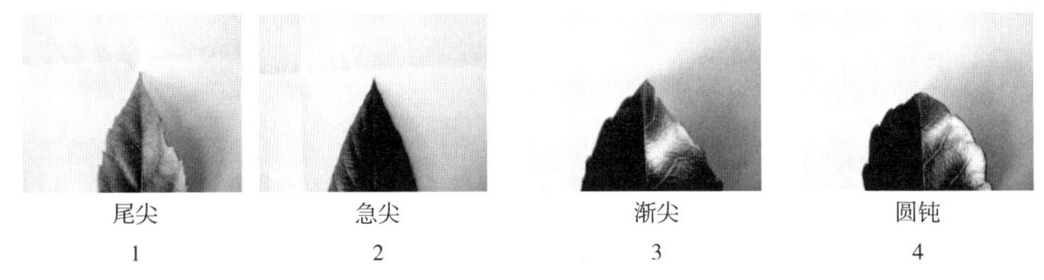

尾尖　　急尖　　渐尖　　圆钝

1　　2　　3　　4

图 B. 4　叶片:叶尖形状

性状 11　叶片:叶基形状,见图 B. 5。

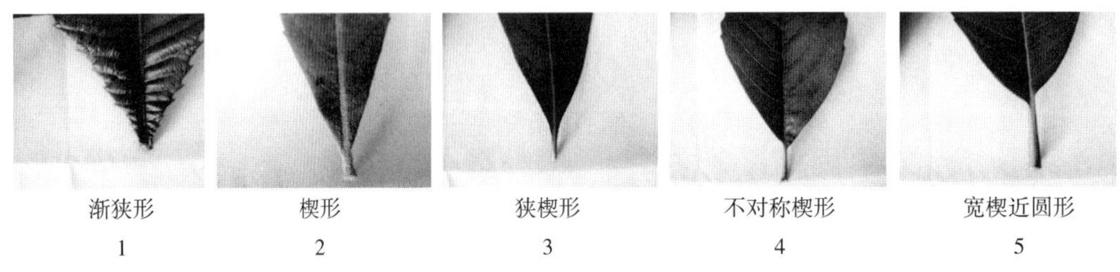

渐狭形　　楔形　　狭楔形　　不对称楔形　　宽楔近圆形

1　　2　　3　　4　　5

图 B. 5　叶片:叶基形状

性状 26　花:雄蕊数,图 B. 6。

图 B.6　花:雄蕊数

性状 32　果实:纵切面形状,图 B.7。

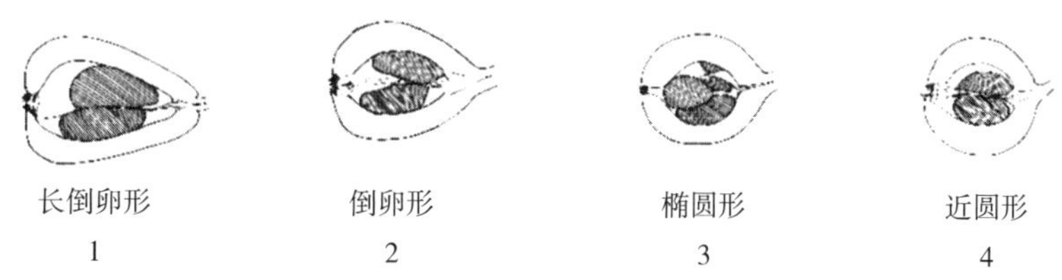

图 B.7　果实:纵切面形状

性状 41　*种子:形状,图 B.8。

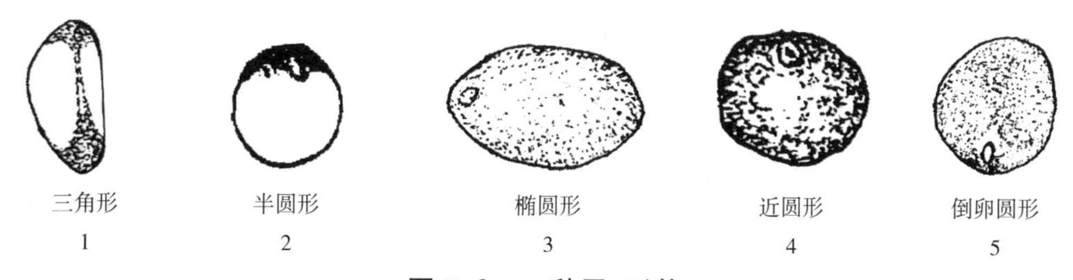

图 B.8　*种子:形状

性状 44　叶片:锯齿形状,图 B.9。

图 B.9　叶片:锯齿形状

性状 48　果实:可溶性固形物含量,按照 NY/T 2637—2014 的规定进行测定。

附 录 C
(规范性附录)
枇杷属技术问卷格式

枇杷属技术问卷

申请号： 申请日： (由审批机关填写)

(申请人或代理机构签章)

C.1 品种暂定名称

C.2 申请测试人信息

姓名：
地址：
电话号码： 传真号码： 手机号码：
邮箱地址：
育种者姓名(如果与申请测试人不同)：

C.3 植物学分类

中文名：____________________
拉丁名：____________________

C.4 品种类型

在相符的[ ]中打√。

C.4.1 所属类型

种[ ] 变种[ ] 变型[ ]

C.4.2 品种类型

杂交种[ ] 突变种[ ] 其他[ ]

C.5 申请品种的具有代表性彩色照片

(品种照片粘贴处)
(如果照片较多,可另附页提供)

C.6 品种的选育背景、育种过程和育种方法，包括系谱、培育过程和所使用的亲本或其他繁殖材料来源与名称的详细说明

C.7 适于生长的区域或环境以及栽培技术的说明

C.8 其他有助于辨别申请品种的信息

（如材料用途、品质抗性，请提供详细资料）

C.9 品种种植或测试是否需要特殊条件

在相符的[ ]中打√。

是[ ]　　　　　　否[ ]

（如果回答是，请提供详细资料）

C.10 品种繁殖材料保存是否需要特殊条件

在相符的[ ]中打√。

是[ ]　　　　　　否[ ]

（如果回答是，请提供详细资料）

C.11 申请品种需要指出的性状

在表C.1中相符的代码后[ ]中打√,若有测量值,请填写在表C.1中。

表C.1 申请品种需要指出的性状

序号	性　状	表达状态	代码	测量值
1	树:树性(性状1)	灌木	1[ ]	
		灌木或小乔木	2[ ]	
		小乔木或乔木	3[ ]	
		乔木	4[ ]	
2	树:树干皮孔(性状3)	少	1[ ]	
		中	2[ ]	
		多	3[ ]	
3	叶:叶形(性状6)	披针形	1[ ]	
		柳叶刀形	2[ ]	
		椭圆形	3[ ]	
		倒卵形	4[ ]	
		近卵圆形	5[ ]	
4	叶片:叶尖形状(性状10)	尾尖	1[ ]	
		急尖	2[ ]	
		渐尖	3[ ]	
		圆钝	4[ ]	
5	叶片:叶基形状(性状11)	渐狭形	1[ ]	
		楔形	2[ ]	
		狭楔形	3[ ]	
		不对称楔形	4[ ]	
		宽楔近圆形	5[ ]	
6	叶片:锯齿起始点(性状12)	基部	1[ ]	
		中下部	2[ ]	
		中上部	3[ ]	
7	叶脉:叶脉对数(性状13)	少	1[ ]	
		中	2[ ]	
		多	3[ ]	
8	托叶:宿存性(性状22)	脱落	1[ ]	
		宿存	2[ ]	
9	花:花期(性状24)	秋冬	1[ ]	
		春季	2[ ]	
		变动于秋至春之间	3[ ]	
10	花:花柱数(性状25)	少	1[ ]	
		中	2[ ]	
		多	3[ ]	
11	花:雄蕊数(性状26)	少	1[ ]	
		中	2[ ]	
		多	3[ ]	
12	*果实:成熟期(性状31)	极早	1[ ]	
		早	2[ ]	
		中	3[ ]	
		晚	4[ ]	
		极晚	5[ ]	

表 C.1（续）

序号	性　状	表达状态	代码	测量值
13	果实:纵切面形状(性状 32)	长倒卵形	1[ ]	
		倒卵形	2[ ]	
		椭圆形	3[ ]	
		近圆形	4[ ]	
14	*果实:果肉颜色(性状 35)	乳白色	1[ ]	
		黄白色	2[ ]	
		黄色	3[ ]	
		橙黄色	4[ ]	
		橙红色	5[ ]	

C.12　申请品种与近似品种的明显差异性状表

在自己知识范围内，请申请测试人在表 C.2 中列出申请测试品种与其最为近似品种的明显差异。

表 C.2　申请品种与近似品种的明显差异性状表

待测品种名称	性状名称	近似品种表达状态	申请品种表达状态
注:提供可以帮助审查机构对该品种以更有效的方式进行特异性测试的信息。			

申请人员承诺:技术问卷所填写的信息真实!

签名:

ICS 65.020.20
B 05

中华人民共和国农业行业标准

NY/T 3434—2019

植物品种特异性、一致性和稳定性测试指南　柱花草属

Guidelines for the conduct of tests for distinctness, uniformity and stability—Stylo
(*Stylosanthes*)

2019-01-17 发布　　2019-09-01 实施

中华人民共和国农业农村部　发布

前　言

本标准按照 GB/T 1.1—2009 给出的规则起草。

本标准由农业农村部种业管理司提出。

本标准由全国植物新品种测试标准化技术委员会(SAC/TC 277)归口。

本标准起草单位:中国热带农业科学院热带作物品种资源研究所、全国畜牧总站。

本标准主要起草人:徐丽、罗小燕、刘迪发、高玲、何华玄、张如莲、龙开意、虞道耿、齐晓、王琴飞、李莉萍、王明、应东山。

植物品种特异性、一致性和稳定性测试指南 柱花草属

1 范围

本标准规定了柱花草属(*Stylosanthes*)品种特异性、一致性和稳定性测试的技术要求和结果判定的一般原则。

本标准适用于圭亚那柱花草[*Stylosanthes guianensis*(Aubl)Sw.]、有钩柱花草[*Stylosanthes hamata*(L.)Taub.]、糙柱花草(*Stylosanthes scabra* Vogel)、头状柱花草(*Stylosanthes capitata* Vogel)、大头柱花草(*Stylosanthes macrocephala* M. B. Ferreira & Sousa Costa)、矮柱花草(*Stylosanthes humilis* Kunth)、毛叶柱花草(*Stylosanthes subsericea* S. F. Blake)、灌木柱花草(*Stylosanthes seabrana* B. L. Maass &'t Mannetje)、黏质柱花草(*Stylosanthes viscosa* Sw.)、灌木黏质柱花草[*Stylosanthes fruticosa*(Retz.)Alston]、狭叶柱花草(*Stylosanthes angustifolia* Vogel)、细茎柱花草(*Stylosanthes gracilis* Kunth)、大叶柱花草(*Stylosanthes grandifolia* M. B. Ferreira & Sousa Costa)和马弓形柱花草(*Stylosanthes hippocampoides* Mohlenbr.)品种特异性、一致性和稳定性测试和结果判定。

2 规范性引用文件

下列文件对于本文件的应用是必不可少的。凡是注日期的引用文件,仅注日期的版本适用于本文件。凡是不注日期的引用文件,其最新版本(包括所有的修改单)适用于本文件。

GB/T 19557.1 植物新品种特异性、一致性和稳定性测试指南 总则

NY/T 1194 柱花草 种子

NY/T 1692 热带牧草品种资源抗性鉴定 柱花草抗炭疽病鉴定技术规程

3 术语和定义

GB/T 19557.1 界定的以及下列术语和定义适用于本文件。

3.1

群体测量 single measurement of a group of plants or parts of plants

对一批植株或植株的某器官或部位进行测量,获得一个群体记录。

3.2

个体测量 measurement of a number of individual plants or parts of plants

对一批植株或植株的某器官或部位进行逐个测量,获得一组个体记录。

3.3

群体目测 visual assessment by a single observation of a group of plants or parts of plants

对一批植株或植株的某器官或部位进行目测,获得一个群体记录。

4 符号

下列符号适用于本文件:

MG:群体测量。

MS:个体测量。

VG:群体目测。

QL:质量性状。

QN:数量性状。

PQ:假质量性状。

(a)~(c):标注内容在 B.2 中进行了详细解释。

(+):标注内容在 B.3 中进行了详细解释。

__:本文件中下划线是特别提示测试性状的适用范围。

5 繁殖材料的要求

5.1 繁殖材料以种子的形式提供;对于低育或不育品种繁殖材料以扦插苗的形式提供。

5.2 提交的种子数量不少于 5 000 粒;提交的扦插苗数量不少于 80 株。

5.3 提交的繁殖材料应外观健康,活力高,无病虫侵害,质量达到 NY/T 1194 中一级种子的要求;提交的扦插苗应生长健壮,整齐一致。

5.4 提交的繁殖材料一般不进行任何影响品种性状正常表达的处理(如种子包衣处理)。如果已处理,应提供处理的详细说明。

5.5 提交的繁殖材料应符合中国植物检疫的有关规定。

6 测试方法

6.1 测试周期

测试周期至少为两个相同的独立生长周期。

6.2 测试地点

测试通常在一个地点进行。如果某些性状在该地点不能充分表达,可在其他符合条件的地点对其进行观测。

6.3 田间试验

6.3.1 试验设计

待测品种和近似品种相邻种植。

采用育苗移栽或种苗扦插,保护地栽培每个小区不少于 20 株,露地栽培每个小区不少于 35 株,株距 60 cm~80 cm,行距 80 cm~100 cm,设 2 次重复。

6.3.2 田间管理

可按当地大田生产管理方式进行。

6.4 性状观测

6.4.1 观测时期

性状观测应按照表 A.1 和表 A.2 列出的生育阶段进行。生育阶段描述见表 B.1。

6.4.2 观测方法

性状观测应按照表 A.1 和表 A.2 规定的观测方法(VG、MG、MS)进行。部分性状观测方法见 B.2 和 B.3。

6.4.3 观测数量

除非另有说明,个体观测性状(MS)植株取样数量不少于 5 株,在观测植株的器官或部位时,每个植株取样数量应为 3 个。群体观测性状(VG、MG)应观测整个小区或规定大小的混合样本。

6.5 附加测试

必要时,可选用表 A.2 中的性状或本文件未列出的性状进行附加测试。

7 特异性、一致性和稳定性结果的判定

7.1 总体原则

特异性、一致性和稳定性的判定按照 GB/T 19557.1 的规定进行。

7.2 特异性的判定

待测品种应明显区别于所有已知品种。在测试中，当待测品种至少在一个性状上与近似品种具有明显且可重现的差异时，即可判定待测品种具备特异性。

7.3 一致性的判定

对于柱花草，开放授粉品种或杂交种，一致性判定时，采用标准偏差法来评估。待测品种的一致性水平不能明显低于近似品种的一致性水平。

待测品种的一致性接受水平是参照同类型品种的一致性接受水平而确定。各个性状的一致性接受水平基于该性状观测结果计算的标准偏差。

7.4 稳定性的判定

如果一个品种具备一致性，则可认为该品种具备稳定性。一般不对稳定性进行测试。

必要时，可以种植该品种的下一代繁殖材料，与以前提供的繁殖材料相比，若性状表达无明显变化，则可判定该品种具备稳定性。

8 性状表

8.1 概述

根据测试需要，将性状分为基本性状和选测性状，基本性状是测试中必须使用的性状，选测性状为依据申请者要求而进行附加测试的性状。柱花草基本性状见表 A.1，柱花草选测性状见表 A.2。性状表列出了性状名称、表达类型、表达状态及相应的代码和标准品种、观测时期和方法等内容。

8.2 表达类型

根据性状表达方式，将性状分为质量性状、假质量性状和数量性状 3 种类型。

8.3 表达状态和相应代码

每个性状划分为一系列表达状态，为便于定义性状和规范描述，每个表达状态赋予一个相应的数字代码，以便于数据记录、处理和品种描述的建立与交流。

8.4 标准品种

性状表中列出了部分性状有关表达状态可参考的标准品种，以助于确定相关性状的不同表达状态和校正环境因素引起的差异。

9 分组性状

本文件中，品种分组性状如下：

a) 植株：生长型(表 A.1 中性状 2)。

b) 植株：生长习性(表 A.1 中性状 3.1 和 3.2)。

c) 茎：毛(表 A.1 中性状 5)。

d) 龙骨瓣：端部形状(表 A.1 中性状 22)。

e) 荚果：喙长度(表 A.1 中性状 25)。

10 技术问卷

申请人应按附录 C 给出的格式填写柱花草属技术问卷。

附 录 A
(规范性附录)
柱花草属性状表

A.1 柱花草属基本性状

见表 A.1。

表 A.1 柱花草属基本性状

序号	性 状	观测时期和方法	表达状态	标准品种	代码
1	幼苗:下胚轴花青甙显色强度 QN (+)	05 VG	无或弱	Verano	1
			弱到中		2
			中	热研 5 号	3
			中到强		4
			强	热研 2 号	5
2	植株:生长型 QL	35 VG	半灌木	库克	1
			草本	热研 2 号	2
3.1	仅适用于半灌木品种: 植株:生长习性 QN (+)	35 VG	直立		1
			半直立	西卡	2
			平展	品 63	3
3.2	仅适用于草本品种: 植株:生长习性 QN (+)	35 VG	直立	热研 7 号	1
			半匍匐	澳克雷	2
			匍匐	CIAT32	3
4	植株:草层高度 QN (+)	43 VG	矮	CIAT32	1
			矮到中		2
			中	热研 5 号	3
			中到高		4
			高	西卡	5
5	茎:毛 QL (a) (+)	43 VG	无		1
			有	热研 5 号	9
6	茎:柔毛 QL (a) (+)	43 VG	无	CIAT1361	1
			单侧	热研 5 号	2
			周生	Mineirao	3
7	茎:刚毛 QL (a) (+)	43 VG	无	CIAT1361	1
			单侧		2
			周生	热研 7 号	3
8	茎:腺毛 QN (a) (+)	43 VG	无	热研 2 号	1
			少		2
			中		3
			多	CIAT1216	4

表 A.1（续）

序号	性　　状	观测时期和方法	表达状态	标准品种	代码
9	茎:颜色 PQ (a) (+)	43 VG	灰绿色		1
			中等绿色	Mineirao	2
			深绿色	热研 2 号	3
			紫红色		4
			紫黑色		5
10	茎:托叶显色程度 QN (a) (+)	43 VG	无或极弱	热研 7 号	1
			极弱到弱		2
			弱		3
			弱到中		4
			中		5
			中到强		6
			强		7
			强到极强		8
			极强		9
11	叶片:绿色程度 QN (+)	43 VG	浅	热研 7 号	1
			中	热研 10 号	2
			深	热研 5 号	3
12	小叶:形状 PQ (b) (+)	43 VG	披针形	Verano	1
			卵圆形		2
			椭圆形	热研 2 号	3
			倒披针形		4
			倒卵圆形		5
13	小叶:长度 QN (b)	43 VG	短	西卡	1
			中	热研 5 号	2
			长		3
14	小叶:宽度 QN (b)	43 VG	窄	CIAT1278	1
			中	热研 5 号	2
			宽	西卡	3
15	叶:类型 QL (b) (+)	43 VG	掌状三出		1
			羽状三出	热研 2 号	2
16	始花期 QN	43 MG	早	澳克雷	1
			早到中		2
			中	热研 2 号	3
			中到晚		4
			晚	Tardio	5
17	花序:类型 QL (+)	45 VG	穗状	品 63	1
			复穗状	热研 5 号	2
18	小花:着生方式 QL (+)	45 VG	簇生	热研 2 号	1
			轴生		2
19	花:大小 QN (+)	43 VG	小		1
			中	热研 2 号	2
			大		3

表 A.1（续）

序号	性　　状	观测时期和方法	表达状态	标准品种	代码
20	旗瓣:条斑 QN (+)	45 VG	无	品 63	1
			少		2
			中	热研 2 号	3
			多		4
21	旗瓣:颜色 PQ (+)	45 VG	白色或乳白色	品 45	1
			浅黄色	品 63	2
			中等黄色		3
			深黄色	热研 5 号	4
22	龙骨瓣:端部形状 QL (+)	45 VG	不分叉	热研 5 号	1
			分叉	西卡	9
23	花:托叶毛显色程度 QN (+)	45 VG	无或极弱	热研 7 号	1
			极弱到弱		2
			弱		3
			弱到中		4
			中	热研 5 号	5
			中到强		6
			强	热研 13 号	7
			强到极强		8
			极强		9
24	荚果:形状 PQ (c) (+)	68 VG	念珠状	CIAT1013	1
			椭圆形	热研 10 号	2
			长椭圆形	Verano	3
			矩圆形		4
			其他		5
25	荚果:喙长度 QN (c) (+)	68 VG	短	热研 2 号	1
			中	西卡	2
			长	Verano	3
26	荚果:柔毛 QL (c) (+)	68 VG	无	热研 2 号	1
			有		9
27	仅适用于荚果形状为念珠状的有毛品种:荚果:柔毛分布 QL (c) (+)	68 VG	上部密集		1
			下部密集		2
			整体柔毛	CIAT1013	3
28	种子:形状 PQ (c) (+)	68 VG	卵圆形	品 63	1
			椭圆形	西卡	2
			近圆形	CIAT1361	3
			肾状形	热研 5 号	4
			其他		5
29	种皮:颜色 PQ (c)	68 VG	浅黄色	热研 2 号	1
			深黄色	西卡	2
			浅红色		3
			红褐色		4
			黑色	热研 5 号	5

表 A.1（续）

序号	性　　状	观测时期和方法	表达状态	标准品种	代码
30	种皮:斑纹 QL (c) (+)	68 VG	无	热研 2 号	1
			有	CIAT1643	9
注:CIAT 为哥伦比亚国际热带农业中心柱花草种质资源系统编号。					

A.2　柱花草属选测性状

见表 A.2。

表 A.2　柱花草属选测性状

序号	性　　状	观测时期和方法	表达状态	标准品种	代码
31	抗性:炭疽病 QN (+)	25 - 41 MG	高感	库克	1
			中感		2
			中抗	格拉姆	3
			高抗	热研 2 号	4
			免疫		5
32	种子:育性 QN	68 VG	不育		1
			低育	品 109	2
			可育	热研 5 号	3

附　录　B
（规范性附录）
柱花草属性状表的解释

B.1　柱花草属生育阶段

见表 B.1。

表 B.1　柱花草属生育阶段表

生育阶段代码	描　　述
05	20%子叶展开
25	小区 50%幼苗长出 6 片～7 片叶
33	小区 30%幼苗主茎长出侧枝
35	小区 50%植株主茎长出侧枝
41	小区 50%植株出现花蕾
43	小区 10%植株开花
45	小区≥50%植株开花
53	小区 30%植株结荚
62	小区 10%植株种子成熟
68	小区 75%植株种子成熟

B.2　涉及多个性状的解释

（a）　枝条倒数 3 节～5 节主茎。

（b）　枝条倒数 3 节～5 节主茎上的叶片。

（c）　自然成熟的荚果。

B.3　涉及单个性状的解释

性状分级和图中代码见表 A.1。

性状 1　幼苗：下胚轴花青甙显色强度，见图 B.1。

无或弱
1

中
3

强
5

图 B.1　幼苗：下胚轴花青甙显色强度

性状 3.1 仅适用于半灌木品种:植株:生长习性,见图 B.2。

图 B.2 仅适用于半灌木品种:植株:生长习性

性状 3.2 仅适用于草本品种:植株:生长习性,见图 B.3。

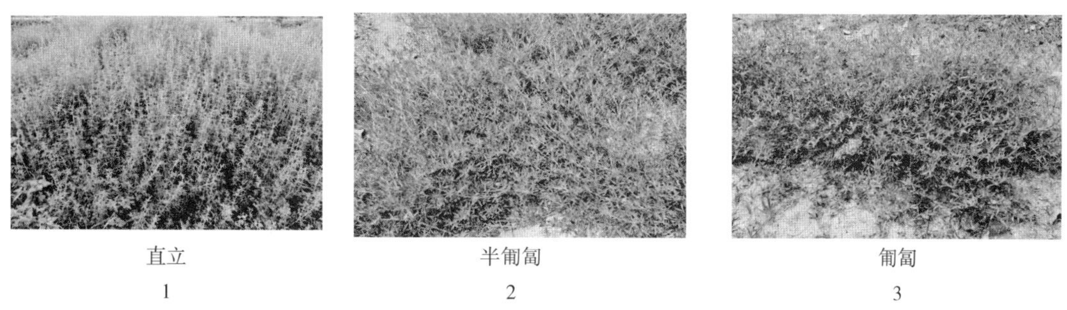

图 B.3 仅适用于草本品种:植株:生长习性

性状 4 植株:草层高度,量取地表至植株顶部的自然高度。

性状 6 茎:柔毛,见图 B.4。

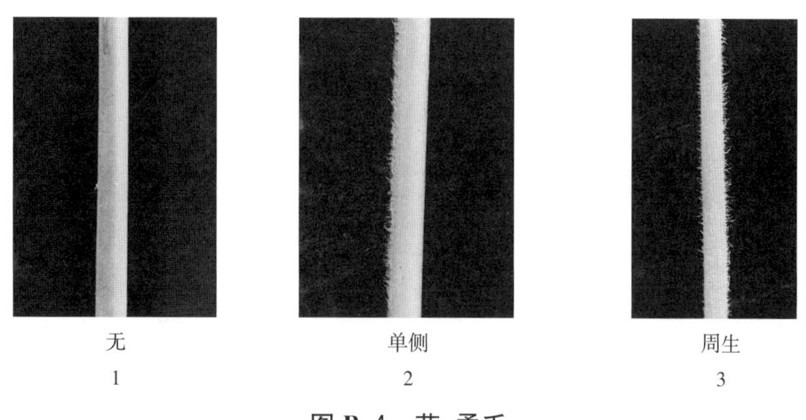

图 B.4 茎:柔毛

性状 7 茎:刚毛,见图 B.5。

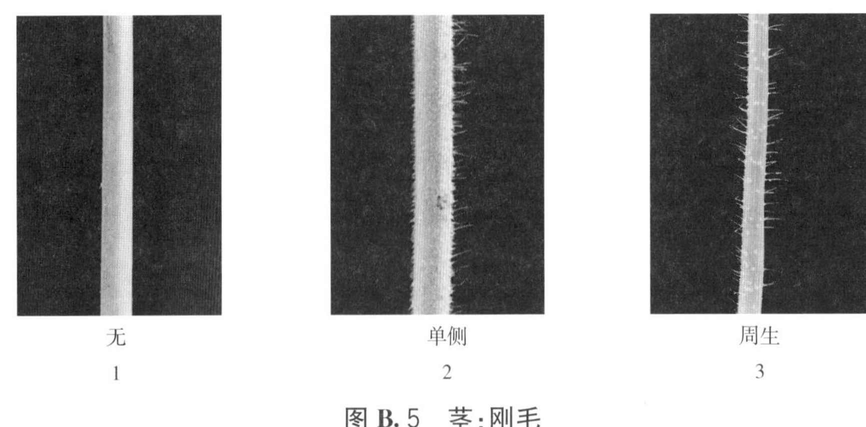

图 B.5　茎:刚毛

性状 8　茎:腺毛,见图 B.6。放大镜观测,根据观测到的腺毛数量判断等级。

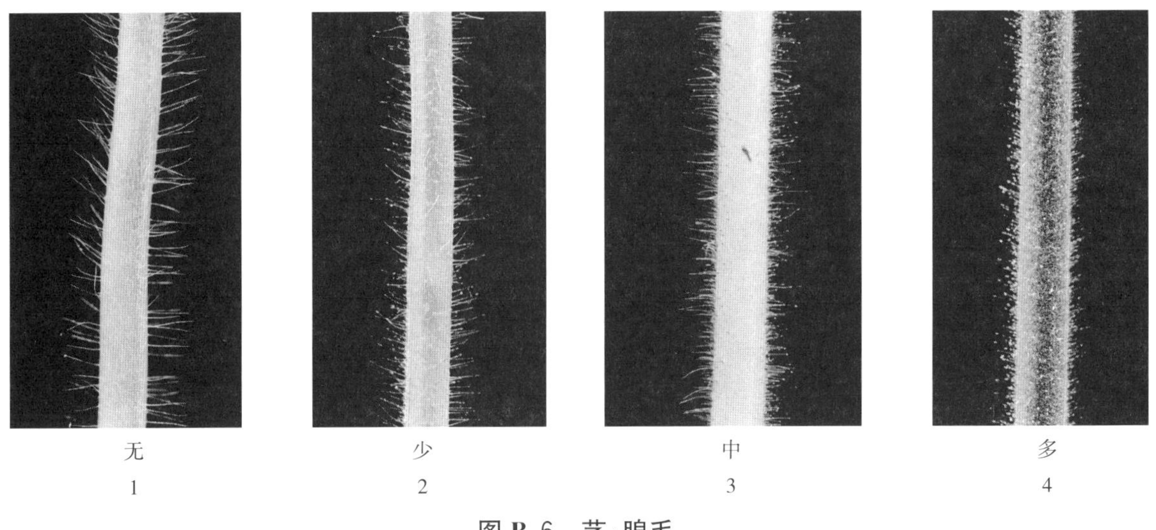

图 B.6　茎:腺毛

性状 9　茎:颜色,见图 B.7。

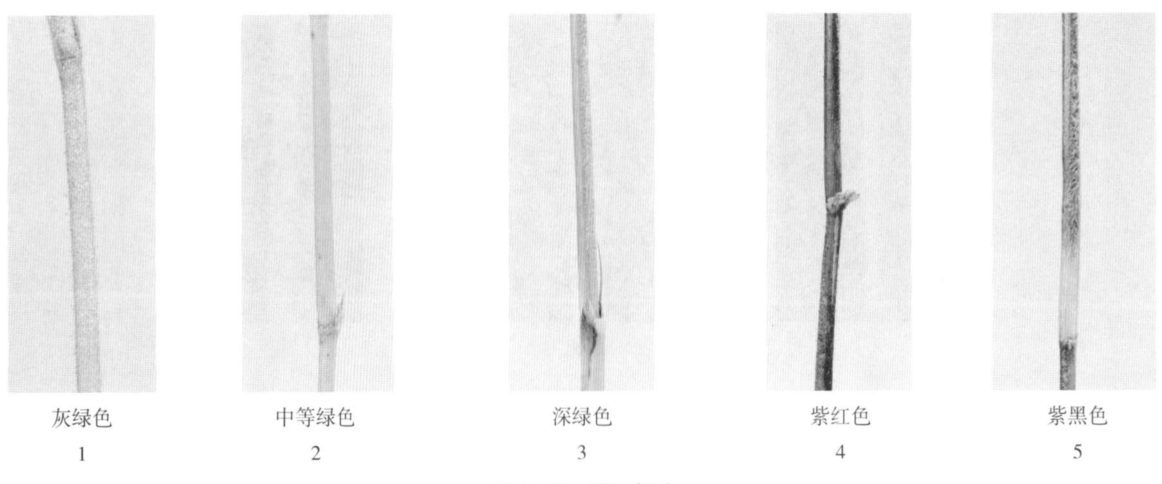

图 B.7　茎:颜色

性状 10　茎:托叶显色程度,见图 B.8。

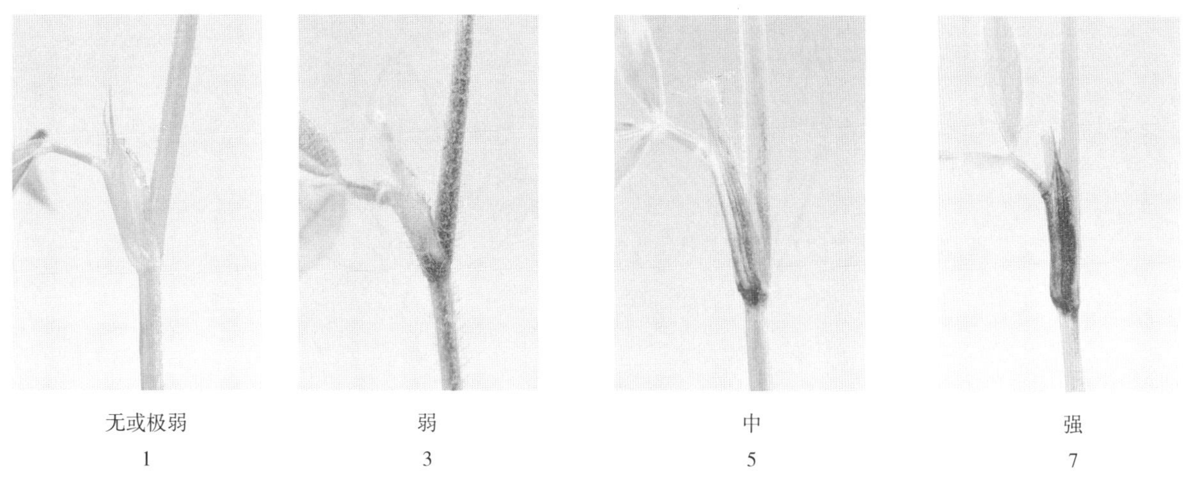

图 B.8　茎:托叶显色程度

性状 11　叶片:绿色程度,见图 B.9。

图 B.9　叶片:绿色程度

性状 12　小叶:形状,见图 B.10。

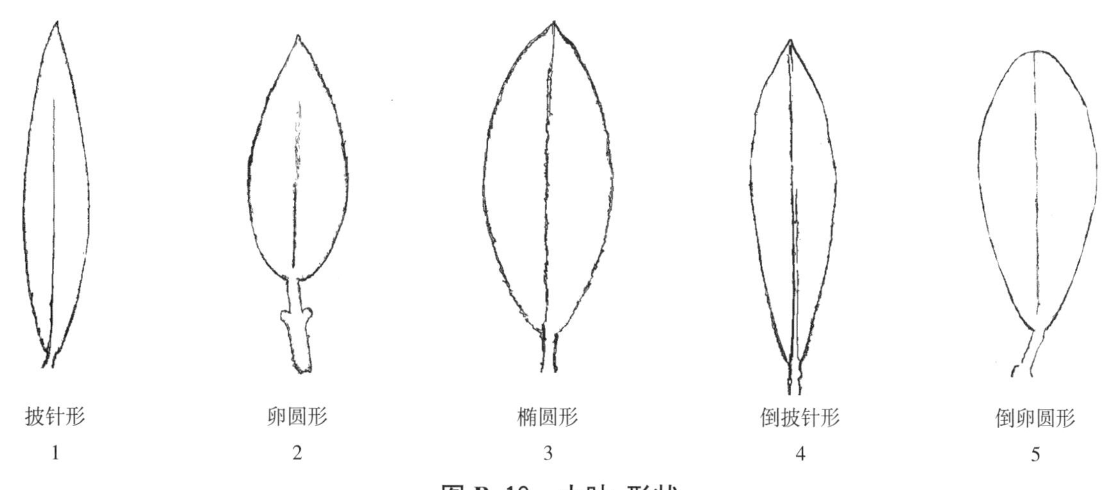

图 B.10　小叶:形状

性状 15　叶:类型,见图 B.11。

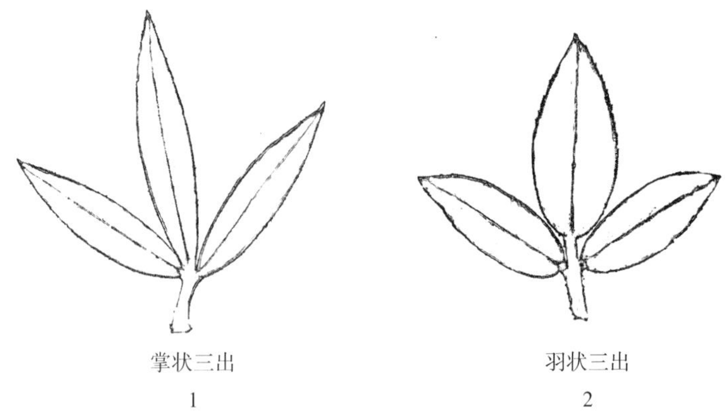

图 B.11 叶:类型

性状 17 花序:类型,见图 B.12。

图 B.12 花序:类型性状

性状 18 小花:着生方式,见图 B.13。

图 B.13 小花:着生方式

性状 19　花:大小,见图 B.14。

小　　中　　大

1　　2　　3

图 B.14　花:大小

性状 20　旗瓣:条斑,见图 B.15。

无　　少　　中　　多

1　　2　　3　　4

图 B.15　旗瓣:条斑

性状 21　旗瓣:颜色,见图 B.16。

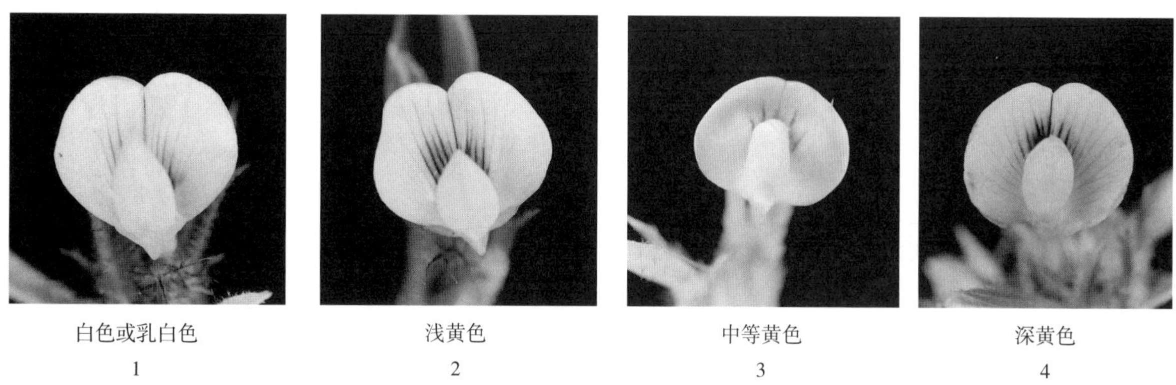

白色或乳白色　　浅黄色　　中等黄色　　深黄色

1　　2　　3　　4

图 B.16　旗瓣:颜色

性状 22　龙骨瓣:端部形状,见图 B.17。

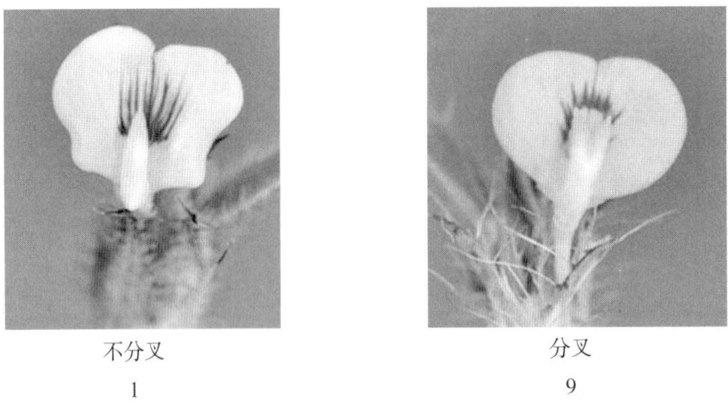

图 B.17 龙骨瓣:端部形状

性状 23 花:托叶毛显色程度,见图 B.18。

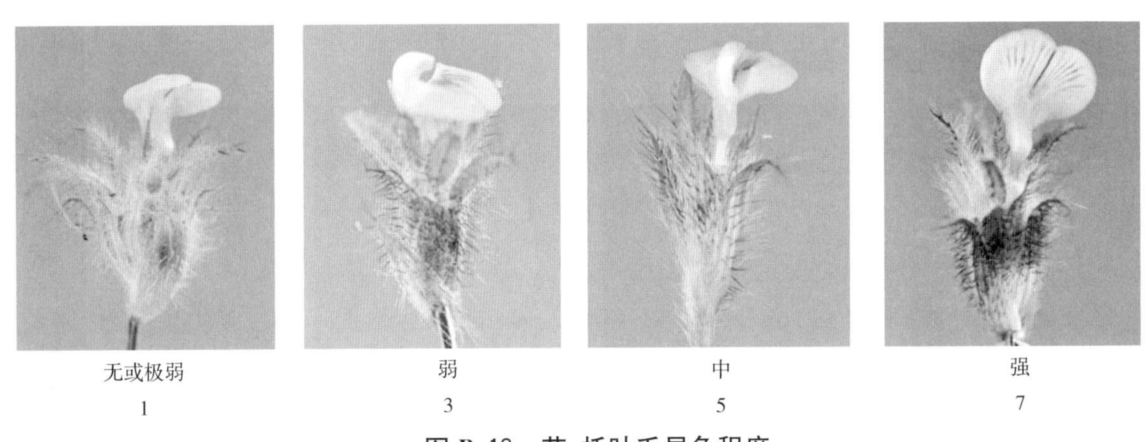

图 B.18 花:托叶毛显色程度

性状 24 荚果:形状,见图 B.19。

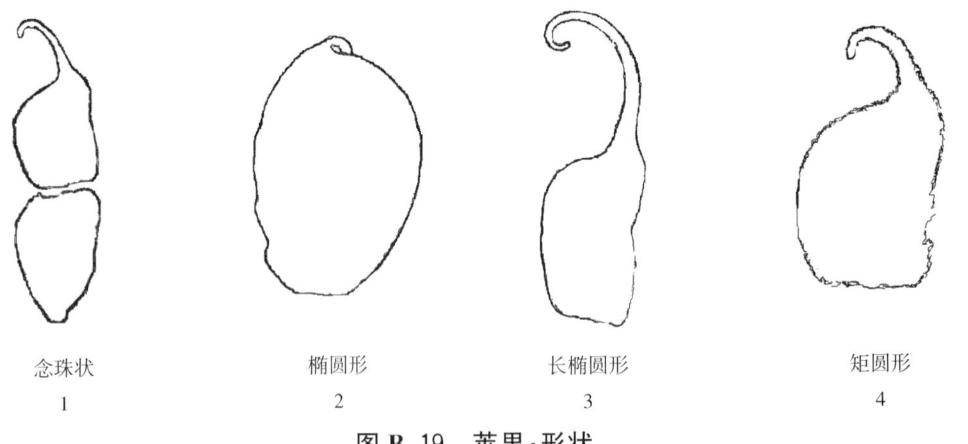

图 B.19 荚果:形状

性状 25 荚果:喙长度,见图 B.20。

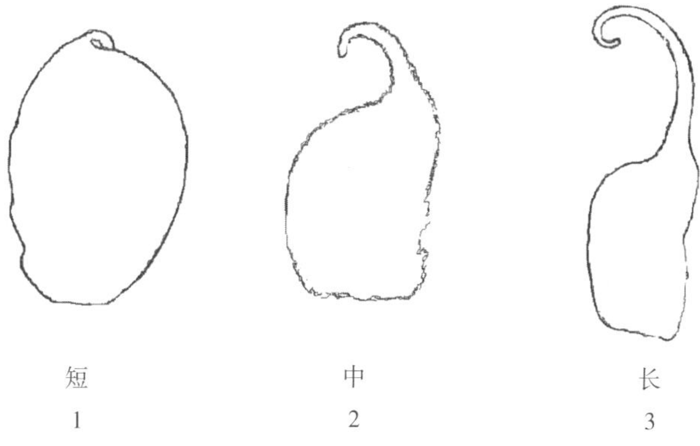

图 B.20　荚果:喙长度

性状 26　荚果:柔毛,见图 B.21。

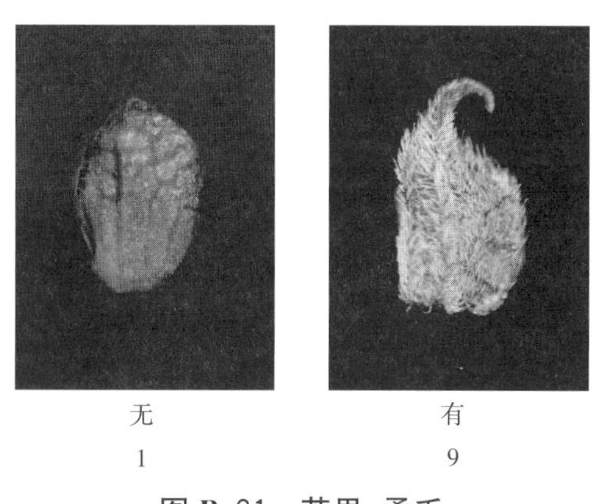

图 B.21　荚果:柔毛

性状 27　仅适用于荚果形状为念珠状的有毛品种:荚果:柔毛分布,见图 B.22。

图 B.22　仅适用于荚果形状为念珠状的有毛品种:荚果:柔毛分布

性状 28　种子:形状,见图 B.23。

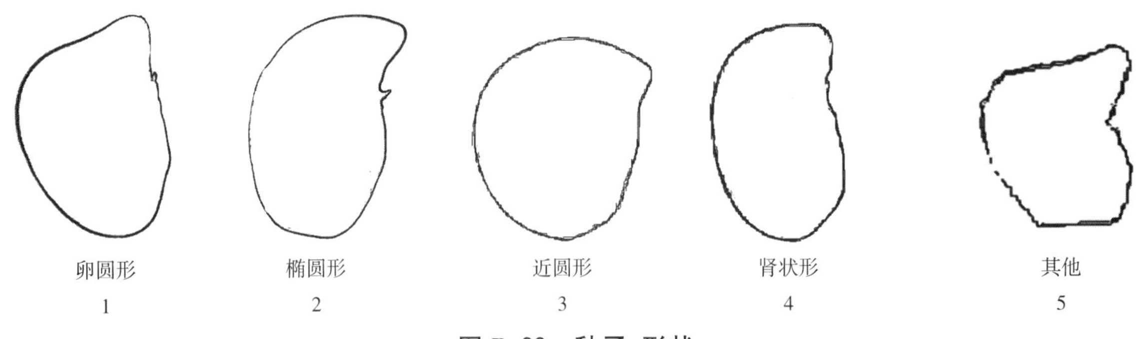

图 B.23　种子:形状

性状 29　种皮:颜色,见图 B.24。

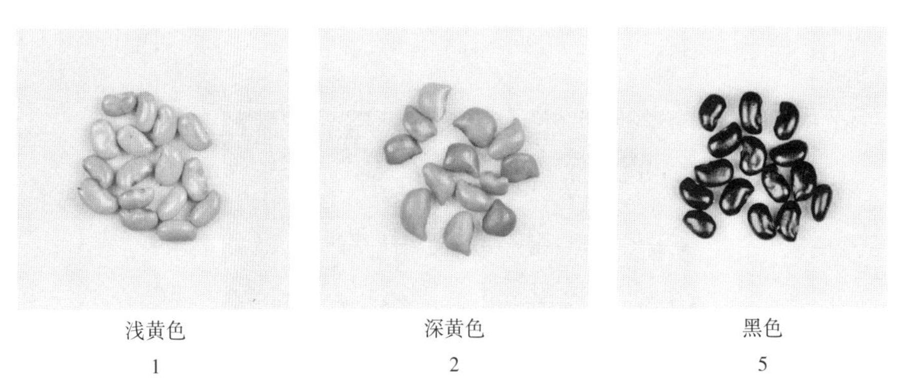

图 B.24　种皮:颜色

性状 30　种皮:斑纹,见图 B.25。

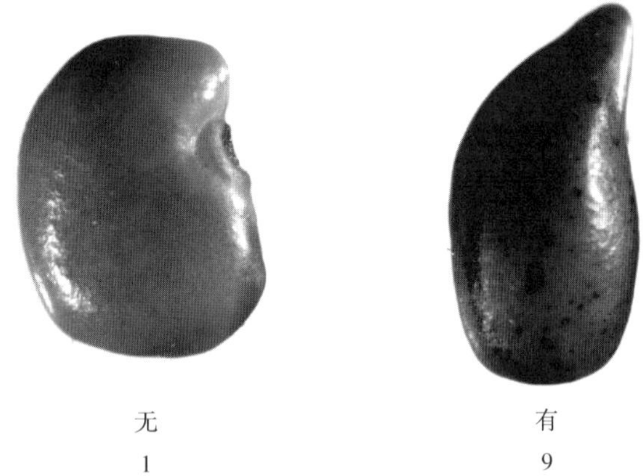

图 B.25　种皮:斑纹

性状 31　抗性:炭疽病,按照 NY/T 1692 的规定执行。

附 录 C
（规范性附录）
柱花草属技术问卷格式

柱花草属技术问卷

	申请号： 申请日： （由审批机关填写）
（申请人或代理机构签章）	

C.1 品种暂定名称

C.2 申请测试人信息

姓名：
地址：
电话号码：　　　　传真号码：　　　　手机号码：
邮箱地址：
育种者姓名（如果与申请测试人不同）：

C.3 植物学分类

拉丁名：____________________
中文名：____________________

C.4 品种类型

在相符的类型[ ]中打√。

C.4.1 生长类型

C.4.1.1 半灌木型 [ ]

C.4.1.2 草本型 [ ]

C.4.2 育种方式

C.4.2.1 选择育种 [ ]

C.4.2.2 常规杂交育种 [ ]

C.4.2.3 优势育种 [ ]

C.4.2.4 诱变育种 [ ]

C.4.2.5 转基因育种 [ ]

C.4.2.6 其他 [ ]

C.5 申请品种的具有代表性彩色照片

（品种照片粘贴处）
（如果照片较多，可另附页提供）

C.6 品种的选育背景、育种过程和育种方法，包括系谱、培育过程和所使用的亲本或其他繁殖材料来源与名称的详细说明

C.7 适于生长的区域或环境以及栽培技术的说明

C.8 其他有助于辨别申请品种的信息

（如品种用途、生长特征、产量和品质等，请提供详细资料）

C.9 品种种植或测试是否需要特殊条件

在相符的[ ]中打√。
是[ ]　　否[ ]
（如果回答是，请提供详细资料）

C.10 品种繁殖材料保存是否需要特殊条件

在相符的[ ]中打√。
是[ ]　　否[ ]
（如果回答是，请提供详细资料）

C.11 申请品种需要指出的性状

在表 C.1 中相符的代码后[ ]中打√,若有测量值,请填写在表 C.1 中。

表 C.1 申请品种需要指出的性状

序号	性 状	表达状态	代码	测量值
1	植株:生长型(性状 2)	半灌木	1[ ]	
		草本	2[ ]	
2	仅适用于半灌木品种:植株:生长习性(性状 3.1)	直立	1[ ]	
		半直立	2[ ]	
		平展	3[ ]	
3	仅适用于草本品种:植株:生长习性(性状 3.2)	直立	1[ ]	
		半匍匐	2[ ]	
		匍匐	3[ ]	
4	茎:毛(性状 5)	无	1[ ]	
		有	9[ ]	
5	旗瓣:颜色(性状 21)	白色或乳白色	1[ ]	
		浅黄色	2[ ]	
		中等黄色	3[ ]	
		深黄色	4[ ]	
6	龙骨瓣:端部形状(性状 22)	不分叉	1[ ]	
		分叉	9[ ]	
7	荚果:喙长度(性状 25)	短	1[ ]	
		中	2[ ]	
		长	3[ ]	

C.12 申请品种与近似品种的明显差异性状表

在自己知识范围内,请申请测试人在表 C.2 中列出申请测试品种与其最为近似品种的明显差异。

表 C.2 申请品种与近似品种的明显差异性状表

近似品种名称	性状名称	近似品种表达状态	申请品种表达状态
注:提供可以帮助审查机构对该品种以更有效的方式进行特异性测试的信息。			

申请人员承诺:技术问卷所填写的信息真实!

签名:

ICS 65.020.20
B 05

中华人民共和国农业行业标准

NY/T 3435—2019

植物品种特异性、一致性和稳定性测试指南　芥蓝

Guidelines for the conduct of tests for distinctness, uniformity and stability—Chinese Kale

(*Brassica alboglabra* Bailey)

2019-01-17 发布　　2019-09-01 实施

中华人民共和国农业农村部 发布

前　言

本标准按照 GB/T 1.1—2009 给出的规则起草。

本标准由农业农村部种业管理司提出。

本标准由全国植物新品种测试标准化技术委员会(SAC/TC 277)归口。

本标准起草单位:华南农业大学。

本标准主要起草人:雷建军、陈国菊、刘洪、刘少群、曹必好、任永浩、陈长明。

植物品种特异性、一致性和稳定性测试指南 芥蓝

1 范围

本标准规定了芥蓝(*Brassica alboglabra* Bailey)品种特异性、一致性和稳定性测试的技术要求和结果判定的一般原则。

本标准适用于芥蓝品种特异性、一致性和稳定性测试和结果判定。

2 规范性引用文件

下列文件对于本文件的应用是必不可少的。凡是注日期的引用文件,仅注日期的版本适用于本文件。凡是不注日期的引用文件,其最新版本(包括所有的修改稿)适用于本文件。

GB/T 19557.1 植物新品种特异性、一致性和稳定性测试指南 总则

3 术语和定义

GB/T 19557.1 界定的以及下列术语和定义适用于本文件。

3.1

群体测量 single measurement of a group of plants or parts of plants

对一批植株或植株的某器官或部位进行测量,获得一个群体记录。

3.2

个体测量 measurement of a number of individual plants or parts of plants

对一批植株或植株的某器官或部位进行逐个测量,获得一组个体记录。

3.3

群体目测 visual assessment by a single observation of a group of plants or parts of plants

对一批植株或植株的某器官或部位进行目测,获得一个群体记录。

4 符号

下列符号适用于本文件:

MG:群体测量。

MS:个体测量。

VG:群体目测。

QL:质量性状。

QN:数量性状。

PQ:假质量性状。

(a)~(c):标注内容在 B.2 中进行了详细解释。

(+):标注内容在 B.3 中进行了详细解释。

__:本文件中下划线是特别提示测试性状的适用范围。

5 繁殖材料的要求

5.1 繁殖材料以种子形式提供。

5.2 提交的种子数量，至少为 50 g。如果是杂交种，必要时还需提供杂交种亲本，亲本材料的提交数量各为25 g。

5.3 提交的种子应外观无损伤，籽粒饱满，活力高，无明显病虫侵害。种子质量达到以下要求：净度≥99.0%，发芽率≥85.0%，含水量≤7.0%。

5.4 提交的种子一般不进行任何影响品种性状正常表达的处理(如种子包衣处理)。如果已处理，应提供处理的详细说明。

5.5 提交的种子应符合中国植物检疫的有关规定。

6 测试方法

6.1 测试周期

测试周期至少为两个独立的生长周期。

6.2 测试地点

测试通常在一个地点进行。如果某些性状在该地点不能充分表达，可在其他符合该品种条件的地点对其进行观测。

6.3 田间试验

6.3.1 试验设计

待测品种和近似品种相邻种植。

以育苗移栽方式种植，每个小区不少于 60 株，株行距为 33 cm×33 cm。共设 2 个重复，周边设保护行。

6.3.2 田间管理

可按当地大田生产管理方式进行。

6.4 性状观测

6.4.1 观测时期

性状观测应按照表 A.1 和表 A.2 列出的生育阶段进行。生育阶段描述见表 B.1。

6.4.2 观测方法

性状观测应按照表 A.1 和表 A.2 规定的观测方法(VG、MG、MS)进行。部分性状观测方法见 B.2 和 B.3。

6.4.3 观测数量

除非另有说明，个体观测性状(MS)植株取样数量不少于 20 个，在观测植株器官或部位时，每个植株取样数量应为 1 个。群体观测性状(VG)应观测整个小区或规定大小的混合样本。

6.5 附加测试

必要时，可选用表 A.2 中的性状或本文件未列出的性状进行附加测试。

7 特异性、一致性和稳定性结果的判定

7.1 总体原则

特异性、一致性和稳定性的判定按照 GB/T 19557.1 确定的原则进行。

7.2 特异性的判定

待测品种应明显区别于所有已知品种。在测试中，当待测品种至少在一个性状上与最为近似的品种具有明显且可重现的差异时，即可判定待测品种具备特异性。

7.3 一致性的判定

对于自交系和杂种一代品种的一致性判定时，采用 1%的群体标准和至少 95%的接受概率。当样

本大小为 60 株时，最多可以允许有 2 个异型株。

对于常规品种，一致性判定时，品种的变异程度不能显著超过同类型品种。

7.4 稳定性的判定

如果一个品种具备一致性，则可认为该品种具备稳定性。一般不对稳定性进行测试。

必要时，可以种植该品种的下一代或另一批种子，与以前提供的繁殖材料相比，若性状表达无明显变化，则可判定该品种具备稳定性。

杂交种的稳定性判定，除直接对杂交种本身进行测试外，还可以通过对其亲本系的一致性和稳定性鉴定的方法进行判定。

8 性状表

8.1 概述

根据测试需要，将性状分为基本性状和选测性状。基本性状是测试中必须使用的性状，选测性状为依据申请者要求而进行附加测试的性状。芥蓝基本性状见表 A.1，芥蓝选测性状见表 A.2。性状表列出了性状名称、表达类型、表达状态及相应的代码和标准品种、观测时期和方法等内容。

8.2 表达类型

根据性状表达方式，将性状分为质量性状、假质量性状和数量性状 3 种类型。

8.3 表达状态和相应代码

每个性状划分为一系列表达状态，以便于定义性状和规范描述；每个表达状态赋予一个相应的数字代码，以便于数据记录、处理和品种描述的建立与交流。

8.4 标准品种

性状表中列出了部分性状有关表达状态可参考的标准品种，以助于确定相关性状的不同表达状态和校正环境因素引起的差异。

9 分组性状

本文件中，品种分组性状如下：

a) 叶片：菇叶有无（表 A.1 中性状 14）。

b) 适用于薹用类型品种：肉质茎：花青甙显色有无（表 A.1 中性状 19）。

c) 花瓣：颜色（表 A.1 中性状 24）。

10 技术问卷

申请人应按附录 C 给出的格式填写芥蓝技术问卷。

附 录 A
(规范性附录)
芥 蓝 性 状 表

A.1 芥蓝基本性状

见表 A.1。

表 A.1 芥蓝基本性状

序号	性 状	观测时期和方法	表达状态	标准品种	代码
1	子叶:颜色 PQ	20 VG	浅绿色		1
			深绿色		2
			浅紫色		3
			紫色		4
2	下胚轴:花青甙显色有无 PQ	40 VG	无		1
			有		9
3	植株:生长习性 QN (+)	40 VG	直立	孤老种	1
			半直立	小香菇	2
			平展	中花尖叶	3
4	植株:高度 QN	40 MS	极矮		1
			极矮到矮		2
			矮	桃山中花	3
			矮到中		4
			中	中熟黄花芥蓝筷	5
			中到高		6
			高	长叶中熟	7
			高到极高		8
			极高		9
5	植株:最大宽度 QN	40 VG	极窄		1
			极窄到窄		2
			窄	中熟白花芥蓝筷	3
			窄到中		4
			中	本地铁种	5
			中到宽		6
			宽	桃山中花	7
			宽到极宽		8
			极宽		9
6	叶片:形状 PQ (a) (+)	40 VG	卵圆形		1
			窄椭圆形	桃山中花	2
			椭圆形	长叶晚种	3
			近圆形	香菇种	4
			倒卵圆形	铁种	5

表 A.1（续）

序号	性　　状	观测时期和方法	表达状态	标准品种	代码
7	叶片:长度 QN (a)	40 MS	极短		1
			极短到短		2
			短	小叶孤老种	3
			短到中		4
			中	中熟黄花芥蓝筷	5
			中到长		6
			长	桃山中花	7
			长到极长		8
			极长		9
8	叶片:宽度 QN (a)	40 MS	极窄		1
			极窄到窄		2
			窄		3
			窄到中		4
			中		5
			中到宽		6
			宽		7
			宽到极宽		8
			极宽		9
9	叶片:绿色程度 QN (a)	40 VG	浅		1
			中		2
			深		3
10	叶片:蜡粉 QN (a)	40 VG	无或极少		1
			少		2
			多		3
11	叶片:皱缩程度 QN (a) (+)	40 VG	无或极弱		1
			弱		2
			中		3
			强		4
12	叶片:边缘波状程度 QN (a) (+)	40 VG	弱		1
			中		2
			强		3
13	叶片:羽叶有无 QL (a) (+)	40 VG	无		1
			有		9
14	叶片:菇叶有无 QL (a) (+)	40 VG	无		1
			有		9
15	叶片:菇叶数量 QN (a)	40 VG	少	香菇种	1
			中	小香菇	2
			多	老种香菇	3
16	叶脉:明显程度 QL (+)	40 VG	不明显		1
			明显		2

表 A.1（续）

序号	性　状	观测时期和方法	表达状态	标准品种	代码
17	叶柄:长度 QN	40 MS	短	中熟白花芥蓝筷	1
			中	中迟芥蓝	2
			长	铁种	3
18	适用于薹用类型品种:肉质茎:形状 PQ (b)	40 VG	圆柱形	桃山早花	1
			长纺锤形	中熟白花芥蓝筷	2
			纺锤形	小香菇	3
			短纺锤形	中花芥蓝	4
19	适用于薹用类型品种:肉质茎:花青甙显色有无 QL (b)	40 VG	无		1
			有		9
20	适用于薹用类型品种:肉质茎:花青甙显色强度 QN (b)	40 VG	弱		1
			中		2
			强		3
21	适用于薹用类型品种:肉质茎:长度 QN (b)	40 MS	极短		1
			极短到短		2
			短		3
			短到中		4
			中		5
			中到长		6
			长		7
			长到极长		8
			极长		9
22	适用于薹用类型品种:肉质茎:横径 QN (b)	40 MS	小		1
			小到中		2
			中		3
			中到大		4
			大		5
23	花序:相对叶丛位置 QN (+)	40 VG	低于或等于	中花芥蓝	1
			高于	桃山中花	2
24	花瓣:颜色 QL (c)	50 VG	白色		1
			黄色		2

A.2 芥蓝选测性状

见表 A.2。

表 A.2 芥蓝选测性状

序号	性　状	观测时期和方法	表达状态	标准品种	代码
25	萝卜硫苷含量 QN	40 MG	低	中迟芥蓝	1
			中	长叶中熟	2
			高	中熟白花芥蓝筷	3

附 录 B
（规范性附录）
芥蓝性状表的解释

B.1 芥蓝生育阶段

见表 B.1。

表 B.1 芥蓝生育阶段表

编号	名 称	描 述
10	发芽期	
20	1 叶 1 心期	
30	现蕾期	50%植株现蕾
40	采收期	接近开花时为采收期
50	开花始期	30%植株主顶开花

B.2 涉及多个性状的解释

(a) 涉及叶片的性状观测:观测植株发育充分的最大完整叶。

(b) 涉及茎的性状观测:观测采收期发育正常植株的茎。

(c) 涉及花的性状观测:观测开花始期植株主茎(或最大茎)当日开放的正常花。

B.3 涉及单个性状的解释

性状 3 植株:生长习性,见图 B.1。

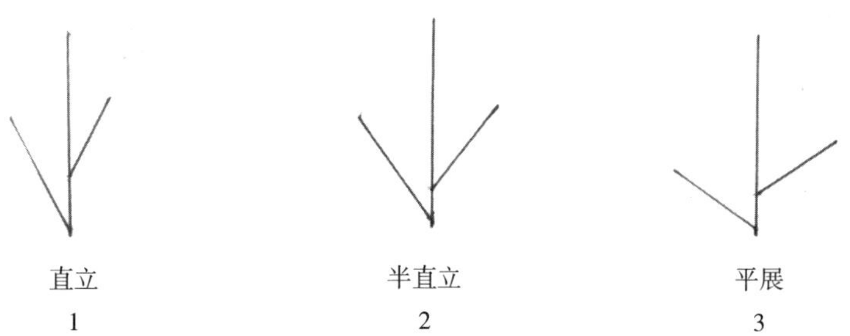

图 B.1 植株:生长习性

性状 6 叶片:形状,见图 B.2。

性状 11 叶片:皱缩程度,见图 B.3。

性状 12 叶片:边缘波状程度,见图 B.4。

图 B.2 叶片:形状

图 B.3 叶片:皱缩程度

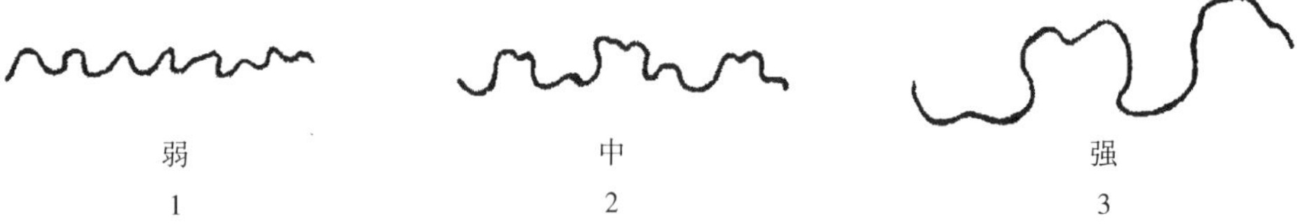

图 B.4 叶片:边缘波状程度

性状 13 叶片:羽叶有无,见图 B.5。

图 B.5 叶片:羽叶有无

性状 14 叶片:菇叶有无,见图 B.6。

图 B.6 叶片:菇叶有无

性状 16　叶脉:明显程度,见图 B.7。

不明显　　明显

1　　2

图 B.7　叶脉:明显程度

性状 23　花序:相对叶丛位置,见图 B.8。

低于或等于　　高于

1　　2

图 B.8　花序:相对叶丛位置

附　录　C
（规范性附录）
芥蓝技术问卷格式

芥 蓝 技 术 问 卷

申请号：
申请日：
（由审批机关填写）

（申请人或代理机构签章）

C.1　品种暂定名称

C.2　申请测试人信息

姓名：
地址：
电话号码：　　　　　　　　传真号码：　　　　　　　　手机号码：
邮箱地址：
育种者姓名（如果与申请测试人不同）：

C.3　植物学分类

拉丁名：*Brassica alboglabra* Bailey
中文名：芥蓝

C.4　品种类型

在相符的类型[　]中打√。

C.4.1　繁殖类型

C.4.1.1　常规种　[　]

C.4.1.2　杂种一代　[　]

（请指明所用亲本）

C.4.2　用途

C.4.2.1　薹叶兼用　[　]

C.4.2.2　薹用　[　]

C.4.2.3　叶用　[　]

C.4.3　薹型

C.4.3.1　主薹型　[　]

C.4.3.2　主侧薹型　[　]

C.4.3.3　侧薹型　[　]

C.4.4　品种熟性

C.4.4.1　早熟　[　]

C.4.4.2　中熟　[　]

C.4.4.3　晚熟　[　]

C.5　申请品种的具有代表性彩色照片

（品种照片粘贴处）
（如果照片较多，可另附页提供）

C.6　品种的选育背景、育种过程和育种方法，包括系谱、培育过程和所使用的亲本或其他繁殖材料来源与名称的详细说明

C.7　适于生长的区域或环境以及栽培技术的说明

C.8　其他有助于辨别申请品种的信息

（如品种用途、品质和抗性，请提供详细资料）

C.9　品种种植或测试是否需要特殊条件

在相符的[　]中打√。
是[　]　　　　否[　]
（如果回答是，请提供详细资料）

C.10 品种繁殖材料保存是否需要特殊条件

在相符的[ ]中打√。

是[ ]　　　　　　否[ ]

(如果回答是,请提供详细资料)

C.11 申请品种需要指出的性状

在表 C.1 中相符的代码后[ ]中打√,若有测量值,请填写在表 C.1 中。

表 C.1 申请品种需要指出的性状

序号	性　　状	表达状态	代码	测量值
1	下胚轴:花青甙显色有无(性状 2)	无	1[ ]	
		有	9[ ]	
2	叶片:形状(性状 6)	卵圆形	1[ ]	
		窄椭圆形	2[ ]	
		椭圆形	3[ ]	
		近圆形	4[ ]	
		倒卵圆形	5[ ]	
3	叶片:长度(性状 7)	极短	1[ ]	
		极短到短	2[ ]	
		短	3[ ]	
		短到中	4[ ]	
		中	5[ ]	
		中到长	6[ ]	
		长	7[ ]	
		长到极长	8[ ]	
		极长	9[ ]	
4	叶片:绿色程度(性状 9)	浅	1[ ]	
		中	2[ ]	
		深	3[ ]	
5	叶片:菇叶有无(性状 14)	无	1[ ]	
		有	9[ ]	
6	适用于薹用类型品种:肉质茎:形状(性状 18)	圆柱形	1[ ]	
		长纺锤形	2[ ]	
		纺锤形	3[ ]	
		短纺锤形	4[ ]	
7	适用于薹用类型品种:肉质茎:花青甙显色有无(性状 19)	无	1[ ]	
		有	9[ ]	
8	适用于薹用类型品种:肉质茎:长度(性状 21)	极短	1[ ]	
		极短到短	2[ ]	
		短	3[ ]	
		短到中	4[ ]	
		中	5[ ]	
		中到长	6[ ]	
		长	7[ ]	
		长到极长	8[ ]	
		极长	9[ ]	

表 C.1（续）

序号	性　　状	表达状态	代码	测量值
9	适用于薹用类型品种：肉质茎：横径（性状22）	小	1[ ]	
		小到中	2[ ]	
		中	3[ ]	
		中到大	4[ ]	
		大	5[ ]	
10	花瓣：颜色（性状 24）	白色	1[ ]	
		黄色	2[ ]	

C.12 申请品种与近似品种的明显差异性状表

在自己知识范围内，请申请测试人在表 C.2 中列出申请测试品种与其最为近似品种的明显差异。

表 C.2 申请品种与近似品种的差异

近似品种名称	性状名称	近似品种表达状态	申请品种表达状态
注：提供可以帮助审查机构对该品种以更有效的方式进行特异性测试的信息。			

申请人员承诺：技术问卷所填写的信息真实！

签名：

ICS 65.020.01
B 05

中华人民共和国农业行业标准

NY/T 3436—2019

柑橘属品种鉴定　SSR分子标记法

Identification of *Citrus* varieties—SSR marker method

2019-01-17 发布　　2019-09-01 实施

中华人民共和国农业农村部　发布

前　言

本标准按照 GB/T 1.1—2009 给出的规则起草。

请注意本文件的某些内容可能涉及专利。本文件的发布机构不承担识别这些专利的责任。

本标准由农业农村部种业管理司提出。

本标准由全国植物新品种测试标准化技术委员会(SAC/TC 277)归口。

本标准起草单位:农业农村部科技发展中心、湖南农业大学、西南大学。

本标准主要起草人:唐浩、李益、韩瑞玺、江东、邓超、马莹雪、李娜、邓子牛、赵艳杰。

柑橘属品种鉴定　SSR分子标记法

1　范围

本标准规定了利用简单重复序列(Simple sequence repeat,SSR)标记进行芸香科(Rutaceae)柑橘属(*Citrus* L.)品种鉴定的操作程序、结果统计、结果规则。

本标准适用于柑橘属品种SSR指纹数据采集和品种鉴定。

2　规范性引用文件

下列文件对于本文件的应用是必不可少的。凡是注日期的引用文件,仅注日期的版本适用于本文件。凡是不注日期的引用文件,其最新版本(包括所有的修改单)适用于本文件。

GB/T 6682　分析实验室用水规格和试验方法

NY/T 2435　植物品种特异性、一致性和稳定性测试指南　柑橘

NY/T 2594　植物品种鉴定　DNA分子标记法　总则

3　术语和定义

NY/T 2594界定的术语和定义适用于本文件。

4　主要仪器设备及试剂

主要仪器设备及试剂见附录A。

5　溶液配制

溶液配制方法见附录B。

6　引物相关信息及使用

核心引物名单及序列见附录C,核心引物相关信息见附录D。根据需要,标准研制单位及时筛选拓展引物并发布相关信息用于鉴定,和品种权人提出特异引物用于鉴定。检测机构首先使用核心引物,其次根据需要使用拓展引物或(和)特异引物进行鉴定。

7　参照品种及使用

参照品种的名称参见附录E。必要时,可在等位变异检测中同时检测相应参照品种的PCR扩增产物。

注:多个品种在某一SSR位点上可能具有相同的等位变异。在确认这些品种该位点等位变异大小与参照品种相同后,这些品种也可以代替附录D中的参照品种使用。

8　操作程序

8.1　样品准备

每份样品取不少于3个单株的叶片或其他等效物,混合分析。

8.2　DNA提取

将混合后的样品放入液氮预冷的研钵中,加入液氮后迅速研磨叶片多次至粉末状,取适量粉末装入2 mL离心管。每管加入1 mL预热(65℃)的2% CTAB提取液,充分混匀,65℃恒温水浴45 min～60 min,其间每隔 10 min 颠倒混匀。于 4℃,12 000 r/min 离心 15 min。取上清液至一新离心管,加入等体积的氯仿-异戊醇(24∶1,$V∶V$),轻轻颠倒混匀,静置 10 min,于 4℃,12 000 r/min 离心 15 min。取上清液至一新离心管,加入等体积预冷的异丙醇,颠倒混匀,−20℃下静置 30 min。于 4℃,12 000 r/min 离心 10 min,弃上清液。70%乙醇洗涤 DNA 沉淀 2 次,风干,加入 50 μL 超纯水,加 1 μL RNase(10 g/L),37℃温浴 30 min;再加入等体积的氯仿-异戊醇(24∶1,$V∶V$),于 4℃,12 000 r/min 离心 15 min;取上清液,加入等体积预冷的异丙醇,颠倒混匀,−20℃下静置 30 min;12 000 r/min 常温离心 15 min,弃上清液。用 70%乙醇浸泡洗涤 DNA 沉淀 2 次,风干,加入 100 μL 无菌水或 TE 缓冲液,通过紫外分光光度计和琼脂糖凝胶电泳检测 DNA 浓度和质量,−20℃保存。

注:以上为推荐的 DNA 提取方法,所获 DNA 质量能够满足 PCR 扩增要求的其他 DNA 提取方法都适用于本标准。

8.3 PCR 扩增

8.3.1 反应体系

各组分终浓度如下:每种 dNTP 0.20 mmol/L,正向、反向引物各 0.25 μmol/L,*Taq* DNA 聚合酶 0.05 U/μL,1×PCR 缓冲液(含 Mg^{2+} 2.5 mmol/L),DNA 溶液 2.5 ng/μL,其余以超纯水补足至所需体积。

利用毛细管电泳进行荧光检测时需使用荧光标记的引物。引物标记的荧光颜色见附录 D。

注:反应体系的体积可根据具体情况进行调整。可采用 2×*Taq* PCR master Mix 代替 *Taq* DNA 聚合酶、dNTP、Mg^{2+}。

8.3.2 反应程序

94℃预变性 5 min;94℃变性 40 s,60℃退火 40 s,72℃延伸 45 s(可根据扩增片段的长度做出适当调整),共 35 个循环;72℃延伸 10 min,4℃保存。

注:预变性和变性温度可以是 94℃或者 95℃,根据所使用的 Mix 的要求调整。

8.4 PCR 产物检测

8.4.1 变性聚丙烯酰胺凝胶电泳(PAGE)

8.4.1.1 清洗玻璃板

将玻璃板清洗干净,用双蒸水擦洗 2 遍,95%乙醇擦洗 2 遍。在带凹槽的短板上涂 1 mL 剥离硅烷工作液,长板上涂 1 mL 亲和硅烷工作液。操作过程中防止 2 块玻璃板交叉污染。

8.4.1.2 组装电泳板

待玻璃板彻底干燥后组装,在玻璃板两侧的前中后位置用夹子固定,并用水平仪调平。

8.4.1.3 灌胶

在 50 mL 6.0% PAGE 胶中分别加入 350 μL 10%的过硫酸铵和 35 μL TEMED,迅速混匀后灌胶(胶的体积根据玻璃板的面积及鲨鱼齿梳子厚度进行调整)。灌胶过程中防止出现气泡。待胶液充满玻璃板夹层,将 1 mm 厚的鲨鱼齿梳子平齐端向里轻轻插入胶液约 0.4 cm。胶液在室温下聚合 2 h 以上。胶聚合后,清理胶板表面溢出的胶液,轻轻拔出梳子,用水清洗干净备用。

8.4.1.4 预电泳

将玻璃板与电泳槽组装,在正极槽(下槽)中加入 1×TBE 缓冲液 800 mL,在负极槽(上槽)加入 1×TBE 缓冲液 1 000 mL(缓冲液具体用量视电泳槽型号而定)。5 V/cm 预电泳 10 min~20 min。

8.4.1.5 变性

在 20 μL PCR 产物中加入 4 μL 6×加样缓冲液,混匀。在 PCR 仪上 95℃变性 5 min,取出,迅速置于冰上,冷却 10 min 以上。

8.4.1.6 电泳

用移液器清除凝胶顶端气泡和杂质。将鲨鱼齿梳子梳齿端插入凝胶 1 mm~2 mm。每一个加样孔点入3 μL~5 μL 样品,在胶板一侧点入 DNA Marker。5 V/cm 条件下电泳,使凝胶温度保持在约

50℃,电泳1 h～2 h(电泳时间取决于扩增片段的大小范围)。

注:具体功率大小根据电泳槽的规格型号和实验室室温设定。

8.4.1.7 银染

a) 固定:将附有凝胶的玻璃板浸入固定液中,使固定液没过凝胶,在摇床上轻轻晃动 5 min;

b) 漂洗:取出玻璃板,用双蒸水漂洗 30 s;

c) 染色:将玻璃板置于染色液中,使染色液没过凝胶,在摇床上轻轻晃动 2 min～5 min;

d) 漂洗:用双蒸水快速漂洗,时间不超过 30 s;

e) 显影:将玻璃板置于在显影液中,使显色液轻轻摇晃动至出现清晰带纹;

f) 定影:将凝胶在固定液中定影 5 min;

g) 漂洗:用双蒸水漂洗 30 s。

将胶板放在 X 胶片观察灯上拍照记录。

8.4.2 毛细管电泳荧光检测

8.4.2.1 PCR 产物样品准备

将 6 - FAM、HEX 荧光标记的 PCR 产物用超纯水稀释 30 倍,TAMRA 和 ROX 荧光标记的 PCR 产物稀释 15 倍。分别取等体积上述 4 种稀释后的 PCR 产物混匀,从混合液中吸取 1 μL 加入 DNA 分析仪专用 96 孔板中。板中各孔分别加入 0.1 μL 分子量内标和 8.9 μL 去离子甲酰胺。将样品在 PCR 仪上95℃变性 5 min,取出,立即置于冰上,冷却 10 min 以上。瞬时离心 10 s 后放置到 DNA 分析仪上。

注:其他等吸收波长的荧光标记都可使用;荧光标记的扩增产物的稀释倍数通过荧光毛细管电泳预实验确定。

8.4.2.2 等位变异检测

按照仪器操作手册,编辑样品表,执行运行程序,保存数据。

9 结果统计

9.1 数据表示

每个 SSR 位点的等位变异采用扩增片段大小的形式表示。

9.2 变性聚丙烯酰胺凝胶电泳与银染检测

将待测样品某一位点扩增片段的带型和迁移位置与对应的参照品种进行比较,根据参照品种的迁移位置和扩增片段大小,确定待测样品该位点的等位变异大小。

9.3 毛细管电泳荧光检测

使用毛细管电泳检测设备的片段分析软件,读出待测品种与对应参照品种的等位变异数据。比较参照品种的等位变异大小数据与表 D.1 中参照品种相应的数据,两者之间的差值为系统误差。从待测样品的等位变异数据中去除该系统误差,并依据表 D.1 中参照的等位变异进行取整,得到的数据即为待测样品在该位点上的等位变异大小。

9.4 结果记录

纯合位点的等位变异大小数据记为 X/X,其中 X 为该位点等位变异的大小;杂合位点的等位变异大小数据记录为 X/Y,其中 X、Y 分别为该位点上的 2 个等位变异的大小,小片段数据在前、大片段数据在后。缺失位点的等位变异大小数据记录为 0/0。

示例 1:样品在某个位点上仅出现 1 个等位变异,大小为 160 bp,则该位点的等位变异数据记录为 160/160。

示例 2:样品在某个位点上有 2 个等位变异,分别为 160 bp、165 bp,则该位点的等位变异数据记录为 160/165。

10 结果判定

10.1 结果判定

当样品间差异位点数≥2,判定为“不同”;当样品间差异位点数=1,判定为“近似”;当样品间差异位点数=0,判定为“极近似或相同”。

10.2 结果表述

待测样品________与对照样品________(或数据库中________已知品种)利用________分子标记类型,采用________检测平台,采用________位点组合进行检测,结果显示:检测位点数为________,差异位点数为________,判定为________(相同或极近似、近似、不同)。

差异位点小于 2 个位点时,推荐按照 NY/T 2435 的规定进行田间鉴定。

附 录 A
（规范性附录）
主要仪器设备及试剂

A.1 主要仪器设备

A.1.1 PCR 扩增仪。

A.1.2 高压电泳仪：最高电压不低于 2 000 V，具有恒电压、恒电流和恒功率功能。

A.1.3 垂直电泳槽及配套的制胶附件。

A.1.4 水平电泳槽及配套的制胶附件。

A.1.5 高速冷冻离心机：最大离心力不小于 15 000 g。

A.1.6 水平摇床。

A.1.7 胶片观察灯。

A.1.8 电子天平。

A.1.9 微量移液器：规格分别为 10 μL、20 μL、100 μL、200 μL、1 000 μL，连续可调。

A.1.10 磁力搅拌器。

A.1.11 核酸浓度测定仪或超微量紫外分光光度计。

A.1.12 微波炉。

A.1.13 高压灭菌锅。

A.1.14 酸度计。

A.1.15 水浴锅。

A.1.16 低温冰箱。

A.1.17 制冰机。

A.1.18 凝胶成像系统或紫外透射仪。

A.1.19 DNA 分析仪：基于毛细管电泳，有片段分析功能和数据分析软件。

A.1.20 其他相关仪器和设备。

A.2 主要试剂

除非另有说明，在分析中均使用分析纯试剂。

A.2.1 十六烷基三乙基溴化铵（CTAB）。

A.2.2 聚乙烯吡咯烷酮（PVP）。

A.2.3 氯仿。

A.2.4 异戊醇。

A.2.5 异丙醇。

A.2.6 乙二胺四乙酸二钠（EDTA）。

A.2.7 三羟甲基氨基甲烷（Tris）。

A.2.8 浓盐酸。

A. 2.9　氢氧化钠。

A. 2.10　10×Buffer 缓冲液：含 Mg^{2+} 25 mmol/L。

A. 2.11　4 种脱氧核糖核苷酸：dATP、dTTP、dGTP、dCTP。

A. 2.12　氯化钠。

A. 2.13　*Taq* DNA 聚合酶。

A. 2.14　琼脂糖。

A. 2.15　DNA 分子量标准：DNA 片段分布范围至少在 50 bp～500 bp。

A. 2.16　核酸染色剂。

A. 2.17　去离子甲酰胺。

A. 2.18　溴酚蓝。

A. 2.19　二甲苯青。

A. 2.20　甲叉双丙烯酰胺。

A. 2.21　丙烯酰胺。

A. 2.22　硼酸。

A. 2.23　尿素。

A. 2.24　亲和硅烷。

A. 2.25　剥离硅烷。

A. 2.26　无水乙醇。

A. 2.27　四甲基乙二胺(TEMED)。

A. 2.28　过硫酸铵(APS)。

A. 2.29　冰醋酸。

A. 2.30　硝酸银。

A. 2.31　甲醛。

A. 2.32　DNA 分析仪用丙烯酰胺胶液。

A. 2.33　DNA 分析仪用分子量内标 Liz500。

A. 2.34　DNA 分析仪用电泳缓冲液。

A. 2.35　DNA 分析仪用光谱校准基质，包括 6-FAM、TAMRA、HEX 和 ROX 4 种荧光染料标记的 DNA 片段。

附 录 B
(规范性附录)
溶 液 配 制

B.1 DNA 提取溶液的配制

DNA 提取溶液的配制使用超纯水。

B.1.1 0.5 mol/L 乙二胺四乙酸二钠盐(EDTA)溶液

称取 186.1 g 乙二胺四乙酸二钠盐(EDTA),溶于 800 mL 水中,再加入 20 g 氢氧化钠,搅拌。待EDTA完全溶解后,冷却至室温。再用氢氧化钠溶液(1 mol/L)准确调 pH 至 8.0,定容至 1 000 mL。在 103.4 kPa(121℃)条件下灭菌 20 min。

B.1.2 0.5 mol/L 盐酸(HCl)溶液

量取 25 mL 浓盐酸(36%~38%),加水定容至 500 mL。

B.1.3 1 mol/L 氢氧化钠(NaOH)溶液

称取 40.0 g 氢氧化钠,先溶于 800 mL 去离子水中,再加水定容至 1 000 mL。

B.1.4 1 mol/L 三羟甲基氨基甲烷盐酸(Tris-HCl)(pH 8.0)溶液

称取 60.55 g Tris 碱溶于约 400 mL 水中,加盐酸溶液(0.5 mol/L)调整 pH 至 8.0,加水定容至 500 mL,在 103.4 kPa(121℃)条件下灭菌 20 min。

B.1.5 2%(W/V)十六烷基三甲基溴化铵(CTAB)溶液

分别称取 20 g 十六烷基三甲基溴化铵、81.7 g 氯化钠和 20 g 聚乙烯吡咯烷酮溶于约 700 mL 水中,加入100 mL Tris-HCl(1 mol/L,pH 8.0)溶液和 40 mL EDTA(0.5 mol/L,pH 8.0),加水定容至1 000 mL,在 103.4 kPa(121℃)条件下灭菌 20 min。

B.1.6 氯仿:异戊醇(24:1)

按 24:1 的体积比配制混合液。

B.1.7 TE 缓冲液

分别量取 5 mL Tris-HCl(1 mol/L,pH 8.0)和 1 mL EDTA(0.5 mol/L,pH 8.0),定容至 500 mL,在 103.4 kPa(121℃)条件下灭菌 20 min。于 4℃下保存。

B.2 PCR 扩增溶液的配制

PCR 扩增溶液的配制使用超纯水。

B.2.1 dNTP 溶液

用超纯水分别配制 dATP、dTTP、dCTP、dGTP 4 种脱氧核糖核苷酸终浓度为 100 mmol/L 的储存液。4 种储存液各取 20 μL 混合,用超纯水 720 μL 定容,配制成每种核苷酸终浓度为 2.5 mmol/L 的工作液。在 103.4 kPa(121℃)条件下灭菌 20 min。

注:也可使用满足试验要求的商品 dNTP 溶液。

B.2.2 SSR 引物溶液

开盖前瞬时离心 10 s,按照说明书用超纯水分别配制正向引物和反向引物终浓度为 100 μmol/L 的储存液,取 10 μL 储存液,加 90 μL 水定容至终浓度 10 μmol/L 的工作液。

B.3 变性聚丙烯酰胺凝胶电泳溶液的配制

变性聚丙烯酰胺凝胶电泳相关溶液的配制使用超纯水。

B.3.1 40%(W/V)丙烯酰胺溶液

分别称取 190 g 丙烯酰胺和 10 g 甲叉双丙烯酰胺溶于约 400 mL 水中,加水定容至 500 mL,置于棕色瓶中,于 4℃储存。

B.3.2 6.0%(W/V)变性聚丙烯酰胺胶溶液

称取 420.0 g 尿素,用去离子水溶解,分别加入 100 mL 10×TBE 缓冲液和 150 mL 40%丙烯酰胺溶液,定容至 1 000 mL。

B.3.3 亲和硅烷缓冲液

分别量取 49.75 mL 无水乙醇和 250 μL 冰醋酸,混匀。

B.3.4 亲和硅烷工作液

分别量取 1 mL 亲和硅烷缓冲液和 5 μL 亲和硅烷原液,混匀。

B.3.5 剥离硅烷工作液

分别量取 98 mL 氯仿溶液和 2 mL 二甲基二氯硅烷溶液,混匀。

B.3.6 10%(W/V)过硫酸铵溶液

称取 1.0 g 过硫酸铵溶于 10 mL 去离子水中,混匀,于 4℃保存(不超过 5 d)。

B.3.7 10×TBE 缓冲液

称取三羟甲基氨基甲烷(Tris 碱)108 g,硼酸 55 g,溶于 800 mL 水中,加入 37 mL 0.5 mol/L EDTA 溶液(pH 8.0),定容至 1 000 mL。

B.3.8 1×TBE 缓冲液

量取 50 mL 10×TBE 缓冲液,加水定容至 500 mL,混匀。

B.3.9 6×加样缓冲液

分别称取 0.125 g 溴酚蓝和 0.125 g 二甲苯青,加入 49 mL 去离子甲酰胺和 1 mL 0.5 mol/L EDTA 溶液(pH 8.0),搅拌溶解。

B.4 银染溶液的配制

银染溶液的配制使用双蒸水。

B.4.1 固定液

量取 100 mL 冰醋酸,加水定容至 1 000 mL。

B.4.2 染色液

称取 1 g 硝酸银,加水定容至 1 000 mL。

B.4.3 显影液

称取 10 g 氢氧化钠溶于 1 000 mL 水中,用前加 2 mL 甲醛。

注:试剂配制用水需符合 GB/T 6682 的规定。

附 录 C
（规范性附录）
核心引物名单及序列

核心位点编号及序列见表 C.1。

表 C.1 核心引物名单及序列

引物编号	引物名称	上游引物序列(5′→3′)	下游引物序列(5′→3′)
Cs 1	(TGTA)6	TTCGTCATCCTCATCCATC	TCATCAAATCACCCAAACGA
Cs 2	SSR2	TCCACAAGGAGAAGAAACGG	GCGTCTTTACTGTTACCGGG
Cs 3	TG16	GTTGCGCAGTTATTCTCAAA	CCGACCACTTTTACCCACTG
Cs 4	SSR5	CATCAGAAACGAGATGCCAA	AAGGGCTAGAAGATTCCCCC
Cs 5	AAT12	TTGCCAAGAGATTAAACGAACA	GACGAGAGGTCCAGAAATCG
Cs 6	TAA41	AGGTCTACATTGGCATTGTC	ACATGCAGTGCTATAATGAATG
Cs 7	TC26	CTTCCTCTTGCGGAGTGTTC	GAGGGAAAGCCCTAATCTCA
Cs 8	(GTCT)5	CTTGTGTGTTGCAGCTCGAT	ATTCATTAAACCGACTGCC
Cs 9	AGC9	TAAAAACCAACGTCCCCTCA	CGGGCGAGGTAGAAGTAATG
Cs 10	CMS30	AACACCCCTTGGAGGGAG	GCTGTTCACACACACAACCC
Cs 11	CSSR140	CGCAAATGACTTCCCAGAAT	GCTCCCTCCGATTCTCTCTC
Cs 12	PL72	GTGAGGCAAAACGGAAAGAG	GGGCCCATACAACGTAGAAG
Cs 13	CSSR104	CACGCAGCTTGAGTTTGAAG	GTGCCGTTTAGGGTTTTCCT
Cs 14	C1190	CAGGCAGTAACCTCCCAGAC	AGCGAAAGCTAATGATGGTG
Cs 15	CSSR107	CGGGCTAGGCTGAGAGATA	TTCTTTGGAGCCGAACAACT
Cs 16	(CAA)52	GTGTGGTCCAGACTCCGTTT	AAGATTCTTTAACAAATCCAAGGC
Cs 17	F39	GATACAAATTAGCATTTGATTGAATGGA	ATCGGGACTCGCATTAGGGT
Cs 18	(TC)11	TCTCACGTCAAAAGACGACG	TCGGCCATAAACCGATACAT
Cs 19	GT03	GCCTTCTTGATTTACCGGAC	TGCTCCGAACTTCATCATTG
Cs 20	F04	AGTGAACTGTCCATTGGATTTTCG	GTGTTGAATCCCGACCTTCTACC
Cs 21	(AAGA)5	GCAGCGCAACAACATAACTA	GGCCAATAGCTTCCATTCA
注:品种拥有人可提供特异性位点。			

附 录 D
（规范性附录）
核心引物相关信息

核心引物相关信息见表 D.1。

表 D.1 核心引物相关信息

引物编号	染色体位置	荧光标记	常见等位变异,bp	参照品种名称
Cs 1	1	5′HEX	196	砂糖橘
			198	北碚柚
			199	联合酸橙
			200	大种橙
			202	枸头橙
			203	胡柚
			206	通贤柚
			216	77-1 枳柚
			227	77-1 枳柚
			236	米尔斯威特甜柠檬
			240	米尔斯威特甜柠檬
			242	小香橼
			250	小香橼
			252	大香橼
Cs 2	1	5′HEX	252	77-1 枳柚
			258	墨西哥来檬
			261	墨西哥来檬
			263	米尔斯威特甜柠檬
			265	北碚柚
			267	南橘
			269	砂糖橘
			271	胡柚
			272	北碚柚
			273	胡柚
			275	南橘
			277	联合酸橙
			279	马叙
			281	梁平柚
Cs 3	1	5′ROX	221	胡柚
			224	公孙橘 61-1
			226	黄花尤力克
			227	墨西哥枳橙
			232	白檬檬
			234	资阳香橙
			236	胡柚
			240	沃柑
			244	沃柑
			246	年橘

表 D.1（续）

引物编号	染色体位置	荧光标记	常见等位变异，bp	参照品种名称
Cs 4	1	5′ROX	272	资阳香橙
			276	白檬檬
			279	资阳香橙
			285	大分 4 号
			298	黄花尤力克
			301	墨西哥来檬
			313	北碚柚
			316	北碚柚
			322	墨西哥来檬
			328	红河大翼橙
			355	马叙
Cs 5	2	5′ROX	167	北碚柚
			172	墨西哥来檬
			173	安江香柚
			176	北碚柚
			177	砂糖橘
			179	小香橼
			180	资阳香橙
			182	联合酸橙
			185	胡柚
			192	米尔斯威特甜柠檬
			194	巴西酸橙
			195	马叙
			197	南橘
			198	红河大翼橙
			200	砂糖橘
			201	黄花尤力克
			204	大香橼
Cs 6	2	5′6 - FAM	124	北碚柚
			125	通贤柚
			129	墨西哥来檬
			133	小香橼
			134	北碚柚
			135	纽荷尔脐橙
			137	华蓥山香柚
			139	砂糖橘
			143	黄花尤力克
			145	大分 4 号
			148	圆香橼
			152	资阳香橙
			155	年橘
			158	资阳香橙
			161	红皮酸橘
			164	白檬檬
			168	墨西哥来檬
			180	公孙橘 61 - 1
			190	77 - 1 枳柚
			193	77 - 1 枳柚

表 D.1（续）

引物编号	染色体位置	荧光标记	常见等位变异,bp	参照品种名称
Cs 7	2	5′TAMRA	122	黄花尤力克
			124	大种橙
			126	小香橼
			128	墨西哥来檬
			130	大种橙
			134	小香橼
			138	胡柚
			141	墨西哥枳橙
			145	太田椪柑
			152	砂糖橘
			154	联合酸橙
			158	砂糖橘
			160	北碚柚
			162	梁平柚
			164	资阳香橙
			166	龙安柚
			168	龙安柚
			170	华蓥山香柚
			172	通贤柚
Cs 8	2	5′ROX	186	大分 4 号
			190	77 - 1 枳柚
			194	大分 4 号
			197	脐柚
			198	马叙
			202	北碚柚
			206	龙安柚
Cs 9	3	5′6 - FAM	197	沃柑
			198	北碚柚
			200	资阳香橙
			203	砂糖橘
			204	安江香柚
			206	长果香橼
			208	砂糖橘
			212	大分 4 号
			214	纽荷尔脐橙
Cs 10	3	5′6 - FAM	146	通贤柚
			148	黄花尤力克
			149	黄花尤力克
			150	砂糖橘
			152	安江香柚
			154	纽荷尔脐橙
			156	资阳香橙
			158	大分 4 号
			159	马叙
			165	江北无核柚
			168	南橘
			172	南橘

表 D.1（续）

引物编号	染色体位置	荧光标记	常见等位变异，bp	参照品种名称
Cs 11	3	5′TAMRA	200	胡柚
			202	龙安柚
			204	77 - 1 枳柚
			206	大分 4 号
			209	资阳香橙
			211	圆香橼
			213	资阳香橙
			215	砂糖橘
			219	白檬檬
			221	枸头橙
			223	南橘
			225	圆香橼
			227	大种橙
Cs 12	4	5′TAMRA	209	纽荷尔脐橙
			210	砂糖橘
			215	安江香柚
			218	龙安柚
			221	大分 4 号
			224	马叙
			225	砂糖橘
			227	胡柚
			230	墨西哥来檬
			233	小香橼
			239	墨西哥枳橙
			245	黄花尤力克
Cs 13	5	5′6 - FAM	140	墨西哥枳橙
			150	红河大翼橙
			152	马叙
			154	南橘
			155	年橘
			156	公孙橘 61 - 1
			158	大分 4 号
			159	砂糖橘
			161	白檬檬
			162	砂糖橘
			164	资阳香橙
			166	黄花尤力克
			167	红皮酸橘
			170	小香橼
			172	北碚柚
			174	梁平柚
			180	胡柚
			187	小香橼

表 D.1（续）

引物编号	染色体位置	荧光标记	常见等位变异,bp	参照品种名称
Cs 14	5	5′TAMRA	213	黄花尤力克
			216	公孙橘 61 - 1
			219	公孙橘 61 - 1
			222	南橘
			225	南橘
			228	大分 4 号
			231	梁平柚
			234	玉环柚
Cs 15	6	5′HEX	142	墨西哥枳橙
			144	年橘
			146	黄花尤力克
			148	年橘
			150	黄花尤力克
			152	安江香柚
			154	北碚柚
			156	马叙
			158	砂糖橘
			160	安江香柚
			162	大分 4 号
			176	大分 4 号
			178	砂糖橘
Cs 16	6	5′HEX	197	纽荷尔脐橙
			203	脐柚
			206	纽荷尔脐橙
			209	联合酸橙
			211	墨西哥来檬
			213	白檬檬
			214	白檬檬
			216	圆香橼
			217	圆香橼
Cs 17	6	5′TAMRA	104	安江香柚
			110	圆香橼
			113	圆香橼
			115	北碚柚
			118	砂糖橘
			121	砂糖橘
			127	南橘
			130	马叙
			138	胡柚
Cs 18	7	5′HEX	233	枸头橙
			237	安江香柚
			239	马叙
			241	梁平柚
			243	胡柚
			245	马叙
			247	黄花尤力克
			251	砂糖橘
			255	黄花尤力克

表 D.1（续）

引物编号	染色体位置	荧光标记	常见等位变异，bp	参照品种名称
Cs 18	7	5′HEX	256	沃柑
			257	北碚柚
			258	资阳香橙
			261	沃柑
			274	77-1 枳柚
			281	77-1 枳柚
Cs 19	8	5′6-FAM	151	砂糖橘
			153	资阳香橙
			157	资阳香橙
			160	红河大翼橙
			169	枸头橙
			170	砂糖橘
			171	联合酸橙
			172	北碚柚
			174	墨西哥枳橙
			176	巴西酸橙
			178	马叙
			183	马叙
			189	墨西哥来檬
Cs 20	8	5′TAMRA	137	北碚柚
			144	大分 4 号
			150	大分 4 号
			156	纽荷尔脐橙
Cs 21	9	5′ROX	103	枸头橙
			106	砂糖橘
			110	资阳香橙
			111	马叙
			114	砂糖橘
			117	马叙

注 1：如果不采用标准推荐的荧光，则需要用参照样品校正数据。

注 2：对于附录 D 中未包括的等位变异，应按本标准方法，确定其大小和相应参照品种。

附 录 E
(资料性附录)
参照品种名单

参照品种名单见表 E.1。

表 E.1 参照品种名单

编号	品种名称	资源圃编号	类别	编号	品种名称	资源圃编号	类别
1	大分 4 号	LR0268	宽皮橘	19	大香橼	LM0187	枸橼
2	红皮酸橘	LR0538	宽皮橘	20	小香橼	LM0087	枸橼
3	南橘	LR0335	宽皮橘	21	圆香橼	LM0098	枸橼
4	年橘	LR0093	宽皮橘	22	长果香橼	LM0137	枸橼
5	砂糖橘	LR0553	宽皮橘	23	红河大翼橙	LP0008	大翼橙
6	太田椪柑	LR0200	宽皮橘	24	大种橙	LP0043	宜昌橙
7	沃柑	LR0543	杂柑	25	公孙橘 61－1	LP0013	宜昌橙
8	安江香柚	LG0028	柚	26	白檬檬	LM0175	檬檬
9	北碚柚	LG0015	柚	27	黄花尤力克	LM0176	柠檬
10	华蓥山香柚	LG0277	柚	28	米尔斯威特甜柠檬	LM0204	柠檬
11	江北无核柚	LG0083	柚	29	墨西哥来檬	LM0177	来檬
12	梁平柚	LG0109	柚	30	巴西酸橙	LA0038	酸橙
13	龙安柚	LG0191	柚	31	枸头橙	LA0008	酸橙
14	脐柚	LG0187	柚	32	联合酸橙	LA0055	酸橙
15	通贤柚	LG0188	柚	33	纽荷尔脐橙	LS0200	甜橙
16	玉环柚	LG0224	柚	34	资阳香橙	LP0030	香橙
17	胡柚	LG0181	葡萄柚	35	墨西哥枳橙	LT0149	枳橙
18	马叙	LG0093	葡萄柚	36	77－1 枳柚	LT0158	橘柚

注:本标准的参照品种来源于国家果树种植重庆柑橘资源圃。

ICS 65.020.01
B 04

中华人民共和国农业行业标准

NY/T 3441—2019

蔬菜废弃物高温堆肥无害化处理技术规程

Technical code of practice for non-hazardouse treatment of high temperature composting of vegetable wastes

2019-01-17 发布　　2019-09-01 实施

中华人民共和国农业农村部　发布

前　　言

本标准按照 GB/T 1.1—2009 给出的规则起草。

本标准由农业农村部科技教育司提出并归口。

本标准起草单位:北京市农业环境监测站、中国农业大学、中国农业科学院农业资源与农业区划研究所。

本标准主要起草人:欧阳喜辉、刘晓霞、刘宏斌、周洁、李国学、王鸿婷、董文光、张敬锁、翟丽梅、潘君廷、王洪媛、彭生平、刘中志。

蔬菜废弃物高温堆肥无害化处理技术规程

1 范围

本标准规定了蔬菜废弃物无害化处理的基本要求、堆肥工艺选择、高温堆肥过程、除臭和渗出液处理及检测的技术要求。

本标准适用于蔬菜废弃物高温堆肥无害化处理。

2 规范性引用文件

下列文件对于本文件的应用是必不可少的。凡是注日期的引用文件，仅注日期的版本适用于本文件。凡是不注日期的引用文件，其最新版本(包括所有的修改单)适用于本文件。

GB 3095 环境空气质量标准

GB 14554 恶臭污染物排放标准

GB/T 19524.1 肥料中粪大肠菌群的测定

GB/T 19524.2 肥料中蛔虫卵死亡率的测定

GB 20287 农用微生物菌剂

HJ 615 土壤有机碳的测定 重铬酸钾氧化-分光光度法

HJ 658 土壤有机碳的测定 燃烧氧化-滴定法

HJ 695 土壤有机碳的测定 燃烧氧化-非分散红外法

NY 525 有机肥料

3 术语和定义

下列术语和定义适用于本文件。

3.1

蔬菜废弃物 vegetable wastes

蔬菜在生产、收获、加工、储运和销售过程中，产生和去除的废弃部分，包括根、茎、叶、花、果实和种子等。

3.2

高温堆肥 high temperature composting

在有控制条件下，物料有机物质通过微生物生物化学反应产生高温(≥55℃)，达到病菌、虫卵和杂草等灭活，以及稳定腐熟的过程。包括主发酵和次发酵两个阶段。

3.3

主发酵 main fermentation

从堆肥物料发酵初期经中温、高温后到达温度开始下降的整个发酵过程。

3.4

次发酵 second fermentation

主发酵后的物料经进一步腐熟和稳定，形成富含腐殖质物质的过程。

4 基本要求

4.1 原料

4.1.1 不应添加生活垃圾、污泥等具有污染风险的辅料。

4.1.2 采用人工或机械方式去除原料中的绳线和塑料薄膜等杂物。

4.2 厂址选择

处理设施应建在蔬菜园区内或园区附近、蔬菜仓储区和流通集散地附近。

4.3 厂址要求

工作场地应经硬化处理;原料储存和发酵设施应具备防渗漏、防雨淋和防风条件;成品储存应有防雨淋措施。

5 堆肥工艺选择

5.1 采用一次性高温堆肥工艺两段发酵过程,对蔬菜废弃物进行无害化处理,完成高温灭活有害病原菌和杂草种子与完全腐熟两个工艺阶段。

5.2 根据当地经济状况、处理场地和产品要求等条件选择堆肥处理工艺类型,工艺类型见表1。

表1 堆肥处理工艺

物料运动	通风方式	处理方式
静态	自然/强制	条垛式
间歇动态/动态	强制	槽式(仓式)

5.3 主发酵和次发酵可以选择在一个车间或两个独立车间进行,条垛式堆肥工艺可将两个阶段合并设计。

5.4 采用条垛式堆肥工艺方式,物料混匀后堆制成梯形或三角形,条垛宽度不小于2 m,高度宜控制在1.2 m~1.5 m。采用槽式堆肥工艺方式,应配备机械翻堆设备,发酵槽宽度依处理规模设计为2 m~10 m,高度宜控制在1.5 m~2 m。

6 高温堆肥过程

6.1 原料预处理

6.1.1 粉碎处理

选择适宜的粉碎设备,对蔬菜废弃物进行碾丝、揉搓等破碎处理,物料粒径宜控制在5 cm以下。

6.1.2 辅料选择

根据蔬菜废弃物种类和性质,对于含水量高的原料可添加秸秆等辅料;对于碳氮比过高或过低的原料,选择相应的富氮或富碳辅料进行调节。

6.1.3 接种

宜选择能够有效分解蔬菜废弃物物料中的木质纤维素和表面蜡质的微生物菌剂,微生物菌剂应符合GB 20287的要求。每2 m^3~3 m^3粉碎处理后的物料按1 kg微生物菌剂的量添加,在布料过程中均匀混入。

6.1.4 参数要求

进入堆肥处理发酵单元的物料含水量宜为50%~65%,碳氮比宜为(20:1)~(30:1)。

6.2 主发酵

6.2.1 通风和翻堆

6.2.1.1 条垛式堆肥采用机械翻堆和自然通风保持通透性;槽式堆肥采用机械翻堆和强制通风的方法满足通透性需求。强制通风流量以每立方米物料为基准,宜为0.05 m^3/min~0.2 m^3/min,每次通风时间不宜超过30 min,间隔不超过2 h。

6.2.1.2 翻堆和强制通风的频率和次数按堆体温度变化确定，配有强制通风设施的机械翻堆间歇动态堆肥，翻堆次数不宜低于 0.5 次/d；无强制通风设施的机械翻堆间歇动态翻堆，每天翻堆次数宜为 1 次～2 次。当温度超过 70℃时进行翻堆操作。

6.2.2 过程控制

主发酵周期为 10 d～15 d，堆体温度应控制在 55℃～65℃，持续时间不少于 5 d。

6.3 次发酵

6.3.1 工艺条件

次发酵宜采用静态自然通风处理工艺。堆体通风方式应根据场地条件、经济成本等因素确定。室内车间发酵应通风良好；露天发酵应具备防雨措施。

6.3.2 过程参数控制

次发酵周期时间不少于 15 d；堆体后期温度逐渐下降并稳定在 40℃以下，水分下降到 40%以下。次发酵结束时，堆体外观为褐色，呈现自然疏松的纤维状团粒结构。堆肥发酵后产物种子发芽指数大于 60%。

6.4 后处理

6.4.1 堆肥后处理工艺包括除杂、堆肥成品的加工及储存，成品储存条件要求干燥且透气。

6.4.2 堆肥成品制有机肥时，酸碱度(pH)、温度、粪大肠菌群数、蛔虫卵死亡率、砷、汞、铅、镉和铬，应符合国家和行业相关标准的规定。

7 除臭和渗出液处理

7.1 密闭车间发酵等过程中产生的恶臭气体进行收集，采用生物过滤等措施进行净化处理；露天发酵处理可采用喷洒除臭菌剂和吸附剂辅助除臭。经处理后的恶臭气体浓度应符合 GB 3095 和 GB 14554 的相关要求。

7.2 在原料预处理和发酵等过程中产生的渗出液，应设有专门的收集装置，渗出液应用于堆体水分调节。

8 检测

8.1 抽样

对每批堆肥发酵后产物进行抽样检验。抽样前预先备好不锈钢勺、抽样器、封样袋、封条等工具。采用随机法多点法(≥5 点)采集发酵后产物，每点 1 kg。将所有样品混匀，按四分法缩分，分装 2 份，每份不少于 500 g。

8.2 检测方法

8.2.1 堆体温度

采用接触式温度计测量堆体中心部位温度，每天在同一时间测定一次。

8.2.2 堆体含水量、外观、酸碱度(pH)和总氮

按 NY 525 的规定进行测定。

8.2.3 总碳

按 HJ 615、HJ 658 或 HJ 695 的规定进行测定。

8.2.4 种子发芽指数

按附录 A 的规定进行发芽指数的测定。

8.2.5 重金属

按 NY 525 的规定进行测定。

8.2.6 蛔虫卵死亡率

按 GB/T 19524.2 的规定进行测定。

8.2.7 粪大肠菌群数

按 GB/T 19524.1 的规定进行测定。

附　录　A
（规范性附录）
种子发芽指数　发芽试验法

A.1　试验用品

恒温培养箱、培养皿和滤纸。

A.2　试验步骤

称取堆肥样品 10.0 g，按固液比（质量/体积）1∶10 加入 100 mL 的去离子水或蒸馏水，盖紧瓶盖后垂直固定于往复式水平振荡机上，以每分钟 100 次，振幅 40 mm，振荡浸提 1 h，移至离心管，于离心机以 3 000 r/min 离心 20 min，取上清液进行过滤，收集滤出液并摇匀，配置成堆肥浸提液。

吸收 5 mL 滤液于铺有滤纸的培养皿中，滤纸上放置 10 颗籽粒饱满、均匀一致的黄瓜种子（可选其他种子，如萝卜），30℃下避光培养 48 h 后，统计发芽率和测定根长。

每个样品做 3 个重复，以去离子水或蒸馏水作对照。

A.3　结果计算

种子发芽指数以质量百分数表示，按式（A.1）计算。

$$GI=(A_1\times A_2)/(B_1\times B_2)\times 100 \quad \text{(A.1)}$$

式中：

GI ——种子发芽指数，单位为百分率（%）；

A_1 ——堆肥浸提液培养种子的发芽率，单位为百分率（%）；

A_2 ——堆肥浸提液培养种子的根长，单位为厘米（cm）或毫米（mm）；

B_1 ——去离子水或蒸馏水培养种子的发芽率，单位为百分率（%）；

B_2 ——去离子水或蒸馏水培养种子的根长，单位为厘米（cm）或毫米（mm）。

ICS 65.060.01
B 90

中华人民共和国农业行业标准

NY/T 3483—2019

马铃薯全程机械化生产技术规范

Technical specification for mechanized production of potato

2019-08-01 发布

2019-11-01 实施

中华人民共和国农业农村部 发布

前　　言

本标准按照 GB/T 1.1—2009 给出的规则起草。

本标准由农业农村部农业机械化管理司提出。

本标准由全国农业机械标准化技术委员会农业机械化分技术委员会(SAC/TC 201/SC 2)归口。

本标准起草单位:内蒙古自治区农牧业机械试验鉴定站、内蒙古自治区农牧业机械技术推广站、农业农村部农业机械试验鉴定总站、包头市农业机械技术培训推广服务站、固阳县农机推广站、宁夏固原市原州区农业机械化推广服务中心、内蒙古自治区计量测试研究院。

本标准主要起草人:贾玉斌、班义成、杨茜、常智勇、杨利军、石雅静、王强、季凯、李艳、郝俊茂、王志强、王靖、卢培新、赵晓风、申学智、郭海杰、蔡振超。

马铃薯全程机械化生产技术规范

1 范围

本标准规定了马铃薯机械化生产的前期准备、耕整地、播种、田间管理、收获等主要作业环节的技术要求。

本标准适用于北方一季作区、中原二季作区的马铃薯机械化生产作业。其他地区的马铃薯机械化生产作业可参照执行。

注:北方一季作区包括黑龙江、吉林、内蒙古、甘肃、宁夏、辽宁大部、河北北部、山西北部、青海东部、陕西北部、新疆北部;中原二季作区包括河南,山东,江苏,浙江,安徽,江西,辽宁、河北、山西、陕西4省南部,湖南、湖北2省东部。

2 规范性引用文件

下列文件对于本文件的应用是必不可少的。凡是注日期的引用文件,仅注日期的版本适用于本文件。凡是不注日期的引用文件,其最新版本(包括所有的修改单)适用于本文件。

GB 18133 马铃薯种薯

NY/T 648 马铃薯收获机 质量评价技术规范

NY/T 650 喷雾机(器) 作业质量

NY/T 990 马铃薯种植机械 作业质量

NY/T 1276 农药安全使用规范 总则

NY/T 2706 马铃薯打秧机 质量评价技术规范

3 前期准备

3.1 基本要求

3.1.1 机具应符合安全标准要求,并适应当地马铃薯生产农艺要求,处于完好状态。所选拖拉机功率与配套机具以及地块大小应匹配。

3.1.2 机具的作业质量应达到相关标准和使用说明书的要求。

3.1.3 机具在使用前应按农艺要求设置或调整工作参数并按其使用说明书规定调整至最佳工作状态。

3.1.4 机具操作人员应是经过培训且具备相关资格要求的人员,作业前应详细阅读机具使用说明书,作业和维护应按机具使用说明书的要求操作。

3.1.5 操作人员不得在酒后或身体过度疲劳状态下操作机器。

3.1.6 作业时,操作人员应随时观察机具作业状态,如有异常应停机检查并排除故障,操作时应严格遵守安全规则。

3.2 地块选择

3.2.1 作业地块宜选择地势平坦或缓坡状地块,集中连片,适宜机械化作业。不宜选在排水能力差的低洼地、涝湿地。土壤应符合马铃薯栽培要求,宜选择土层深厚、透气性好的中性或微酸性沙壤土或壤土。

3.2.2 马铃薯种植应遵循1年~3年轮作制度,不应3年以上连作种植。北方一季作区不应与茄科类、块根类作物地轮作;中原二季作区不应与番茄、辣椒、茄子、烟草等作物轮作。

3.2.3 在前茬作物收获后需要进行残膜回收时,应在耕整地前选择适宜的残膜回收机械进行残膜回收。秸秆还田时,将秸秆、根茬粉碎,秸秆、根茬长度不超过10 cm,然后进行深耕或深松作业。

3.3 播前施肥

3.3.1 施肥方式可利用撒肥机先撒肥,将肥料均匀地抛撒在地表面,然后进行耕整地作业;也可采用边耕边施肥的方式结合整地一次施入，施肥量应符合当地农艺要求。

3.3.2 肥料种类以农家肥为主、化肥为补充。马铃薯对氮磷钾的需求比例按每 667 m^2 产量 2 000 kg 计需要：氮素 10 kg、磷素 4 kg、钾素 23 kg。宜使用马铃薯测土配方技术和马铃薯专用复合肥施肥技术。

3.3.3 施肥方法以基肥为主、追肥为辅。按马铃薯目标产量，将 2/3 氮、钾肥和全部的磷肥作基肥和种肥，剩余 1/3 氮、钾肥作追肥。具体施肥情况应根据各地土壤养分比例和农艺要求确定。

3.4 种薯品种选择

3.4.1 依据当地种植条件，结合市场需求，选用经过审定的、适应性好、抗逆性强、高产高效二级种的脱毒种薯。

3.4.2 种薯应达到 GB 18133 的要求。

3.5 种薯处理

3.5.1 催芽

将种薯放置于 18℃～20℃环境中，在散射光下进行催芽，待芽长至 0.5 cm 左右即可开始后续处理。

3.5.2 切块

播种前 2 d～3 d 对种薯进行切块，每个薯块至少带 2 个芽眼，薯块重量为 30 g～50 g。刀具用 75%的酒精或 0.5%高锰酸钾水溶液消毒，应一刀一蘸。

3.5.3 药剂拌种

切块后的种薯选用可预防当地传播病虫害的药剂进行拌种处理，通风晾干，不得粘连。

4 耕整地

4.1 耕整地作业应根据当地的气候特点和种植模式、农艺要求、土壤条件及地表秸秆覆盖、根茬状况，选择作业方式和时间。

4.2 耕整地作业一般在播种前 15 d～20 d 进行。

4.3 耕地作业可根据当地区域气候特点选择在春秋两季进行。秋季作业时，应在秋季作物收获后选择深翻或深松作业。深松作业每隔 2 年或 3 年作业 1 次；选择春季作业可采用随耕随耙的耕整地方式。深松作业深度应能打破犁底层，深松深度为 25 cm～40 cm，深翻深度 25 cm～35 cm。耕地作业应不重耕、漏耕、翻垡一致、覆盖严密，并将地表杂草、残茬全部埋入耕作层内，耕后地表平整、墒沟少，地头地边齐整；坡地应沿等高线作业。

4.4 整地作业可采用旋耕、耙、耱或联合整地等方式进行整地作业。旋耕深度为 10 cm～15 cm、耙地深度为 8 cm～15 cm。耕整地作业后应适度镇压，以保持土壤水分。整后的土地应地表平整、土壤疏松、碎土均匀一致，一般不应有影响播种作业质量的土块。

4.5 耕整地根据作业方式选配灭茬、深松、深翻、旋耕、耙等机械。地表平坦、面积较大的地块宜选用多功能联合复式作业机具，一次性完成耕整地作业。丘陵山地和缓坡耕地宜采用中小型机具作业。

5 播种

5.1 种植模式分为垄作和平作，马铃薯的种植模式宜采用垄作。垄作又分为单垄单行和单垄双行 2 种种植模式。单垄单行种薯位置处于垄中心线，呈直线分布；单垄双行种薯位置距垄边 10 cm～15 cm，呈三角形分布。降水量少的旱作区宜采用覆膜、滴灌等配套技术。采用膜上覆土的种植方式，根据农艺要求进行膜上覆土。

5.2 种植密度和种植垄距应根据马铃薯品种特征、目标产量、水肥条件、土地肥力、气候条件和农艺要求等确定。单垄单行种植垄距宜选择 60 cm～90 cm、种植株距 16 cm～30 cm、垄高 20 cm～25 cm；单垄双行种植垄距宜选择 100 cm～130 cm、垄上行距 17 cm～36 cm、种植株距 15 cm～35 cm、垄高 15 cm～30 cm。垄高旱作区宜低、灌溉区宜高。播种深度 8 cm～12 cm，覆土应严实。

5.3 播种应在田间地表 10 cm 以下的地温稳定在 7℃～10℃时进行或在当地晚霜前 20 d～30 d 进行播

种，中原二季作区秋播在田间地表 10 cm 的地温应不高于 20℃，各地具体播期应根据当地气候条件适时作业。北方一季作区播期一般在 4 月下旬至 5 月初，中原二季作区春播期在 2 月下旬至 3 月上旬、秋播期一般在 8 月。

5.4 播种时肥料应施在种子的下方或侧下方，与种子相隔 5 cm 以上、肥条均匀连续，每 667 m^2 配施种肥 15 kg～20 kg。

5.5 播种机械宜选择一次完成开沟、施肥、播种、覆土、镇压等功能的复式作业机械。根据当地农艺要求，可选择带有起垄、覆膜、铺滴灌带和施药等功能的播种机械。播种前应按农艺要求调整播种机各调节机构，进行试播，播种作业质量应符合 NY/T 990 的要求。

6 田间管理

6.1 中耕施肥

6.1.1 中耕培土作业一般进行 2 次。第一次作业在出苗率达到 20%时进行，培土厚度 3 cm～5 cm；第二次作业在苗高 15 cm～20 cm 时进行，培土厚度 5 cm 左右。2 次中耕培土深度控制在 10 cm 左右。通过调整培土器与地面夹角调整垄高和垄宽，作业后应垄沟整齐、垄形完整。

6.1.2 中耕机应选择具有良好的行间通过性能的机械。滴灌且不铺膜的地块，中耕时宜选用可一次完成松土、除草、起垄、整形、施肥等作业的机械；配套动力应选用适应中耕作业的拖拉机。

6.1.3 中耕作业一般配合追肥和除草同时进行，追肥和除草作业应无明显伤根，伤苗率不大于 3%。追肥部位应在植株行侧 10 cm～20 cm、深度 6 cm～10 cm 处。肥带宽度不小于 3 cm，无明显断条。施肥后覆盖应严密，行间及垄两侧的杂草应去除干净。

6.2 灌溉

6.2.1 根据马铃薯苗期、块茎形成期、块茎增长期和淀粉积累期不同生长阶段需水量不同，实时进行灌溉。苗期需水量占全生育期需水量的 10%～15%，块茎形成期为 20%～30%，块茎增长期为 50%，淀粉积累期为 10%左右。

6.2.2 灌溉可采用喷灌、滴灌、垄作沟灌等高效节水灌溉技术和装备进行灌溉，不得大水漫灌。在收获前 10 d 停止灌溉。

6.3 植保

6.3.1 植保机械应根据地块大小、马铃薯病虫草害发生情况及控制要求选用药剂及用量，选用喷杆式喷雾机、机动喷雾机和植保无人机等进行病虫害防控及化学除草。也可在灌溉时利用水肥药一体化施药技术进行适时防控。

6.3.2 苗前喷施除草剂应在土壤湿度较大时进行均匀喷洒，苗后喷施除草剂应在马铃薯 3 叶～5 叶期进行，要求在行间近地面喷施，药液应覆盖在杂草植株上。在马铃薯块茎形成期、块茎增长期，进行叶面喷施马铃薯微肥。

6.3.3 植保作业应符合 NY/T 1276 和 NY/T 650 的要求。

7 收获

7.1 打秧

7.1.1 马铃薯打秧一般应在收获作业前 7 d～10 d 进行，应选用结构型式、工作幅宽符合马铃薯种植垄距要求的打秧机械。打秧时，调节打秧机限深轮的高度来控制适宜的留茬高度。

7.1.2 打秧作业质量(茎叶打碎长度合格率、漏打率、伤薯率、留茬长度)应符合 NY/T 2706 的要求。

7.2 收获

7.2.1 北方一季作区一般在 9 月～10 月收获；中原二季作区春马铃薯一般在 5 月至 7 月上旬收获、秋马铃薯一般在 11 月收获。

7.2.2 根据地块大小、土壤类型、马铃薯品种及用途等，选择马铃薯分段收获(即机械起收、人工捡拾分级)或机械联合收获、机械分级的收获工艺和配套机械。有条件的地区宜选用马铃薯联合收获机。

7.2.3 马铃薯收获机工作幅宽应比马铃薯种植行距宽 20 cm～30 cm 或大于马铃薯生长宽度两边各 10 cm 以上,挖掘深度应比马铃薯种植深度深 10 cm 以上,收获挖掘铲的入土角度 10°～20°。

7.2.4 马铃薯收获作业质量(损失率、伤薯率、破皮率、含杂率)应符合 NY/T 648 的要求。

ICS 65.060.10
B 90

中华人民共和国农业行业标准

NY/T 3484—2019

黄淮海地区保护性耕作机械化作业技术规范

Technical specification for machanized conservation tillage in Huanghuaihai Area

2019-08-01 发布　　2019-11-01 实施

中华人民共和国农业农村部　发布

前　　言

本标准按照 GB/T 1.1—2009 给出的规则起草。

本标准由农业农村部农业机械化管理司提出。

本标准由全国农业机械标准化技术委员会农业机械化分技术委员会(SAC/TC 201/SC 2)归口。

本标准起草单位:青岛市农业机械管理局、山东省农业机械技术推广站、安徽省农业机械技术推广总站、河南省农业机械技术推广站。

本标准主要起草人:何明、赵文阁、庄顺龙、董培岩、孙凤娟、隋芳芳、马根众、郭颖林、夏放、高焕文、柳新伟、咸洪泉、陈明东。

黄淮海地区保护性耕作机械化作业技术规范

1 范围

本标准规定了黄淮海地区小麦玉米一年两作保护性耕作机械化作业流程和秸秆根茬处理、深松、免耕播种、田间管理、收获等主要生产环节的技术要求。

本标准适用于黄淮海地区小麦玉米一年两作保护性耕作机械化生产作业。

2 规范性引用文件

下列文件对于本文件的应用是必不可少的。凡是注日期的引用文件，仅注日期的版本适用于本文件。凡是不注日期的引用文件，其最新版本(包括所有的修改单)适用于本文件。

JB/T 9782　植物保护机械通用试验方法

3 作业流程

3.1 小麦玉米秸秆全量还田覆盖型(简称麦玉全覆型)

夏季小麦收获和秸秆根茬处理→玉米免耕施肥播种→田间管理(节水灌溉、杂草控制与病虫害防治、追肥)→秋季玉米收获和秸秆根茬处理→深松作业→小麦免耕施肥播种→田间管理(节水灌溉、杂草控制与病虫害防治、追肥镇压)→夏季小麦收获和秸秆根茬处理。

3.2 小麦秸秆还田覆盖玉米青贮型(简称麦覆玉贮型)

夏季小麦收获和秸秆根茬处理→玉米免耕施肥播种→田间管理(节水灌溉、杂草控制与病虫害防治、追肥)→秋季玉米青贮收获和根茬处理→深松作业→小麦免耕施肥播种→田间管理(节水灌溉、杂草控制与病虫害防治、追肥镇压)→夏季小麦收获和秸秆根茬处理。

3.3 小麦秸秆离田玉米秸秆还田覆盖型(简称麦离玉覆型)

夏季小麦收获和秸秆离田打捆外运→玉米免耕施肥播种→田间管理(节水灌溉、杂草控制与病虫害防治、追肥)→秋季玉米收获和秸秆根茬处理→深松作业→小麦免耕施肥播种→田间管理(节水灌溉、杂草控制与病虫害防治、追肥镇压)→夏季小麦收获和秸秆离田打捆外运。

4 技术要求

4.1 夏季小麦收获和秸秆根茬处理

4.1.1 农艺要求

收获应在小麦的蜡熟后期或完熟前期进行，小麦籽粒含水率以10%～20%为宜。小麦秸秆还田覆盖，小麦茎秆切碎长度不大于15 cm，割茬高度不大于15 cm；秸秆离田打捆外运，采用高留茬覆盖，割茬高度不大于20 cm。

4.1.2 机具选择

秸秆还田覆盖应选择带有秸秆切碎与抛撒装置的小麦联合收割机，收获同时对秸秆进行切碎和均匀抛撒；秸秆离田外运应选择不带切碎与抛撒装置的机具，将秸秆打捆离田。

4.1.3 作业要求

收割过程中，应根据自然条件和作物生长状况选择作业参数，对机具进行调整，使联合收割机保持良好的工作状态，减少机收损失，提高作业质量。

4.1.4 作业质量

4.1.4.1　小麦收获秸秆还田覆盖，损失率不大于2.0%，破碎率不大于2.0%，含杂率不大于2.5%，茎秆切碎合格率不小于90%，还田秸秆抛撒不均匀率不大于20%，割茬高度符合要求。

4.1.4.2 秸秆离田打捆外运，割茬高度符合要求。

4.2 玉米免耕施肥播种

4.2.1 农艺要求

小麦收获后宜适墒早播，播种时土壤绝对含水率以12%～20%为宜。墒情不足有灌溉条件的可在播种后及时灌溉。玉米种植密度宜为67 500株/hm^2～82 500株/hm^2，播种行距为60 cm等行距平作。播种深度3 cm～5 cm，沙土和干旱地播种深度应适当增加1 cm～2 cm。施肥在种子下方4 cm～5 cm，要求深浅一致。肥料以颗粒状复合种肥为宜，应合理确定施肥量。

4.2.2 机具选择

选用满足行距、株距、播深、施肥量、施肥深度等要求，不易发生秸秆堵塞、通过性能良好的玉米免耕施肥播种机。

4.2.3 作业要求

作业前须按要求正确调整播量、肥量、播深、肥深和镇压力等，并通过试播，确认调整到位，才能进行作业。根据机具对秸秆覆盖地表的适应能力，控制免耕播种机行进速度，宜慢不宜快，有秸秆拖堆、壅土现象应及时排除，减少漏播、重播和漏压，确保播种质量。

4.2.4 作业质量

播种深度合格率不小于75%，粒距合格率不小于95%，漏播率不大于2.0%，重播率不大于2.0%，晾籽率不大于1.5%，邻接行距合格率不小于80%，施肥深度合格率不小于75%。

4.3 田间管理

4.3.1 灌溉

4.3.1.1 在玉米拔节孕穗期、抽穗开花期和灌浆成熟期，应根据墒情适时进行灌溉。根据当地条件宜选择管灌、喷灌、低压喷灌和滴灌等节水灌溉方式。

4.3.1.2 小麦适时浇越冬水。在返青起身拔节期，视苗情和墒情灌溉。根据当地条件宜采用管灌、喷灌和低压喷灌等节水灌溉方式。

4.3.2 杂草控制与病虫害防治

4.3.2.1 玉米播种后出苗前或播种同时，喷洒除草剂进行封闭除草作业。小麦播种后，应在出苗前喷施除草剂。

4.3.2.2 根据当地玉米病虫害的发生规律，在苗期、穗期和花粒期合理选用农药品种及用量，采取综合防治措施进行防治作业。在玉米生育中后期，宜采用自走式高地隙喷杆喷雾机或植保无人机进行机械施药。

4.3.2.3 根据小麦生育期病虫草害发生情况合理选用农药品种及用量，宜采用自走式喷杆喷雾机或植保无人机进行机械施药。

4.3.2.4 植保机械作业应雾化性能良好，雾滴直径大小适宜，喷洒(撒)覆盖均匀，无漏喷、重喷现象。自走式喷杆喷雾机作业高度应离作物叶尖0.3 m，植保无人机保持相对作业高度在1.5 m～2 m范围内。严格按操作规程作业，安全防护措施到位。植保作业质量的测定可按JB/T 9782中田间生产试验的规定进行。

4.3.3 追肥镇压

4.3.3.1 在玉米生长期，根据出苗和生长情况，中期追肥，后期施叶面肥。在小麦生长期，根据作物生长情况，适时春季追肥，后期施叶面肥。

4.3.3.2 小麦生长期，应适时镇压，压实保墒，防止冻害。

4.4 秋季玉米收获和秸秆根茬处理

4.4.1 农艺要求

4.4.1.1 玉米收获秸秆还田覆盖应在玉米完熟期进行，玉米籽粒含水率以不大于35%为宜。秸秆切碎长度不大于10 cm，割茬高度不大于8 cm。

4.4.1.2 玉米全株(含穗)青贮收获应在玉米乳熟期至蜡熟期进行,茎秆含水率以65%～70%为宜。采用高留茬覆盖,割茬高度不大于20cm。秸秆切碎长度为牛用3 cm～5 cm、羊用2 cm～3 cm。

4.4.2 机具选择

4.4.2.1 玉米收获秸秆还田覆盖,应选用割台行距与玉米种植行距相适应、秸秆切碎机构前置或中置的玉米联合收获机,收获同时对秸秆进行切碎和均匀抛撒。

4.4.2.2 玉米青贮收获应选择青饲料收获机、茎穗兼收玉米收获机。

4.4.3 作业要求

应根据当地的农艺要求和玉米长势,合理选择玉米联合收获机的工作档位和割台高度。秸秆分布不均,应选用秸秆还田机进行二次粉碎抛撒,也可以用圆盘耙耙地或旋耕机浅旋,提高秸秆分布均匀性。

4.4.4 作业质量

4.4.4.1 玉米收获秸秆还田覆盖,籽粒损失率不大于2%,果穗损失率不大于3%,籽粒破损率不大于1%,还田秸秆粉(切)碎长度合格率不小于85%,抛撒不均匀率不大于20%,割茬高度符合要求。

4.4.4.2 玉米青贮收获,损失率不大于5%,切碎长度合格率不小于95%,割茬高度符合要求。

4.5 深松作业

4.5.1 农艺要求

4.5.1.1 深松作业为选择性作业,不要求每年进行。一般情况下,0 cm～20 cm壤质土壤容积质量大于1.3 g/cm^3、黏质土壤容积质量大于1.5 g/cm^3的地块,以及首次实施保护性耕作或连续实施保护性耕作3年以上的地块,应进行深松作业。

4.5.1.2 深松以秋季作业为主,如夏季土壤墒情合适,亦可深松。深松时土壤绝对含水率以15%～22%为宜,深松深度应打破犁底层且不小于25 cm。

4.5.2 机具选择

应根据农艺要求、地块大小、土壤类型等选择深松机、深松播种联合作业机和配套动力,应优先选用大型机械。

4.5.3 作业要求

作业前,通过调整机具,确保作业深度。作业过程中,保持匀速直线行驶,确保深松邻接行距一致。根据土壤墒情调整镇压力,确保压实虚土,平整保墒。夏季深松宜与玉米播种施肥联合作业。

4.5.4 作业质量

深松深度合格率不小于85%,邻接行距合格率不小于80%,无漏耕。

4.6 小麦免耕施肥播种

4.6.1 农艺要求

4.6.1.1 适期播种。适宜播期内,旱薄地、黏土涝洼地可适当早播,肥沃地、沙土地适当晚播。适墒播种。土壤绝对含水率以12%～20%为宜,播后要及时镇压。干旱年份要播前造墒,也可在小麦播种后浇蒙头水。适量播种。如果秸秆覆盖量大,播种量比传统耕作增加10%～20%为宜,确保有足够的穗数。

4.6.1.2 宜采用宽行宽幅免耕播种或小宽窄行免耕播种。宽行宽幅免耕播种,行距30 cm,苗带宽12 cm,垄背18 cm;小宽窄行免耕播种,窄行(垄沟)12 cm内播2行小麦,宽行(垄背)28 cm。播种深度2 cm～4 cm。落籽均匀,覆盖严密,播后镇压。

4.6.1.3 施肥深度分侧位深施和正位深施两种,侧位深施肥料施在种子侧下方3 cm～5 cm处,正位深施施在种子正下方5 cm～7 cm,要求深浅一致。根据农艺要求合理确定施肥量。

4.6.2 机具选择

选用满足一次完成切碎秸秆、破茬开沟、播种、施肥、覆土和镇压等工序,与种植模式相适应,防堵、通过性能好的免耕施肥播种机。

4.6.3 作业要求

作业前须按要求正确调整播量、肥量、播深、肥深和镇压力等，并通过试播，确认调整到位，才能进行作业。根据机具对秸秆覆盖地表的适应能力，控制免耕播种机行进速度，宜慢不宜快，有秸秆拖堆、壅土现象应及时排除，减少漏播、重播和漏压，确保播种质量。

4.6.4 作业质量

播种深度合格率不小于75%，晾籽率不大于2.0%，断条率不大于2.0%，邻接行距合格率不小于80%；施肥深度合格率不小于75%，种肥距离合格率不小于80%。

ICS 65.060.01
B 90

中华人民共和国农业行业标准

NY/T 3485—2019

西北内陆棉区棉花全程机械化生产技术规范

Technical specification for mechanized production of cotton in northwest inland cotton region

2019-08-01 发布　　2019-11-01 实施

中华人民共和国农业农村部　发布

前 言

本标准按照 GB/T 1.1—2009 给出的规则起草。

本标准由农业农村部农业机械化管理司提出。

本标准由全国农业机械标准化技术委员会农业机械化分技术委员会(SAC/TC 201/SC 2)归口。

本标准起草单位:中国农业科学院棉花研究所、新疆维吾尔自治区农牧机械化技术推广总站。

本标准主要起草人:庞念厂、张山鹰、宋美珍、张西岭、张友腾、田立文、高伟、麻平、贵会平、张恒恒、董强、王香茹、王准、支艳英、努斯热提·吾斯曼、马金平。

西北内陆棉区棉花全程机械化生产技术规范

1 范围

本标准规定了我国西北内陆棉区棉花生产全过程机械化的术语和定义，基本要求，耕整地，播种，田间管理，采收储运，残膜、滴灌带回收和秸秆处理等作业环节的技术要求。

本标准适用于我国西北内陆棉区棉花生产机械化作业。

2 规范性引用文件

下列文件对于本文件的应用是必不可少的。凡是注日期的引用文件，仅注日期的版本适用于本文件。凡是不注日期的引用文件，其最新版本(包括所有的修改单)适用于本文件。

GB 4407.1 经济作物种子 第1部分：纤维类

GB 8321 农药合理使用准则

GB/T 24677.1 喷杆喷雾机 技术条件

NY/T 650 喷雾机(器) 作业质量

NY/T 1227 残地膜回收机 作业质量

NY/T 1276 农药安全使用规范 总则

NY/T 1559 滴灌铺管铺膜精密播种机质量评价技术规范

NY/T 2086 残地膜回收机操作技术规程

3 术语和定义

下列术语和定义适用于本文件。

3.1

田间作业路线 field operation track

应用卫星定位导航系统进行精准规划，可实现播种机直线作业并为后续各环节机械作业提供基准支持的作业路线。

3.2

边膜 edge film

棉花采用地膜覆盖方式种植而将地膜边缘埋入土壤中的部分。

4 基本要求

4.1 品种选择

选用通过国家或省级审定的，早熟抗病、株型紧凑、棉株最下部吐絮铃距地面20 cm以上、抗倒伏、吐絮集中、成熟一致、不夹壳、含絮力适中、对脱叶剂敏感、适宜机械采收的棉花品种。种子为经过精选、分级处理的棉花光子或包衣种子。种子质量应符合GB 4407.1的要求，且发芽率不小于95%。

4.2 机械要求

4.2.1 主要环节作业机械宜配备卫星定位导航系统，实现播种田间作业路线的精准规划，后续中耕、打药、棉花收获、残膜回收等作业可追寻播种田间作业路线。

4.2.2 棉田植保机械应选择高地隙高架喷雾机，离地间隙应在80 cm以上。行走轮应配套安装性能良好的分禾器，以减少棉株损伤。

4.3 操作要求

4.3.1 作业机械的操作人员应经过专业培训，并严格按照机械操作规程进行作业、调试和维护等。

4.3.2 各环节作业机械宜在正式作业前进行调试,保证作业顺畅。

4.3.3 植保机械喷药后 24 h 内遇降水需根据降水量和用药类型酌情补施,或按农药使用说明要求办理。

5 耕整地

5.1 农艺要求

5.1.1 前茬作物收获后,及时处理秸秆;有残膜的田块使用残膜回收机清运残膜。

5.1.2 棉田宜在腾茬后土壤宜耕期内适时耕翻。在播种前 3 d～5 d 适墒耙耱整地。

5.1.3 根据测土配方选择底肥并进行深施,可采用先撒肥后耕翻或边耕翻边施肥的方式。

5.1.4 棉田间隔 3 年～5 年深松 1 次,深松深度以打破犁底层为准。

5.2 机具选择

耕地宜选择与 73.5 kW 以上大马力拖拉机相配套的铧式犁,整地宜采用联合整地机或动力驱动耙,深松宜选择凿型铲深松机、曲面铲深松机。

5.3 作业质量

5.3.1 耕深为 25 cm～30 cm,且均匀一致。对于耕作层较浅、地下水位高、盐碱重的土地,耕深宜适当加深。对于犁底层下为沙土的,不应打破犁底层,以防漏水漏肥。

5.3.2 耕后沟底平整,无明显的垄台或垄沟。土垡翻转良好,地面残茬、杂草及肥料覆盖严密,不重耕、不漏耕,地头地边整齐,到边到角。

5.3.3 耙耱整地应耙深一致,一般轻耙深 8 m～10 cm,重耙深 12 cm～15 cm,耙深合格率大于 90%。整地后地表平整、土壤细碎、上虚下实,一般要求虚土层厚度 3 cm～4 cm。

6 播种

6.1 农艺要求

6.1.1 播种前按照除草剂使用要求采用喷杆式喷雾机,对待播田块喷施除草剂进行封闭处理。

6.1.2 当膜下 5 cm 地温连续 3 d 稳定超过 12℃时即可播种,正常年份在 4 月 5～20 日。

6.1.3 高产棉田采用 76 cm 等行距一膜 3 行机采棉种植模式;一般棉田采用一膜 3 行 76 cm 等行距或一膜 6 行(66+10)cm 机采棉种植模式。

6.1.4 高产棉田播种密度 15 万株/hm^2～18 万株/hm^2;一般棉田播种密度 18 万株/hm^2～21 万株/hm^2。播深 2.0 cm 左右,种行膜面覆土厚度 1.0 cm～1.5 cm。

6.1.5 地膜厚度不小于 0.01mm。

6.2 机具选择

宜选用能一次完成铺管铺膜及精密播种联合作业的播种机,并配套卫星定位导航系统。根据地块大小选用两膜 12/6 行或三膜 18/9 行的大型铺膜铺管精量播种机、一膜 6 行或一膜 3 行铺膜播种机。滴灌铺管铺膜精密播种机质量应符合 NY/T 1559 的要求。

6.3 播种质量

6.3.1 播行端直,行距一致,播量精准,空穴率 2%以下,单粒率 95%以上,种子与膜孔错位率 3%以下,播种深浅一致,覆土均匀。

6.3.2 铺膜平展紧贴地面,压膜严实,覆土适宜,膜面平整,采光面光洁,采光面积 60%以上,地膜破损程度每平方米内不应有周长 5 cm 的孔洞。边膜应可靠埋入土中,边膜距边行 10 cm 以上。

6.3.3 铺设的滴灌带不应有拉伸和弯曲,并按农艺要求的位置铺设在膜下。铺设滴灌带后应不影响铺膜质量。滴灌带铺设,一膜 6/3 行的应按一膜 3 管配置,播完种后应及时铺设支管,连接好滴管,及时滴出苗水。

7 田间管理

7.1 查苗

出苗期间应及时调查田间出苗情况，并采取放苗、定苗等相应措施确保全苗。

7.2 中耕

根据棉花生长和土壤墒情，合理安排中耕作业。一般苗期 3 遍，花铃期中耕 1 遍，中耕深度逐次由 10 cm 增加到 18 cm，其护苗带相应为前期 8 cm～13 cm，后期 13 cm～16 cm。中耕后做到耕层表面及底部平整，表土松碎，不埋苗，不压苗，不伤苗。作业机具选用行间中耕机、全面中耕机和通用型中耕机。

7.3 灌溉

灌溉方式为膜下滴灌。全生育期滴水 8 次～13 次，每次滴 4 h～6 h，亩用水 200 m^3～360 m^3，停水时间一般在 8 月下旬至 9 月初。膜下滴灌设施宜采用水肥一体化灌溉设备。

7.4 施肥

7.4.1 棉花生育期每公顷施入氮(N)240 kg～300 kg、磷(P_2O_5)120 kg～150 kg、钾(K_2O)180 kg～200 kg，其中氮肥的 20%、磷肥的 50%～60%作基肥，其余的作追肥。初花期追施 30%～40%、花铃期追施 60%～70%。补施硼、锌等微量元素肥料 15 kg/hm^2～30 kg/hm^2。

7.4.2 采用水肥一体化设施的结合滴灌进行追肥，无水肥一体化设施的田块可结合中耕作业进行追肥。

7.4.3 结合中耕作业追肥一般在定苗期、现蕾期、初花期各追肥 1 次，追肥深度 8 cm～15 cm，前期浅、后期深，苗肥相距 10 cm～15 cm，宜配中耕护苗器，追肥要适时、适量、均匀。

7.4.4 叶面追肥可结合打药或化学调控时进行，用尿素 1 kg～1.5 kg 结合各类叶面肥、生长调节剂、微肥等。

7.5 病虫草防治

7.5.1 根据病虫草害的程度、抗药性来选择适宜的农药品种；按机具喷药流量和防治要求确定出亩用药量，并拟定植保机械行走路线、喷施方式和防护措施等。

7.5.2 棉田施药机械应选择高地隙高架喷雾机，离地间隙应在 80 cm 以上，宜选择高弹力吊杆式喷雾机和风幕式喷雾机，或应用低量喷雾、静电喷雾、高效精准施药机械等实现精准施药。喷杆喷雾机技术条件符合 GB/T 24677.1 的要求，喷雾作业质量符合 NY/T 650 的要求。化学农药防治按照 GB 8321、NY/T 1276 的规定执行。根据棉田主要杂草选用合适的除草剂进行灭除。

7.6 化学调控

7.6.1 机采棉调控目标：棉株最下部吐絮铃距地面 20 cm 以上，主茎节间长度 6 cm～7 cm，株高在 80 cm～90 cm，伏前桃达到 1.3 个/株～1.5 个/株。

7.6.2 化控原则一般全期进行 3 次～5 次，苗期微控、蕾期轻控、头水前中控、花铃期重控、打顶后补控。

7.6.3 苗期植株较矮时选择吊杆式高效喷雾机，对棉行顶部喷洒；现蕾后宜选择风幕式喷杆喷雾机、航空植保机械，或带有双层吊挂垂直水平喷头喷雾机械，对上部喷雾和侧面吊臂喷洒；打顶后以喷洒上部果枝为主。

7.7 打顶

7.7.1 物理打顶根据棉花的长势、株高和果枝数等因素来确定适宜的打顶时间，立足促早熟。早熟棉区 7 月 5 日结束，早中熟棉区 7 月 10 日结束。

7.7.2 化学打顶选用氟节胺，当棉株高度在 55 cm 左右、果枝数达到 5 台时开始第 1 次施药；当棉株高度达到 70 cm～75 cm、果枝数 8 台左右进行第 2 次施药。

7.7.3 第 1 次施药量 1 500 g/hm^2，加水 450 kg 稀释后喷施，生长过旺的棉田，酌情加入缩节胺混合使用；第 2 次施药量 2 250 g/hm^2，加水 600 kg 稀释后喷施。

7.7.4 打顶后棉株自然高度为 80 cm～90 cm。

7.8 脱叶催熟

7.8.1 根据天气预报情况确定喷施时间，喷施药前后 3 d～5 d 的日最低气温应不低于 12.5℃，日平均气温不低于 23℃。喷药后 12 h 内若降中量的雨，应当重喷。

7.8.2 作业机具选择高地隙高架喷雾机或航空植保高效机械等，喷施脱叶剂要均匀。

8 采收储运

8.1 采前准备

8.1.1 确定进出棉田的路线，查看通往被采收棉田的道路、桥梁应满足机组通过要求；平整地头，便于采棉机及拉运棉花机车通行。

8.1.2 清除影响机具作业的田间障碍物，对作业中不易看清或不能清除的，应事先做出明显标志。

8.1.3 无机耕道的棉田必须人工先拾出地两端 15 m～20 m 的地头，要求将地头棉秆砍除并运出棉田。

8.2 作业机具

规模化种植的地块宜选择自走式打包采棉机、自走箱式采棉机或水平摘锭式采棉机。小地块可以采用自走式 3 行采棉机。采棉机工作幅宽宜与播种幅宽一致。采棉机应配备消防灭火设备。

8.3 采收时机

采收时棉株吐絮率应达到 95%以上、脱叶率 92%以上，籽棉含水率不大于 12%。

8.4 机采要求

采棉机田间作业速度控制在 4 km/h～5 km/h。应在无露水条件下作业，作业时间一般在 10:00～22:00，严禁在下雨和有露水的夜间作业。

8.5 采收储运

应用与采棉机相配套的装棉、打模、运输、开模等机械装备，实现采收、储运机械化。

9 残膜、滴灌带回收

9.1 回收时机

秋季棉花收获后回收滴灌带和覆膜，耕地前采用搂膜机进行回收残膜；苗期采用中耕切割机于浇头水前沿播种作业路线回收边膜；耕层内残膜主要在播种前进行耙地时回搂。

9.2 作业要求

残膜回收机械作业按照 NY/T 2086 的规定执行，作业质量应符合 NY/T 1227 的要求。

9.3 作业机具

9.3.1 耕前残膜回收机械，选用弹齿式收膜机、链扒式捡拾机、残膜集条机、气吸式残膜回收机等；播前耕层内残膜清捡机械，选用耕后残膜清拣机、播前整地残膜回收机等。

9.3.2 采用滴灌带回收机回收田间废旧滴灌带。

10 秸秆处理

10.1 秸秆还田

10.1.1 应用秸秆粉碎还田机将采摘后的棉花秸秆直接粉碎，铺放于地表，机械深耕后翻入土壤。秸秆处理作业，应在棉花采收后及时进行，要求足墒、全量还田。对于高寒地区，棉秆产量大以及土壤肥力和墒度不足的地块，应在农艺技术人员的指导下确定合理的棉秆还田量，并适当补水。对发生严重病虫害的田块不宜进行棉秆还田。

10.1.2 秸秆粉碎还田，宜将秸秆有效粉碎，抛撒均匀、无堆积，长度不大于 10 cm、残茬高度不大于 8 cm。

10.2 秸秆回收

棉秸秆回收用作饲用配料的，宜采用秸秆切割联合收获机进行切割、打捆后运出，割茬高度 8 cm 左右。打捆结实,不散包。

10.3 作业机具

棉秸秆粉碎还田作业宜选用棉秸秆切碎还田机或具有棉秸秆切碎还田与残膜回收复式作业功能的棉秸秆处理机械,棉秸秆回收作业选择合适的切割回收机械。

ICS 65.020.20
B 05

中华人民共和国农业行业标准

NY/T 3506—2019

植物品种特异性、一致性和稳定性测试指南 玉簪属

Guidelines for the conduct of tests for distinctness, uniformity and stability—Hosta
(*Hosta* Tratt.)
(UPOV:TG/299/1, Guidelines for the conduct of tests for distinctness, uniformity and stability—Hosta, NEQ)

2019-12-27 发布 2020-04-01 实施

中华人民共和国农业农村部 发布

前　言

本标准按照 GB/T 1.1—2009 给出的规则起草。

本标准使用重新起草法修改采用了国际植物新品种保护联盟(UPOV)指南“TG/299/1,Guidelines for the conduct of tests for distinctness, uniformity and stability—Hosta”。

本标准对应于 UPOV 指南 TG/299/1,本标准与 TG/299/1 的一致性程度为非等效。

本标准与 UPOV 指南 TG/299/1 相比存在技术性差异,主要差异如下:

——增加了“叶片:幼叶主色”“花冠:内侧颜色”“花冠:内侧脉纹明显度”“始花期”“叶片:数量”“叶片:厚度”“叶片:颜色变化”“叶片:上表面光泽”“花序梗:长度”“花序梗:分枝”“花:外侧次色有无”“仅适用于花外侧有次色的品种　花:外侧次色分布”“仅适用于花外侧有次色的品种　花:外侧次色”共 13 个性状;

——删除了“苞片:横截面形状 ”和“叶片:最宽处的位置”共 2 个性状;

——调整了“叶柄:颜色”的表达状态。

本标准由农业农村部种业管理司提出。

本标准由全国植物新品种测试标准化技术委员会(SAC/TC 277)归口。

本标准起草单位:上海市农业科学院[农业农村部植物新品种测试(上海)分中心]、北京市植物园、农业农村部科技发展中心。

本标准主要起草人:陈海荣、刘东焕、杨旭红、章毅颖、赵洪、褚云霞、邓姗、施文彬、张永春、任丽、李寿国、黄静艳、张靖立。

植物品种特异性、一致性和稳定性测试指南　玉簪属

1　范围

本标准规定了玉簪属(*Hosta* Tratt.)品种特异性、一致性和稳定性测试的技术要求和结果判定的一般原则。

本标准适用于玉簪属品种特异性、一致性和稳定性测试和结果判定。

2　规范性引用文件

下列文件对于本文件的应用是必不可少的。凡是注日期的引用文件,仅注日期的版本适用于本文件。凡是不注日期的引用文件,其最新版本(包括所有的修改单)适用于本文件。

GB/T 19557.1　植物新品种特异性、一致性和稳定性测试指南　总则

3　术语和定义

GB/T 19557.1 界定的以及下列术语和定义适用于本文件。

3.1

群体测量　single measurement of a group of plants or parts of plants

对一批植株或植株的某器官或部位进行测量,获得一个群体记录。

3.2

个体测量　measurement of a number of individual plants or parts of plants

对一批植株或植株的某器官或部位进行逐个测量,获得一组个体记录。

3.3

群体目测　visual assessment by a single observation of a group of plants or parts of plants

对一批植株或植株的某器官或部位进行目测,获得一个群体记录。

3.4

个体目测　visual assessment by observation of individual plants or parts of plants

对一批植株或植株的某器官或部位进行逐个目测,获得一组个体记录。

4　符号

下列符号适用于本文件:

MG:群体测量。

MS:个体测量。

VG:群体目测。

VS:个体目测。

QL:质量性状。

QN:数量性状。

PQ:假质量性状。

*:标注性状为 UPOV 用于统一品种描述所需要的重要性状,除非受环境条件限制性状的表达状态无法测试,所有 UPOV 成员都应使用这些性状。

(a)～(d):标注内容在附录 B 的 B.1 中进行了详细解释。

(+):标注内容在 B.2 中进行了详细解释。

__:本文件中下划线是特别提示测试性状的适用范围。

5 繁殖材料的要求

5.1 繁殖材料以种苗形式提供。

5.2 需提供不少于 30 株种苗。

5.3 提交的材料应外观健康,活力高,无病虫侵害,具有正常开花能力。

5.4 提交的繁殖材料一般不进行任何影响品种性状正常表达的处理。如果已处理,应提供处理的详细说明。

5.5 提交的繁殖材料应符合中国植物检疫的有关规定。

6 测试方法

6.1 测试周期

测试周期至少为 1 个生长周期。

6.2 测试地点

测试通常在 1 个地点进行。如果某些性状在该地点不能充分表达,可在其他符合条件的地点对其进行观测。

6.3 田间试验

6.3.1 试验设计

每小区至少 15 株,共设 2 个重复。必要时,待测品种和近似品种相邻种植。

6.3.2 田间管理

按当地生产管理方式进行。

6.4 性状观测

6.4.1 观测时期

除非另有说明,性状观测应在盛花期进行。

6.4.2 观测方法

性状观测应按照附录 A 的表 A.1 和表 A.2 规定的观测方法(VS、VG、MS、MG)进行。部分性状观测方法见 B.1 和 B.2。

6.4.3 观测数量

除非另有说明,个体观测性状(MS、VS)植株取样数量不少于 10 个,观测植株的器官或部位时,每个植株取样数量应为 1 个。群体观测性状(MG、VG)应观测整个小区或规定大小的混合样本。

6.5 附加测试

必要时,可选用表 A.2 中的性状或本文件未列出的性状进行附加测试。

7 特异性、一致性和稳定性结果的判定

7.1 总体原则

特异性、一致性和稳定性的判定按照 GB/T 19557.1 确定的原则进行。

7.2 特异性的判定

待测品种应明显区别于所有已知品种。在测试中,当待测品种至少在一个性状上与近似品种具有明显且可重现的差异时,即可判定待测品种具备特异性。

7.3 一致性的判定

一致性判定时,采用 1%的群体标准和至少 95%的接受概率。当样本大小为 30 株时,最多可以允许有 1 个异型株。

7.4 稳定性的判定

如果一个品种具备一致性,则可认为该品种具备稳定性。一般不对稳定性进行测试。

必要时，可以种植该品种的下一批材料，与以前提供的繁殖材料相比，若性状表达无明显变化，则可判定该品种具备稳定性。

8 性状表

8.1 概述

根据测试需要，将性状分为基本性状、选测性状，基本性状是测试中必须使用的性状。玉簪属基本性状见表 A.1，玉簪属选测性状见表 A.2。

性状表列出了性状名称、表达类型、表达状态及相应的代码和标准品种、观测方法等内容。

8.2 表达类型

根据性状表达方式，将性状分为质量性状、假质量性状和数量性状 3 种类型。

8.3 表达状态和相应代码

每个性状划分为一系列表达状态，以便于定义性状和规范描述；每个表达状态赋予一个相应的数字代码，以便于数据记录、处理和品种描述的建立与交流。

8.4 标准品种

性状表中列出了部分性状有关表达状态可参考的标准品种，以助于确定相关性状的不同表达状态和校正环境因素引起的差异。

9 分组性状

本文件中，品种分组性状如下：

a) *叶丛：高度（表 A.1 中性状 2 ）。

b) *叶片：形状（表 A.1 中性状 11）。

c) 叶片：主色

　组 1：白色；

　组 2：浅黄色；

　组 3：中等黄色；

　组 4：深黄色；

　组 5：浅绿色；

　组 6：中等绿色；

　组 7：深绿色；

　组 8：蓝绿色。

d) 叶片：次色

　组 1：白色；

　组 2：浅黄色；

　组 3：中等黄色；

　组 4：深黄色；

　组 5：浅绿色；

　组 6：中等绿色；

　组 7：深绿色；

　组 8：蓝绿色。

e) 始花期（表 A.1 中性状 72）。

10 技术问卷

申请人应按附录 C 给出的格式填写玉簪属技术问卷。

附 录 A
（规范性附录）
玉簪属性状表

A.1 玉簪属基本性状

见表 A.1。

表 A.1 玉簪属基本性状

序号	性 状	观测方法	表达状态	标准品种	代码
1	*植株:第一鳞片状叶颜色 PQ (+)	VG	绿色	神枪手	1
			紫色		2
			褐色	爱国者	3
2	*叶丛:高度 QN (+)	MG/MS	极矮	神枪手	1
			极矮到矮	爱国者	2
			矮	甜心	3
			矮到中	Sweet Innocence	4
			中	Madam	5
			中到高	Sum and Substance	6
			高		7
			高到极高		8
			极高		9
3	植株:冠幅 QN	MS/VG	极小	Twist of Lime	1
			极小到小	Little Wonder	2
			小	神枪手	3
			小到中	甜心	4
			中	法兰西	5
			中到大	Madam	6
			大		7
			大到极大		8
			极大		9
4	*叶柄:长度 QN (a)	MS/MG	极短		1
			极短到短	神枪手	2
			短	美国光环	3
			短到中	Little Wonder	4
			中	Sunshine Glory	5
			中到长		6
			长	Madam	7
			长到极长	Abiqua Recluse	8
			极长		9

表 A.1(续)

序号	性　状	观测方法	表达状态	标准品种	代码
5	＊叶柄:横截面形状 PQ (a) (+)	VG	平		1
			V形		2
			U形		3
6	叶柄:颜色 PQ (a)	VG	黄色		1
			黄绿色		2
			浅绿色		3
			中等绿色		4
			深绿色		5
			蓝绿色		6
			蓝灰色		7
			紫色	Katsuragawa Beni	8
7	叶柄:花青甙显色 PQ (a)	VG	无	华彩	1
			晕		2
			斑点	Sleeping Beauty sporting	3
8	叶片:幼叶主色 PQ	VG	白色		1
			黄白色		2
			黄色		3
			黄绿色	鳄梨沙拉	4
			浅绿色	甜心	5
			中等绿色	法兰西	6
			蓝绿色		7
			蓝色		8
9	＊叶片:长度 QN (a)	MG/MS	极短	Pure Heart	1
			极短到短	神枪手	2
			短	胜利	3
			短到中	Madam	4
			中		5
			中到长		6
			长		7
			长到极长		8
			极长		9
10	＊叶片:宽度 QN (a)	VG/MG/MS	极窄	Twist of Lime	1
			极窄到窄	爱国者	2
			窄	法兰西	3
			窄到中	胜利	4
			中		5
			中到宽		6
			宽		7
			宽到极宽		8
			极宽		9

表 A.1(续)

序号	性 状	观测方法	表达状态	标准品种	代码
11	* 叶片:形状 PQ (a) (+)	VG	阔卵形	薄暮	1
			中等卵形	爱国者	2
			窄卵形		3
			极窄卵形		4
			圆形		5
			阔椭圆形		6
			中等椭圆形	华彩	7
			窄椭圆形		8
			极窄椭圆形		9
12	* 叶片:基部形状 PQ (a) (+)	VG	楔形		1
			钝形		2
			平截		3
			心形		4
13	* 叶片:先端形状(不包括尖端) PQ (a) (+)	VG	尖		1
			钝		2
			圆		3
14	* 叶片:颜色 1 PQ (a) (b)	VG	RHS 比色卡		
15	* 叶片:颜色 1:分布 PQ (a)	VG	基部		1
			中间		2
			顶端		3
			边缘		4
			不规则分布		5
			遍布		6
16	叶片:颜色 1:图案 PQ (a) (+)	VG	火焰状		1
			条纹		2
			斑块		3
			扇形		4
			镶嵌		5
			镶边		6
			全部或者接近全部		7

表 A.1(续)

序号	性　状	观测方法	表达状态	标准品种	代码
17	*叶片:颜色 1:总面积 QN (a) (+)	VG	极小		1
			极小到小		2
			小		3
			小到中		4
			中		5
			中到大		6
			大		7
			大到极大		8
			极大		9
18	*叶片:颜色 2(如果存在) PQ (a) (b)	VG	RHS 比色卡		
19	*叶片:颜色 2:分布 PQ (a) (+)	VG	缺失		1
			基部		2
			中间		3
			顶部		4
			边缘		5
			不规则分布		6
			遍布		7
20	叶片:颜色 2:图案 PQ (a) (+)	VG	火焰状		1
			条纹		2
			斑块		3
			扇形		4
			镶嵌		5
			镶边		6
			全部或接近全部		7
21	*叶片:颜色 2:总面积 QN (a) (+)	VG	极小		1
			极小到小		2
			小		3
			小到中		4
			中		5
			中到大		6
			大		7
22	*叶片:颜色 3(如果存在) PQ (a) (b)	VG	RHS 比色卡		

表 A.1(续)

序号	性　状	观测方法	表达状态	标准品种	代码
23	*叶片:颜色 3:分布 PQ (a) (+)	VG	缺失		1
			基部		2
			中间		3
			顶部		4
			边缘		5
			不规则分布		6
			遍布		7
24	叶片:颜色 3:图案 PQ (a) (+)	VG	火焰状		1
			条纹		2
			斑块		3
			扇形		4
			镶嵌		5
			镶边		6
			全部或接近全部		7
25	*叶片:颜色 3:总面积 QN (a) (+)	VG	极小		1
			极小到小		2
			小		3
			小到中		4
			中		5
			中到大		6
			大		7
26	*叶片:颜色 4(如果存在) PQ (a) (b)	VG	RHS 比色卡		
27	*叶片:颜色 4:分布 PQ (a) (+)	VG	缺失		1
			基部		2
			中间		3
			顶部		4
			边缘		5
			不规则分布		6
			遍布		7
28	叶片:颜色 4:图案 PQ (a) (+)	VG	火焰状		1
			条纹		2
			斑块		3
			扇形		4
			镶嵌		5
			镶边		6
			全部或接近全部		7

表 A.1(续)

序号	性 状	观测方法	表达状态	标准品种	代码
29	*叶片:颜色4:总面积 QN (a) (+)	VG	极小		1
			极小到小		2
			小		3
			小到中		4
			中		5
			中到大		6
			大		7
30	*叶片:颜色5(如果存在) PQ (a) (b)	VG	RHS 比色卡		
31	*叶片:颜色5:分布 PQ (a) (+)	VG	缺失		1
			基部		2
			中间		3
			顶部		4
			边缘		5
			不规则分布		6
			遍布		7
32	叶片:颜色5:图案 PQ (a) (+)	VG	火焰状		1
			条纹		2
			斑块		3
			扇形		4
			镶嵌		5
			镶边		6
			全部或接近全部		7
33	*叶片:颜色5:总面积 QN (a) (+)	VG	极小		1
			极小到小		2
			小		3
			小到中		4
			中		5
			中到大		6
			大		7
34	叶片:横切面形状 QN (a)	VG	深凹		1
			微凹		2
			平		3
			凸		4
35	*叶片:脉数量 QN (a) (+)	VG	少	Amber Tiara	1
			中	爱国者	2
			多	法兰西	3

表 A.1(续)

序号	性　状	观测方法	表达状态	标准品种	代码
36	叶片:皱褶程度 QN (a) (+)	VG	无或极弱		1
			弱	甜心	2
			中	胜利	3
			强	法兰西	4
			极强		5
37	叶片:泡状程度 QN (a) (+)	VG	无或弱	甜心	1
			中		2
			强	Abiqua Recluse	3
38	叶片:边缘波状 QN (a)	VG	无或弱	爱国者	1
			中	甜心	2
			强	华彩	3
39	叶片:扭曲程度 QN (a) (+)	VG	无或弱		1
			中		2
			强		3
40	* 花序:苞片 QL	VG	无		1
			有		9
41	* 花葶:长度 QN (+)	VG/MS	极短		1
			极短到短	神枪手	2
			短	甜心	3
			短到中	华彩	4
			中	鳄梨沙拉	5
			中到长		6
			长		7
			长到极长		8
			极长		9
42	* 花序:花数量 QN (+)	VG/MG	极少		1
			极少到少	甜心	2
			少	神枪手	3
			少到中	巨无霸	4
			中	Aomori Gold	5
			中到多		6
			多		7
			多到极多		8
			极多		9
43	花序:花姿态 QN	VG	直立	爱国者	1
			水平	华彩	2
			下垂		3

表 A.1(续)

序号	性　状	观测方法	表达状态	标准品种	代码
44	花序梗:颜色 PQ	VG	RHS 比色卡		
45	苞片:长度 QN (c)	VG/MS	极短		1
			极短到短	神枪手	2
			短	甜心	3
			短到中		4
			中		5
			中到长		6
			长		7
			长到极长	鳄梨沙拉	8
			极长		9
46	苞片:宽度 QN (c)	VG/MS	极窄		1
			极窄到窄	神枪手	2
			窄	甜心	3
			窄到中		4
			中		5
			中到宽		6
			宽		7
			宽到极宽	鳄梨沙拉	8
			极宽		9
47	* 苞片:外侧颜色 PQ (c)	VG	RHS 比色卡		
48	花梗:长度 QN (d) (+)	VG/MG	短	华彩	1
			中	神枪手	2
			长		3
49	花梗:颜色 PQ (d)	VG	RHS 比色卡		
50	* 花:类型 QL (d) (+)	VG	单瓣		1
			半重瓣		2
			重瓣		3
51	花:长度 QN (d) (+)	VG/MG/MS	极短		1
			极短到短	Twist of Lime	2
			短	美国光环	3
			短到中	甜心	4
			中	鳄梨沙拉	5
			中到长		6
			长		7
			长到极长		8
			极长		9

表 A.1(续)

序号	性　状	观测方法	表达状态	标准品种	代码
52	花:宽度 QN (d) (+)	VG/MG/MS	极窄		1
			极窄到窄	神枪手	2
			窄	爱国者	3
			窄到中	华彩	4
			中	甜心	5
			中到长		6
			长	鳄梨沙拉	7
			长到极长		8
			极长		9
53	花:侧面形状 PQ (d) (+)	VG	管状		1
			喇叭状		2
			漏斗状		3
			钟状		4
54	花:花冠筒长度 QN (d) (+)	VG/MG/MS	极短		1
			极短到短	Aomori Gold	2
			短	神枪手	3
			短到中	美国光环	4
			中		5
			中到长	甜心	6
			长		7
			长到极长		8
			极长		9
55	* 花:花冠筒外侧颜色 PQ (d)	VG	RHS 比色卡		
56	花冠:外裂片长度 QN (d) (+)	VG/MG/MS	极短		1
			极短到短	神枪手	2
			短		3
			短到中	美国光环	4
			中	甜心	5
			中到长		6
			长	鳄梨沙拉	7
			长到极长		8
			极长		9

表 A.1(续)

序号	性　状	观测方法	表达状态	标准品种	代码
57	花冠:外裂片形状 PQ (d) (+)	VG	阔卵形		1
			中等卵形	甜心	2
			窄卵形		3
			极窄卵形		4
			阔椭圆形		5
			圆形		6
			中等椭圆形	鄂梨沙拉	7
			窄椭圆形		8
58	* 花冠:外裂片外侧颜色 PQ (d)	VG	RHS 比色卡		
59	* 花冠:外裂片先端形状 PQ (d)	VG	尖		1
			钝		2
			圆		3
60	花冠:内裂片长度 QN (d) (+)	VG/MG/MS	极短		1
			极短到短	神枪手	2
			短		3
			短到中	美国光环	4
			中	爱国者	5
			中到长	甜心	6
			长		7
			长到极长		8
			极长	鳄梨沙拉	9
61	花冠:内裂片形状 PQ (d) (+)	VG	阔卵形		1
			中等卵形	甜心	2
			窄卵形		3
			极窄卵形		4
			阔椭圆形		5
			圆形		6
			中等椭圆形	鳄梨沙拉	7
			窄椭圆形		8

表 A.1(续)

序号	性　状	观测方法	表达状态	标准品种	代码
62	花冠:内裂片外侧颜色 PQ (d)	VG	RHS 比色卡		
63	花冠:内裂片先端形状 PQ (d)	VG	尖		1
			钝		2
			圆		3
64	花冠:内侧颜色 PQ (d)	VG	白色		1
			浅绿色		2
			粉色		3
			紫红色		4
			蓝紫色		5
			浅紫色		6
			中等紫色		7
			深紫色		8
65	花冠:内侧脉纹明显度 QN (d) (+)	VG	无		1
			弱	鳄梨沙拉	2
			中	甜心	3
			强		4
66	花丝:长度 QN (d)	VG/MG/MS	极短		1
			极短到短		2
			短	Aomori Gold	3
			短到中	神枪手	4
			中	美国光环	5
			中到长		6
			长	甜心	7
			长到极长		8
			极长		9
67	花丝:颜色 PQ (d)	VG	白色或泛白色	甜心	1
			浅绿色		2
			中等绿色		3

表 A.1(续)

序号	性 状	观测方法	表达状态	标准品种	代码
68	*花药:颜色 PQ (d) (+)	VG	黄色	甜心	1
			黄中带紫	法兰西	2
			黄棕色		3
			紫色		4
			棕紫色		5
69	花柱:长度 QN (d)	VG/MG/MS	极短		1
			极短到短	Twist of Lime	2
			短		3
			短到中		4
			中	法兰西	5
			中到长		6
			长	甜心	7
			长到极长		8
			极长		9
70	花柱:颜色 PQ (d)	VG	白色或泛白色	甜心	1
			浅绿色		2
			中等绿色		3
71	柱头:颜色 PQ (d)	VG	白色或者泛白色	法兰西	1
			浅绿色	甜心	2
			中等绿色		3
			浅黄色		4
			浅紫色		5
			浅蓝紫色		6
72	始花期 QN (+)	VG	极早		1
			极早到早		2
			早		3
			早到中		4
			中	甜心	5
			中到晚	法兰西	6
			晚	爱国者	7
			晚到极晚		8
			极晚		9

A.2 玉簪属选测性状

见表 A.2。

表 A.2 玉簪属选测性状

序号	性 状	观测方法	表达状态	标准品种	代码
73	叶片:数量 QN	MS	极少		1
			极少到少		2
			少	法兰西	3
			少到中		4
			中	优雅	5
			中到多		6
			多	甜心	7
			多到极多		8
			极多		9
74	叶片:厚度 QN (a)	VG	薄	甜心	1
			中	爱国者	2
			厚	Sleeping Beauty sporting	3
75	叶片:颜色变化 QL (a) (b)	VG	无	美国光环	1
			有	Aomori Gold	9
76	叶片:上表面光泽 QN (a)	VG	无或弱	美国光环	1
			中	甜心	2
			强		3
77	花序梗:长度 QN (+)	VG/MG/MS	极短		1
			极短到短	神枪手	2
			短	甜心	3
			短到中	鳄梨沙拉	4
			中		5
			中到长		6
			长		7
			长到极长		8
			极长		9
78	花序梗:分枝 QL	VG	无		1
			有		9
79	花:外侧次色有无 QL (d)	VG/MG/MS	无		1
			有		9
80	仅适用于花外侧有次色的品种 花:外侧次色分布 PQ (d)	VG	边缘		1
			散点		2

表 A.2(续)

序号	性　状	观测方法	表达状态	标准品种	代码
81	仅适用于花外侧有次色的品种 花:外侧次色 PQ (d)	VG	白色		1
			浅绿色		2
			粉色		3
			紫红色		4
			蓝紫色		5
			浅紫色		6
			中等紫色		7
			深紫色		8
82	花粉:颜色 PQ (d)	VG	中等黄色		1
			深黄色	法兰西	2
			黄橙色		3
			橙色		4

附 录 B
(规范性附录)
玉簪属性状表的解释

B.1 涉及多个性状的解释

(a) 叶柄和叶在开花时测量最大成熟叶。

(b) 当一个颜色性状的描述是"1""2"等,它们的记录顺序是按照RHS比色卡的顺序,也就是说颜色1是最低的数据,颜色2是第二低的数据,以此类推。例如,如果叶片上是绿色137A,斑点是白色155A,那么绿色137A是颜色1,白色155A是颜色2;如果两个颜色在同一张比色卡上,分别为绿色137A和绿色137D,137A为颜色1。需要说明的是在这样的体系下,分级和所占面积是独立的,面积最大的颜色可能是颜色3或者颜色4,这个指南预先设定了5个颜色,如果有更多的颜色,那么面积最小的颜色将被忽略或另注明。

(c) 与苞片相关的性状应测量第一朵花的苞片。

(d) 花相关性状可观测第1~3朵刚开放的花。

B.2 涉及单个性状的解释

性状分级和图中代码见表A.1和表A.2。

性状1 * 植株:第一鳞片状叶颜色,见图B.1。该性状必须在第一片叶还未展开时观察。

绿色
1

紫色
2

褐色
3

图B.1 * 植株:第一鳞片状叶颜色

性状2 * 叶丛:高度,营养生长末期,测量地面到叶片的最高处的距离。

性状5 * 叶柄:横截面形状,见图B.2。观测叶柄基部。

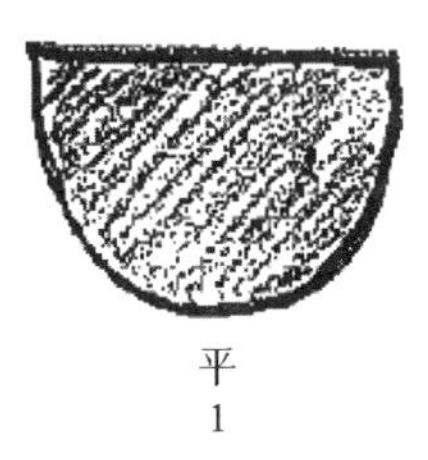
平
1

V形
2

U形
3

图B.2 * 叶柄:横截面形状

性状11 * 叶片:形状,见图B.3。

图 **B.** 3　* 叶片:形状

性状 12　* 叶片:基部形状,见图 B. 4。

图 **B.** 4　* 叶片:基部形状

性状 13　＊叶片:先端形状(不包括尖端),见图 B.5。

图 B.5　＊叶片:先端形状(不包括尖端)

性状 19　＊叶片:颜色 2:分布,见图 B.6。
性状 23　＊叶片:颜色 3:分布,见图 B.6。
性状 27　＊叶片:颜色 4:分布,见图 B.6。
性状 31　＊叶片:颜色 5:分布,见图 B.6。

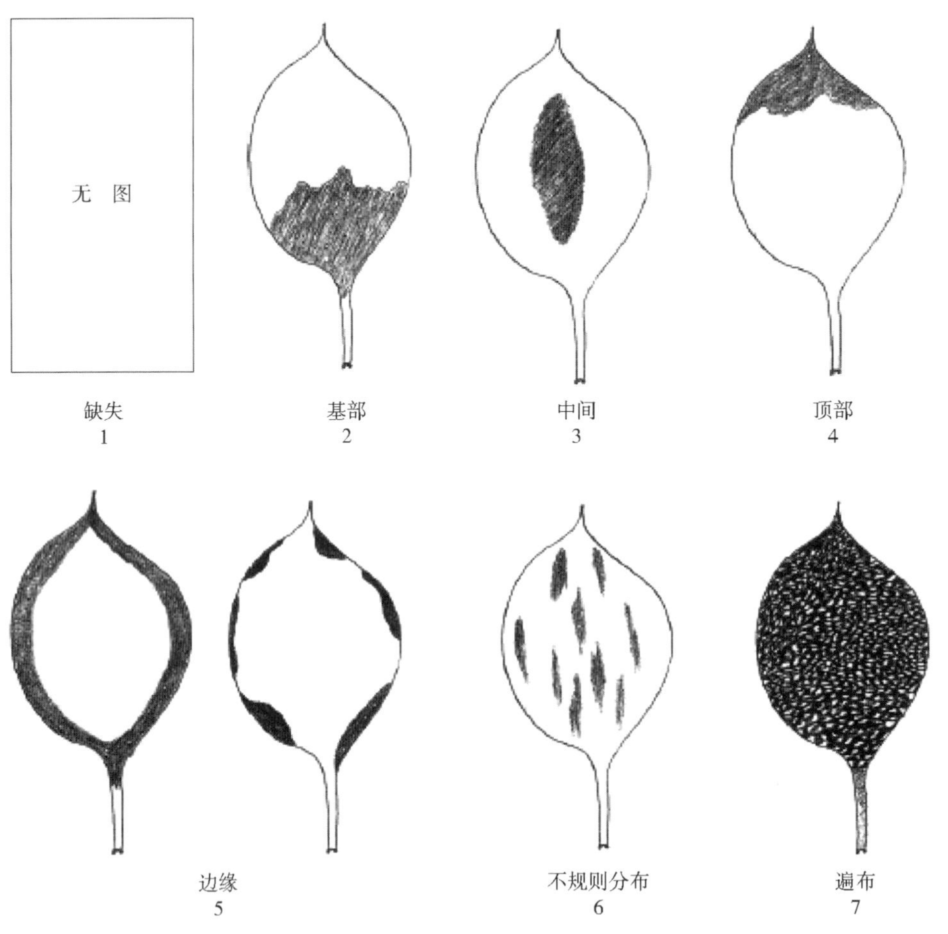

图 B.6　＊叶片:颜色:分布

性状 16　叶片:颜色 1:图案,见图 B.7。
性状 20　叶片:颜色 2:图案,见图 B.7。
性状 24　叶片:颜色 3:图案,见图 B.7。
性状 28　叶片:颜色 4:图案,见图 B.7。
性状 32　叶片:颜色 5:图案,见图 B.7。

火焰状（绿色）
1

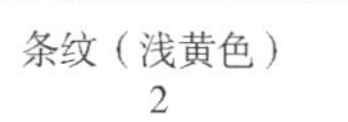

条纹（浅黄色）
2

斑块（浅黄色）
3

扇形（黄绿色）
4

镶嵌（灰绿色）
5

镶边（白色）
6

全部或接近全部
7

图 B.7　叶片:颜色:图案

性状 17　* 叶片:颜色 1:总面积。
性状 21　* 叶片:颜色 2:总面积。
性状 25　* 叶片:颜色 3:总面积。
性状 29　* 叶片:颜色 4:总面积。
性状 33　* 叶片:颜色 5:总面积。

这个面积要和整张叶片的面积进行比较。

为了清楚明了地说明这种记录方法,下面将选取两个样例进行说明。第一个为单色叶片,第二个为多色叶片。

例 1——单色叶片类型

部分性状描述如下：

14. 叶片：颜色 1：RHS 比色卡-RHS144A-深绿色；
15. 叶片：颜色 1：分布-遍布(6)；
16. 叶片：颜色 1：图案-全部或者接近全部(7)；
17.叶片：颜色 1：总面积-极大(9)；
18. 叶片：颜色 2-RHS 比色卡-不适用；
19. 叶片：颜色 2：分布-缺失(1)；
20. 叶片：颜色 2：图案-不适用；
21. 叶片：颜色 2：总面积-不适用；
22. 叶片：颜色 3-RHS 比色卡-不适用；
23. 叶片：颜色 3：分布-缺失(1)；
24. 叶片：颜色 3：图案-不适用；
25. 叶片：颜色 3：总面积-不适用；
26. 叶片：颜色 4-RHS 比色卡-不适用；
27. 叶片：颜色 4：分布-缺失(1)；
28. 叶片：颜色 4：图案-不适用；
29. 叶片：颜色 4：总面积-不适用；
30. 叶片：颜色 5-RHS 比色卡-不适用；
31. 叶片：颜色 5：分布-缺失(1)；
32. 叶片：颜色 5：图案-不适用；
33. 叶片：颜色 5：总面积-不适用。

例 2——多色叶片类型

部分性状描述如下：

14. 叶片：颜色 1-RHS 比色卡-RHS146A-深绿色；
15. 叶片：颜色 1：分布-边缘(4)；
16. 叶片：颜色 1：图案-全部或者接近全部(7)；
17. 叶片：颜色 1：总面积-中(5)；
18. 叶片：颜色 2-RHS 比色卡-RHS151A-绿棕色；
19. 叶片：颜色 2：分布-不规则分布(6)；
20. 叶片：颜色 2：图案-扇形(4)；
21. 叶片：颜色 2：总面积-小(3)；
22. 叶片：颜色 3-RHS 比色卡-RHS155A-绿棕色；
23. 叶片：颜色 3：分布-中间(3)；
24. 叶片：颜色 3：图案-火焰状(1)；
25. 叶片：颜色 3：总面积-小到中(4)；

26. 叶片:颜色 4-RHS 比色卡-不适用;
27. 叶片:颜色 4:分布-缺失(1);
28. 叶片:颜色 4:图案-不适用;
29. 叶片:颜色 4:总面积-不适用;
30. 叶片:颜色 5-RHS 比色卡-不适用;
31. 叶片:颜色 5:分布-缺失(1);
32. 叶片:颜色 5:图案-不适用;
33. 叶片:颜色 5:总面积-不适用。

性状 35 *叶片:脉数量,见图 B.8。

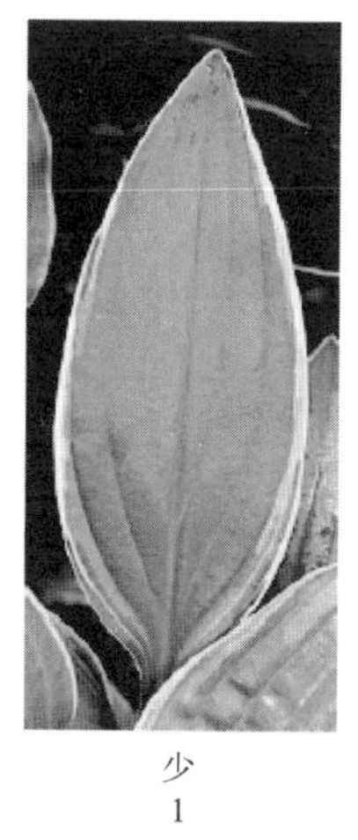
少
1

中
2

多
3

图 B.8 *叶片:脉数量

性状 36 叶片:皱褶程度,见图 B.9。

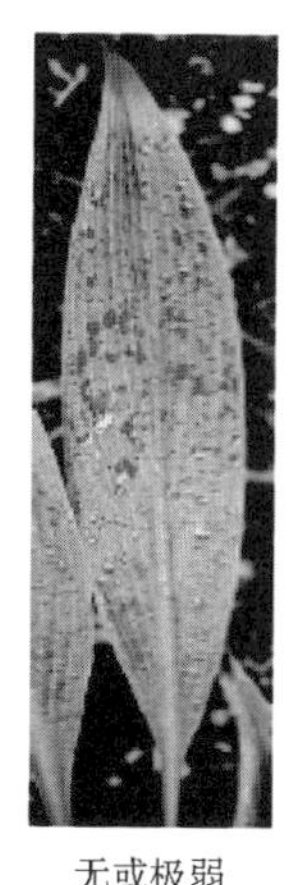
无或极弱
1

弱
2

中
3

强
4

极强
5

图 B.9 叶片:皱褶程度

性状 37 叶片:泡状程度,见图 B.10。

无或弱
1

中
2

强
3

图 B.10　叶片:泡状程度

性状 39　叶片:扭曲程度,见图 B.11。

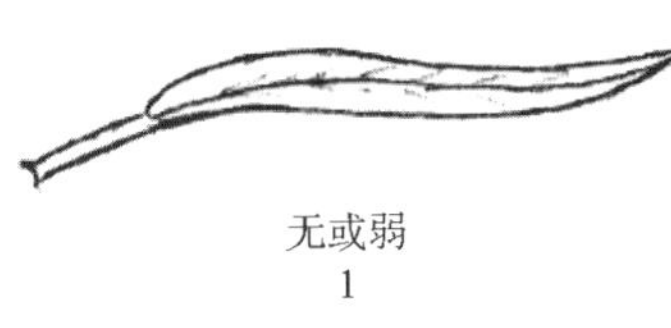
无或弱
1

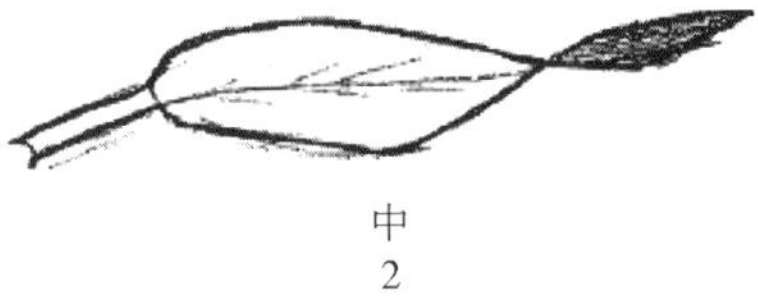
中
2

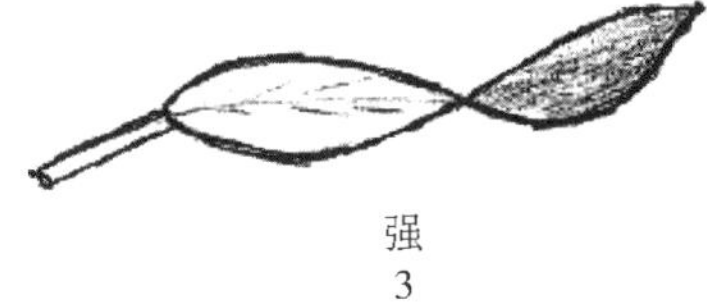
强
3

图 B.11　叶片:扭曲程度

性状 41　* 花葶:长度,见图 B.12。最后一朵花开放时测量。

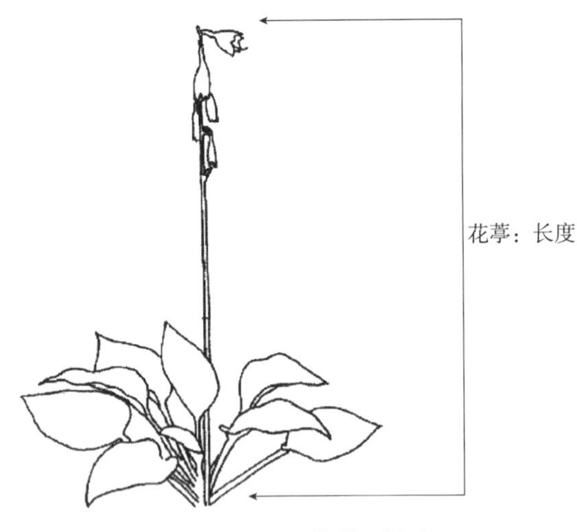

图 B.12　* 花葶:长度

性状 42　* 花序:花数量,在最后一朵花开放时观测(主)花序上所有的花数量,包括已掉落的花。

性状 48　花梗:长度,见图 B.13。

性状 54　花:花冠筒长度,见图 B.13。

性状 56　花冠:外裂片长度,见图 B.13。

性状 60　花冠:内裂片长度,见图 B.13。

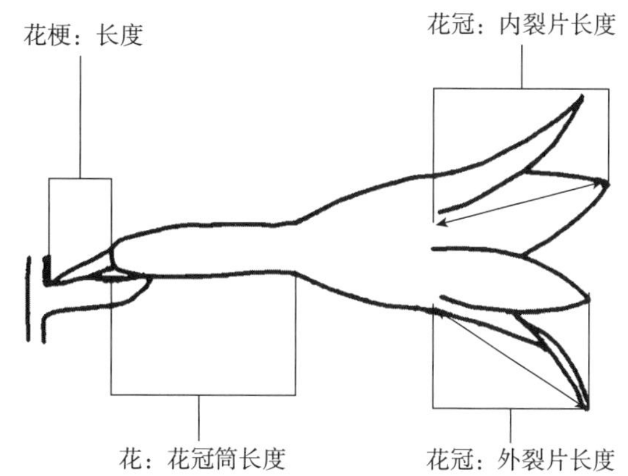

图 B.13　花梗:长度;花:花冠筒长度;花冠:外裂片长度;花冠:内裂片长度

性状 50　*花:类型;

a)　单瓣:6 个裂片;

b)　半重瓣:7 个～11 个裂片;

c)　重瓣:12 个或者更多裂片。

性状 51　花:长度,见图 B.14。

性状 52　花:宽度,见图 B.14。

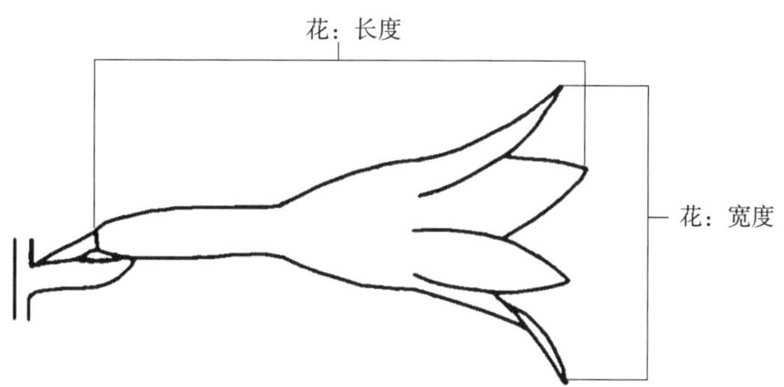

图 B.14　花:长度;花:宽度

性状 53　花:侧面形状,见图 B.15。

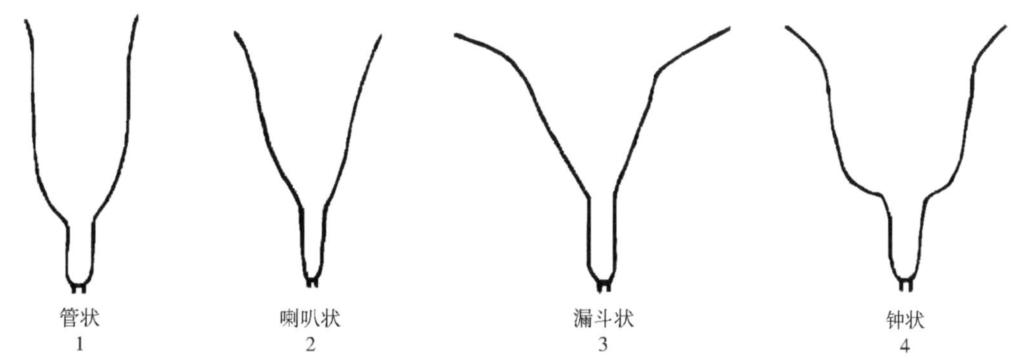

图 B.15　花:侧面形状

性状 57　花冠:外裂片形状,见图 B.16;

性状 61　花冠:内裂片形状,见图 B.16。

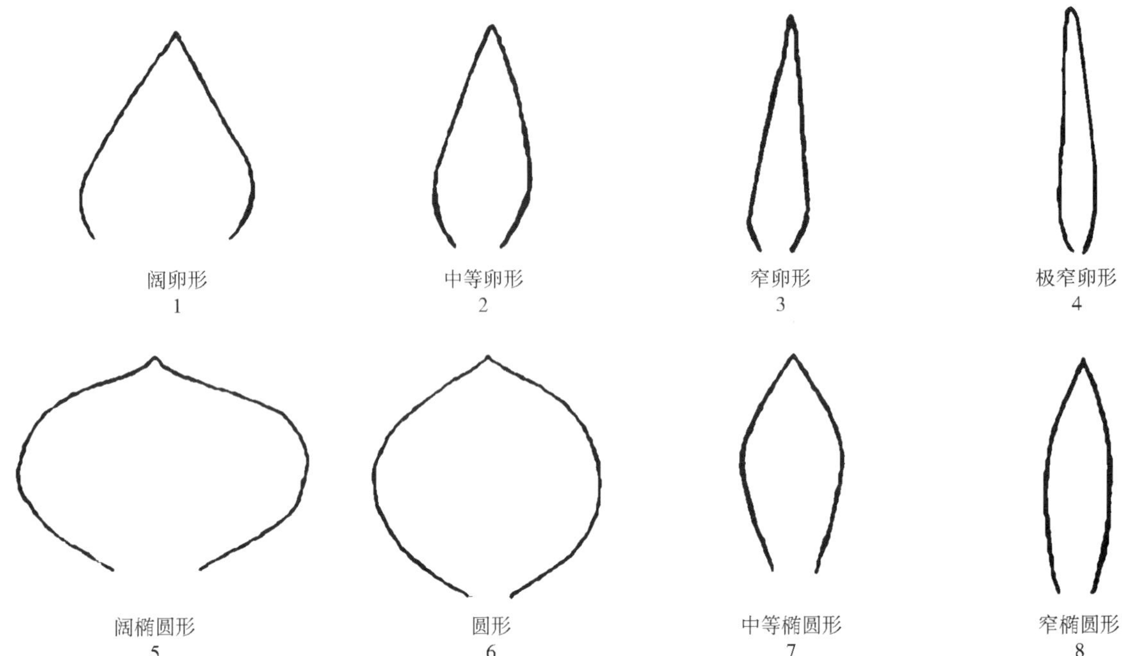

图 B.16 花被:外裂片形状;花被:内裂片形状

性状 65 花冠:内侧脉纹明显度,见图 B.17。

图 B.17 花冠:内侧脉纹明显度

性状 68 * 花药:颜色,观测散粉前的花药。

性状 72 始花期,记录小区中 10%植株开花的日期。

性状 75 叶片:颜色变化,观测不同时期不同部位的叶片颜色是否有变化。

性状 77 花序梗:长度,开花 1 朵~3 朵时,测量植株基部到第一花苞片着生处的长度。

附　录　C
（规范性附录）
玉簪属技术问卷格式

玉簪属技术问卷格式

申请号：
申请日：
（由审批机关填写）

（申请人或代理机构签章）

C.1　品种暂定名称

C.2　申请测试人信息

姓名：
地址：
电话号码：　　　　传真号码：　　　　手机号码：
邮箱地址：
育种者姓名（如果与申请测试人不同）：

C.3　植物学分类

拉丁名：*Hosta* Tratt.
中文名：玉簪属

C.4　品种用途

盆栽　　[ ]
地被　　[ ]
其他　　[ ]

C.5　待测品种的具有代表性彩色照片

（品种照片粘贴处）
（如果照片较多，可另附页提供）

C.6　品种的选育背景、育种过程和育种方法，包括系谱、培育过程和所使用的亲本或其他繁殖材料来源与名称的详细说明

C.7 适于生长的区域或环境以及栽培技术的说明

C.8 其他有助于辨别待测品种的信息

（如品种用途、品质和抗性，请提供详细资料）

C.9 品种种植或测试是否需要特殊条件

在相符的[ ]中打√。

是[ ]　　　　否[ ]

（如果回答是，请提供详细资料）

C.10 品种繁殖材料保存是否需要特殊条件

在相符的[ ]中打√。

是[ ]　　　　否[ ]

（如果回答是，请提供详细资料）

C.11 待测品种需要指出的性状

在表 C.1 中相符的代码后［ ］中打√，若有测量值，请填写在表 C.1 中。

表 C.1 待测品种需要指出的性状

序号	性 状	表达状态	代 码	测量值
1	*叶丛:高度(性状 2)	极矮	1[ ]	
		极矮到矮	2[ ]	
		矮	3[ ]	
		矮到中	4[ ]	
		中	5[ ]	
		中到高	6[ ]	
		高	7[ ]	
		高到极高	8[ ]	
		极高	9[ ]	
2	*叶片:长度(性状 9)	极短	1[ ]	
		极短到短	2[ ]	
		短	3[ ]	
		短到中	4[ ]	
		中	5[ ]	
		中到长	6[ ]	
		长	7[ ]	
		长到极长	8[ ]	
		极长	9[ ]	
3	*叶片:形状(性状 11)	阔卵形	1[ ]	
		中等卵形	2[ ]	
		窄卵形	3[ ]	
		极窄卵形	4[ ]	
		圆形	5[ ]	
		阔椭圆形	6[ ]	
		中等椭圆形	7[ ]	
		窄椭圆形	8[ ]	
		极窄椭圆形	9[ ]	
4	叶片:主色	白色	1[ ]	RHS 比色卡卡号
		浅黄色	2[ ]	
		中等黄色	3[ ]	
		深黄色	4[ ]	
		浅绿色	5[ ]	
		中等绿色	6[ ]	
		深绿色	7[ ]	
		蓝绿色	8[ ]	

表 C.1(续)

序号	性 状	表达状态	代 码	测量值
5	叶片:次色	白色	1[ ]	RHS 比色卡卡号
		浅黄色	2[ ]	
		中等黄色	3[ ]	
		深黄色	4[ ]	
		浅绿色	5[ ]	
		中等绿色	6[ ]	
		深绿色	7[ ]	
		蓝绿色	8[ ]	
6	花:长度(性状 51)	极短	1[ ]	
		极短到短	2[ ]	
		短	3[ ]	
		短到中	4[ ]	
		中	5[ ]	
		中到长	6[ ]	
		长	7[ ]	
		长到极长	8[ ]	
		极长	9[ ]	
7	始花期(性状 72)	极早	1[ ]	
		极早到早	2[ ]	
		早	3[ ]	
		早到中	4[ ]	
		中	5[ ]	
		中到晚	6[ ]	
		晚	7[ ]	
		晚到极晚	8[ ]	
		极晚	9[ ]	

C.12 待测品种与近似品种的明显差异性状表

在自己知识范围内,请申请测试人在表 C.2 中列出待测品种与其最为近似品种的明显差异。

表 C.2 待测品种与近似品种的明显差异性状表

近似品种名称	性状名称	近似品种表达状态	待测品种表达状态
近似品种 1			
近似品种 2(可选择)			
注:提供可以帮助审查机构对该品种以更有效的方式进行特异性测试的信息。			

申请人员承诺:技术问卷所填写的信息真实!

签名:

附 录 D
(资料性附录)
玉簪属部分标准品种中英文名称对照表

玉簪属部分标准品种中英文名称对照表见表D.1。

表D.1 玉簪属部分标准品种中英文名称对照表

序号	品种中文名	品种英文名
1	爱国者	Patriot
2	薄暮	Twilight
3	鳄梨沙拉	Avocado Salad
4	法兰西	Francee
5	华彩	Regal Splendor
6	巨无霸	Sum and Substance
7	美国光环	American Halo
8	神枪手	Sharp Shooter
9	胜利	Triumph
10	甜心	So Sweet
11	优雅	Elegans

ICS 65.020.20
B 05

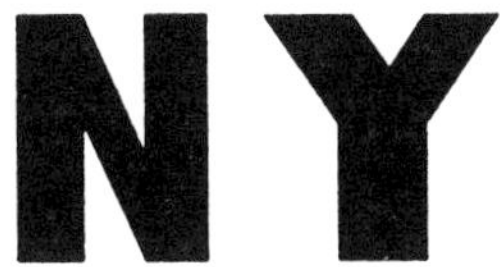

中华人民共和国农业行业标准

NY/T 3507—2019

植物品种特异性、一致性和稳定性测试指南　蕹菜

Guidelines for the conduct of tests for distinctness, uniformity and stability—Water spinach

(*Ipomoea aquatica* Forsk.)

2019-12-27 发布　　2020-04-01 实施

中华人民共和国农业农村部　发布

前　言

本标准按照GB/T 1.1—2009给出的规则起草。

本标准由农业农村部种业管理司提出。

本标准由全国植物新品种测试标准化技术委员会(SAC/TC 277)归口。

本标准起草单位:上海市农业科学院[农业农村部植物新品种测试(上海)分中心]、农业农村部科技发展中心、浙江省金华市农业科学研究院、上海市农业生物基因中心、福建省农业科学院[农业农村部植物新品种测试(福州)分中心]。

本标准主要起草人:陈海荣、陈红、任丽、赵洪、刘建汀、韩瑞玺、郑寨生、章毅颖、黄志城、李寿国、谭琦、邓姗、褚云霞、魏仕伟、黄静艳。

植物品种特异性、一致性和稳定性测试指南　蕹菜

1　范围

本标准规定了旋花科番薯属蕹菜（*Ipomoea aquatica* Forsk.）品种特异性、一致性和稳定性测试的技术要求和结果判定的一般原则。

本标准适用于蕹菜品种特异性、一致性和稳定性测试和结果判定。

2　规范性引用文件

下列文件对于本文件的应用是必不可少的。凡是注日期的引用文件，仅注日期的版本适用于本文件。凡是不注日期的引用文件，其最新版本（包括所有的修改单）适用于本文件。

GB/T 19557.1　植物新品种特异性、一致性和稳定性测试指南　总则

3　术语和定义

GB/T 19557.1 界定的以及下列术语和定义适用于本文件。

3.1

群体测量　single measurement of a group of plants or parts of plants

对一批植株或植株的某器官或部位进行测量，获得一个群体记录。

3.2

个体测量　measurement of a number of individual plants or parts of plants

对一批植株或植株的某器官或部位进行逐个测量，获得一组个体记录。

3.3

群体目测　visual assessment by a single observation of a group of plants or parts of plants

对一批植株或植株的某器官或部位进行目测，获得一个群体记录。

4　符号

下列符号适用于本文件：

MG：群体测量。

MS：个体测量。

VG：群体目测。

QL：质量性状。

QN：数量性状。

PQ：假质量性状。

（a）～（b）：标注内容在附录 B 的 B.2 中进行了详细解释。

（+）：标注内容在 B.3 中进行了详细解释。

__：本文件中下划线是特别提示测试性状的适用范围。

5　繁殖材料的要求

5.1　繁殖材料以种子（子蕹品种）或种苗（藤蕹品种）的形式提供。

5.2　提交测试品种的种子数量至少为 200 g，或提交测试品种的种苗数量至少为 60 株。

5.3　提交的繁殖材料应外观健康，活力高，无病虫侵害。

种子的具体质量要求如下：净度≥99%、发芽率≥75%、含水量≤13%。

种苗的具体质量要求如下：不同单株的种藤培育而成的种苗，至少 3 个以上节，有 2 根以上正常根系。

5.4 提交的繁殖材料一般不进行任何影响品种性状正常表达的处理（如种子包衣处理）。如果已处理，应提供处理的详细说明。

5.5 提交的繁殖材料应符合中国植物检疫的有关规定。

6 测试方法

6.1 测试周期

测试周期一般至少为相同季节的 2 个独立的生长周期。

6.2 测试地点

测试通常在一个地点进行。如果某些性状在该地点不能充分表达，可在其他符合条件的地点对其进行观测。

6.3 田间试验

6.3.1 试验设计

以育苗移栽方式种植，总数不少于 60 株，适宜株行距，分设 2 个重复。测试地点应土层深厚、土壤疏松、肥沃，适于蕹菜生长。

必要时，待测品种和近似品种相邻种植。

6.3.2 田间管理

可按当地大田生产管理方式进行。各小区田间管理应严格一致，同一管理措施应当日完成。

6.4 性状观测

6.4.1 观测时期

性状观测应按照附录 A 表 A.1 和表 A.2 列出的生育阶段进行。生育阶段描述见表 B.1。

6.4.2 观测方法

性状观测应按照表 A.1 和表 A.2 规定的观测方法（MG、MS、VG）进行。部分性状观测方法见 B.2 和 B.3。

6.4.3 观测数量

除非另有说明，个体观测性状（MS）植株取样数量不少于 20 个，在观测植株的器官或部位时，每个植株取样数量应为 1 个。群体观测性状（MG、VG）应观测整个小区或规定大小的混合样本。

6.5 附加测试

必要时，可选用表 A.2 中的性状或本文件未列出的性状进行附加测试。

7 特异性、一致性和稳定性结果的判定

7.1 总体原则

特异性、一致性和稳定性的判定按照 GB/T 19557.1 确定的原则进行。

7.2 特异性的判定

待测品种应明显区别于所有已知品种。在测试中，当待测品种至少在一个性状上与最近似的品种具有明显且可重现的差异时，即可判定待测品种具备特异性。

7.3 一致性的判定

一致性判定时，采用 1％的群体标准和至少 95％的接受概率，当样本大小为 60 株时，最多可以允许有 2 个异型株。

7.4 稳定性的判定

如果一个品种具备一致性，则可认为该品种具备稳定性。一般不对稳定性进行测试。

必要时，可以种植该品种的下一批种子或种苗，与以前提供的繁殖材料相比，若性状表达无明显变化，则可判定该品种具备稳定性。

杂交种的稳定性判定，除直接对杂交种本身进行测试外，还可以通过对其亲本系的一致性和稳定性鉴定的方法进行判定。

8 性状表

8.1 概述

根据测试需要，将性状分为基本性状和选测性状。基本性状是测试中必须使用的性状，基本性状见表 A.1，选测性状见表 A.2。

性状表列出了性状名称、表达类型、表达状态及相应的代码和标准品种、观测时期和方法等内容。

8.2 表达类型

根据性状表达方式，将性状分为质量性状、假质量性状和数量性状 3 种类型。

8.3 表达状态和相应代码

每个性状划分为一系列表达状态，以便于定义性状和规范描述；每个表达状态赋予一个相应的数字代码，以便于数据记录、处理和品种描述的建立与交流。

8.4 标准品种

性状表中列出了部分性状有关表达状态可参考的标准品种，以助于确定相关性状的不同表达状态和校正环境因素引起的差异。

9 分组性状

本文件中，品种分组性状如下：

a) 仅适用于子蕹品种：幼苗：下胚轴花青甙显色（表 A.1 中性状 1）。
b) 植株：株型（表 A.1 中性状 8）。
c) 主蔓：颜色（表 A.1 中性状 12）。
d) 茎：刺瘤（表 A.1 中性状 13）。
e) 花：柱头颜色（表 A.1 中性状 26）。

10 技术问卷

申请人应按附录 C 给出的格式填写蕹菜技术问卷。

附　录　A
（规范性附录）
蕹菜性状表

A.1　蕹菜基本性状

见表A.1。

表A.1　蕹菜基本性状

序号	性　状	观测时期和方法	表达状态	标准品种	代码
1	仅适用于子蕹品种：幼苗：下胚轴花青甙显色 QL （+）	10 VG	无		1
			有		9
2	仅适用于子蕹品种：幼苗：下胚轴长度 QN （+）	10 MS	极短		1
			短	白梗细叶（玉林）	2
			中	白梗柳叶（南京）	3
			长	福州大管	4
			极长		5
3	仅适用于子蕹品种：子叶：裂片长度 QN （+）	10 MS	极短		1
			短		2
			中	白梗柳叶（南京）	3
			长	福州大管	4
			极长		5
4	仅适用于子蕹品种：子叶：裂片宽度 QN （+）	10 MS	窄	三明直立	1
			中	白梗柳叶（南京）	2
			宽		3
5	仅适用于子蕹品种：子叶：叶片长度 QN （+）	10 MS	极短		1
			短		2
			中	白梗柳叶（南京）	3
			长	福州大管	4
			极长		5
6	仅适用于子蕹品种：子叶：叶片宽度 QN （+）	10 MS	极窄		1
			窄	白骨柳叶通心菜（深圳）	2
			中	白梗柳叶（南京）	3
			宽	泰国尖叶	4
			极宽		5
7	仅适用于子蕹品种：子叶：叶柄长度 QN （+）	10 MS	极短		1
			短		2
			中	白梗柳叶（南京）	3
			长	白梗蕹菜（南昌）	4
			极长		5
8	植株：株型 QN （+）	20 VG	直立		1
			半直立		2
			匍匐		3

表 A.1(续)

序号	性 状	观测时期和方法	表达状态	标准品种	代码
9	植株:株高 QN	20 MS	极矮		1
			极矮到矮		2
			矮		3
			矮到中	白梗柳叶(南京)	4
			中	白梗蕹菜(南昌)	5
			中到高		6
			高	深圳 999 青骨柳叶	7
			高到极高		8
			极高		9
10	主蔓:节间长度 QN (+)	35 MS	极短		1
			极短到短		2
			短	白梗柳叶(南京)	3
			短到中		4
			中	福州大管	5
			中到长		6
			长	白梗细叶(玉林)	7
			长到极长		8
			极长		9
11	主蔓:粗度 QN	35 MS	极细		1
			细	白梗柳叶(南京)	2
			中	白骨柳叶通心菜(深圳)	3
			粗		4
			极粗		5
12	主蔓:颜色 PQ (+)	35 VG	白色		1
			绿白色		2
			浅绿色		3
			中等绿色		4
			紫绿色		5
			红色		6
			紫色		7
13	茎:刺瘤 QL (+)	35 VG	无		1
			有		9
14	叶片:形状 PQ (a) (+)	35 VG	条形		1
			披针形		2
			箭形		3
			三角形		4
			卵圆形		5
			阔卵圆形		6
15	叶片:先端形状 PQ (a) (+)	35 VG	锐尖		1
			钝尖		2
			尖凹		3
16	叶片:基部形状 PQ (a) (+)	35 VG	楔形		1
			截形		2
			心形		3
			箭形		4
			戟形		5
			耳垂形		6

表 A.1(续)

序号	性 状	观测时期和方法	表达状态	标准品种	代码
17	叶片:叶缘类型 PQ (a) (+)	35 VG	全缘		1
			稀疏粗齿		2
18	叶片:绿色程度 QN (a) (+)	35 VG	浅		1
			中		2
			深		3
19	叶片:长度 QN (a) (+)	35 MS	极短		1
			极短到短		2
			短	三明直立	3
			短到中		4
			中	白梗柳叶(南京)	5
			中到长		6
			长		7
			长到极长		8
			极长		9
20	叶片:宽度 QN (a) (+)	35 MS	极窄		1
			极窄到窄	白梗细叶(玉林)	2
			窄	白梗柳叶(南京)	3
			窄到中		4
			中		5
			中到宽		6
			宽	福州大管	7
			宽到极宽		8
			极宽		9
21	叶:叶柄长度 QN (a) (+)	35 MS	极短		1
			极短到短		2
			短	白梗细叶(玉林)	3
			短到中		4
			中		5
			中到长	福州大管	6
			长		7
			长到极长		8
			极长		9
22	叶:叶柄粗度 QN (a) (+)	35 MS	细	青蕹菜(广东韶关)	1
			中	福州大管	2
			粗		3
23	植株:始花期 QN	40 MG	极早	青蕹菜(广东韶关)	1
			早	泉州圆叶空心菜(福州)	2
			中		3
			晚		4
			极晚		5
24	植株:始花节位 QN	40 MS	极低		1
			低	白梗柳叶(南京)	2
			中	白梗细叶(玉林)	3
			高		4
			极高		5

表 A.1(续)

序号	性　状	观测时期和方法	表达状态	标准品种	代码
25	花:冠喉颜色 PQ (b) (+)	45 VG	白色		1
			粉红色		2
			浅紫色		3
			中等紫色		4
26	花:柱头颜色 QL (b) (+)	45 VG	白色		1
			紫红色		2

A.2 蕹菜选测性状

见表 A.2。

表 A.2 蕹菜选测性状

序号	性　状	观测时期和方法	表达状态	标准品种	代码
27	仅适用于子蕹品种:幼苗:下胚轴粗度 QN (+)	10 VG	细	青梗细叶(柳州)	1
			中	白梗柳叶(南京)	2
			粗		3
28	花序:花数量 QN	45 MS	极少		1
			少	白梗柳叶(南京)	2
			中		3
			多		4
			极多		5
29	花序梗:长度 QN (+)	45 MS	极短		1
			极短到短		2
			短	白梗柳叶(南京)	3
			短到中		4
			中	福州大管	5
			中到长		6
			长		7
			长到极长		8
			极长		9
30	花序梗:粗度 QN (+)	45 MS	细		1
			中	福州大管	2
			粗		3
31	花:花冠直径 QN (b) (+)	45 MS	极小		1
			小	白梗柳叶(南京)	2
			中		3
			大	白梗蕹菜(南昌)	4
			极大		5
32	花:花梗长度 QN (b) (+)	45 MS	极短		1
			短	白梗柳叶(南京)	2
			中	白骨柳叶通心菜(深圳)	3
			长		4
			极长		5
33	种子:种皮颜色 PQ (+)	55 VG	白色		1
			褐色		2
			黑色		3

附 录 B
(规范性附录)
蕹菜性状表的解释

B.1 蕹菜生育阶段

见表 B.1。

表 B.1 蕹菜生育阶段表

观测时期代码	描 述
10	幼苗期(第二片真叶展开)
20	分蘖期(30%的植株上第一个分蘖长度达 5 cm 以上时)
35	茎蔓生长期(枝蔓开始快速生长,叶片和蔓并长)
40	始花期(20%的植株至少有一朵花开放)
45	盛花期(80%的植株至少有一朵花开放)
55	果实完熟期(种子达到完全成熟,果实表面完全转色)

B.2 涉及多个性状的解释

(a) 对叶片和叶柄的观察,应选择主蔓中部充分扩展的叶。

(b) 对花的观察,应选择当天完全盛开的花。

B.3 涉及单个性状的解释

性状分级和图中代码见表 A.1。

性状 1 仅适用于子蕹品种:幼苗:下胚轴花青甙显色,见图 B.1。

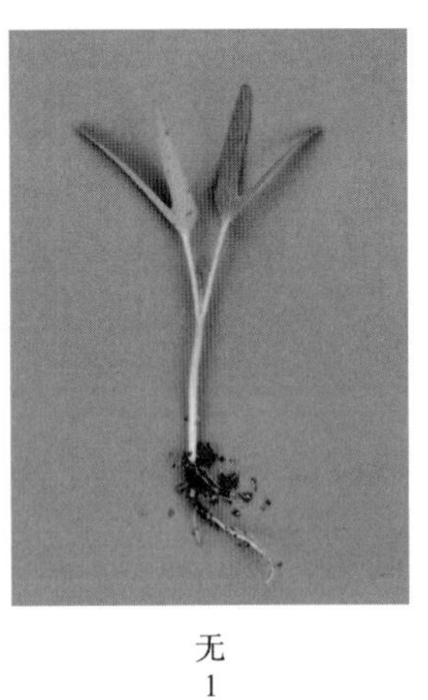

无 有
1 9

图 B.1 仅适用于子蕹品种:幼苗:下胚轴花青甙显色

性状 2 仅适用于子蕹品种:幼苗:下胚轴长度,见图 B.2。

性状 3 仅适用于子蕹品种:子叶:裂片长度,见图 B.2。

性状 4 仅适用于子蕹品种:子叶:裂片宽度,见图 B.2。

性状 5 仅适用于子蕹品种:子叶:叶片长度,见图 B.2。

性状 6 仅适用于子蕹品种:子叶:叶片宽度,见图 B.2。

性状 7 仅适用于子蕹品种:子叶:叶柄长度,见图 B.2。

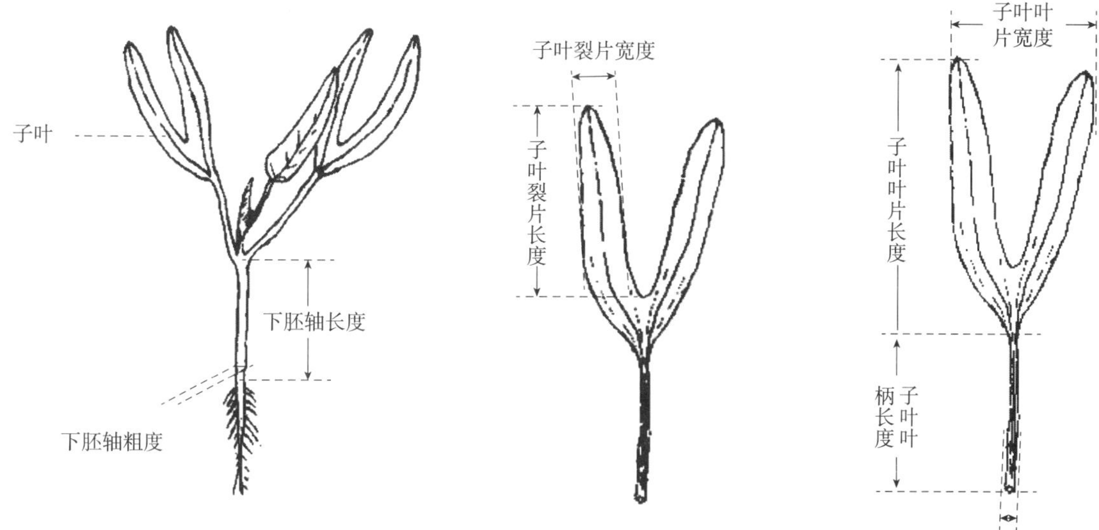

图 B.2　幼苗、子叶

性状 8　植株:株型,见图 B.3。

直立 1	半直立 2	匍匐 3

图 B.3　植株:株型

性状 10　主蔓:节间长度,测量从主蔓基部至上 5 节平均长度。

性状 12　主蔓:颜色,见图 B.4。

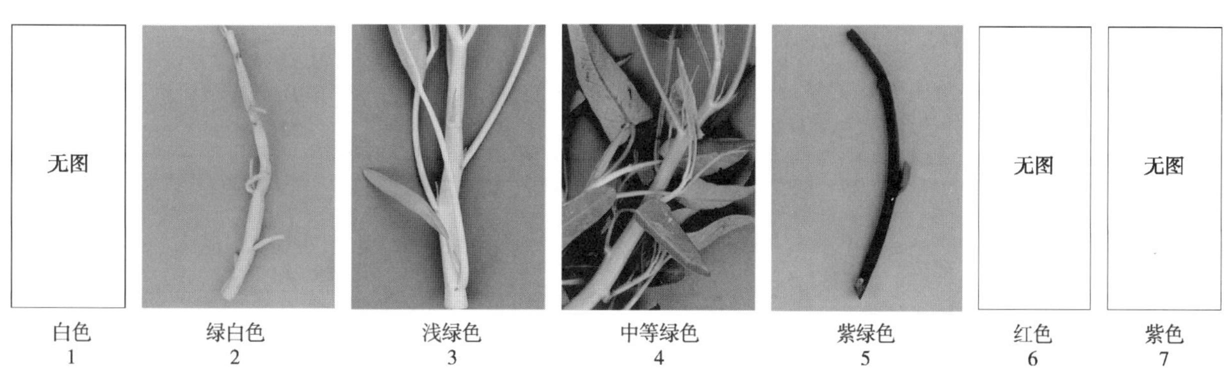

白色 1	绿白色 2	浅绿色 3	中等绿色 4	紫绿色 5	红色 6	紫色 7

图 B.4　主蔓:颜色

性状 13　茎:刺瘤,见图 B.5。

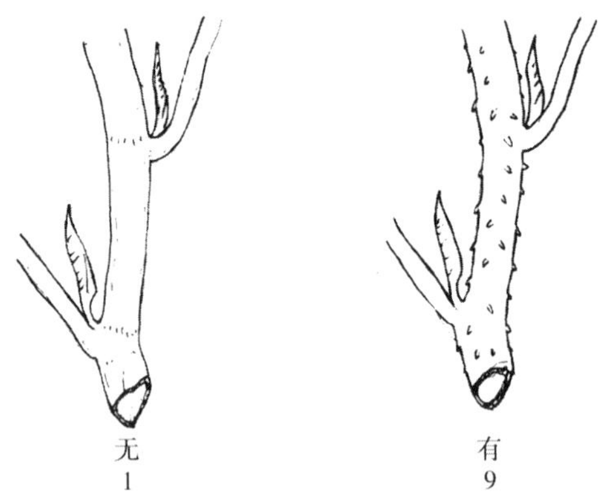

图 B.5 茎:刺瘤

性状 14 叶片:形状,见图 B.6。

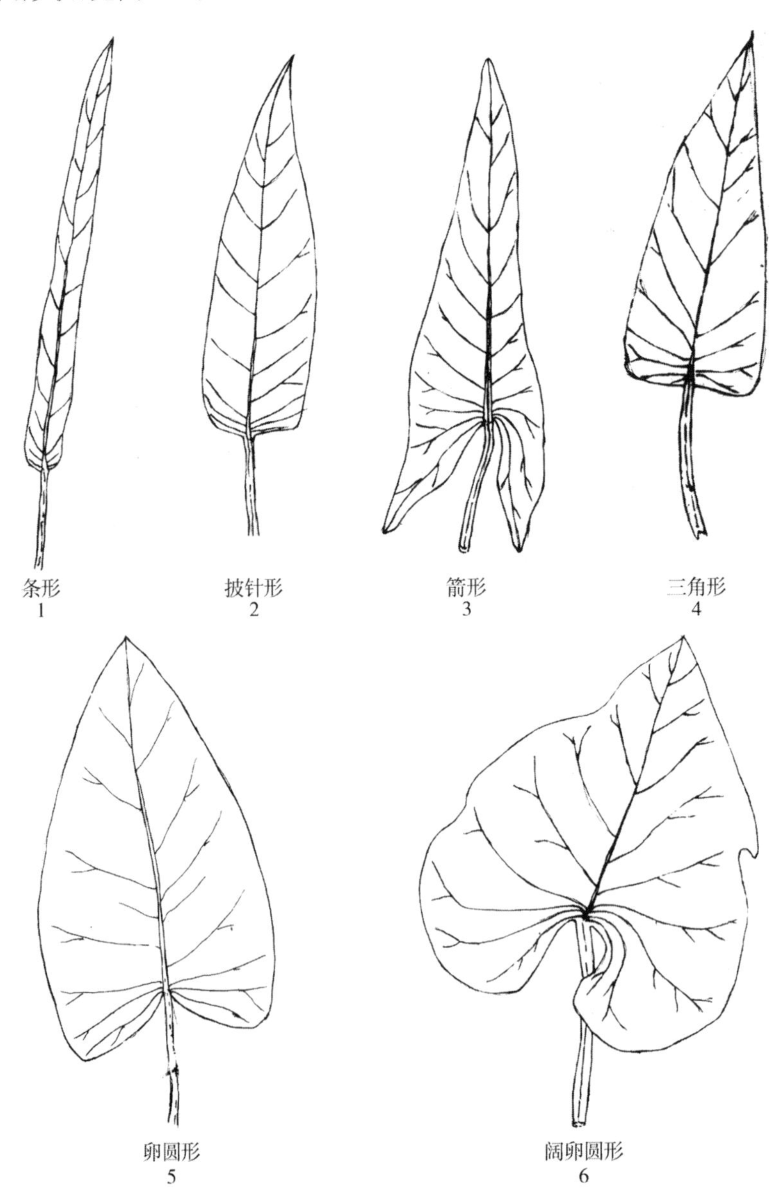

图 B.6 叶片:形状

性状 15 叶片:先端形状,见图 B.7。

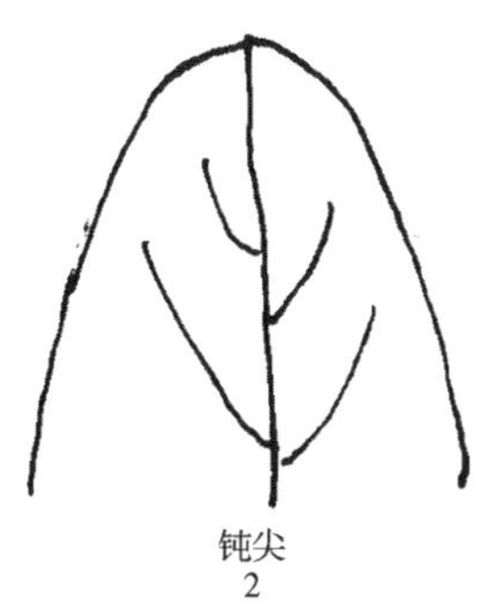

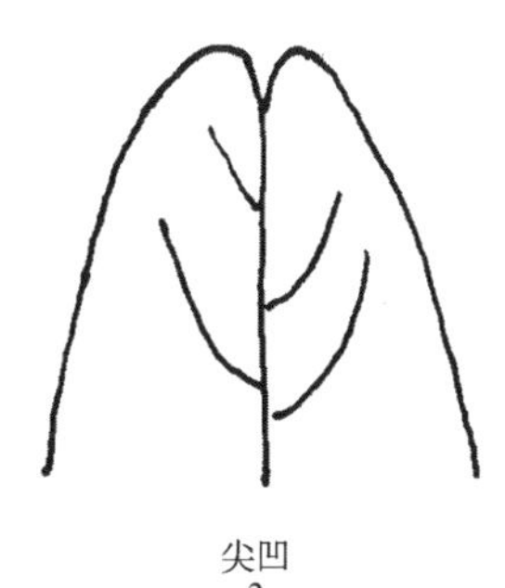

图 B.7 叶片:先端形状

性状 16 叶片:基部形状,见图 B.8。

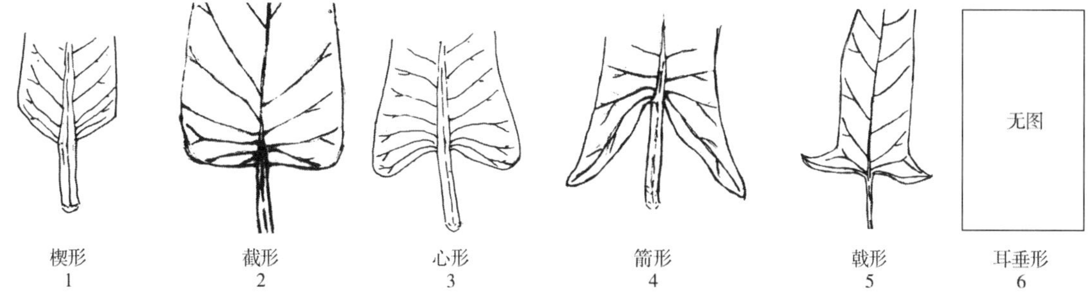

图 B.8 叶片:基部形状

性状 17 叶片:叶缘类型,见图 B.9。

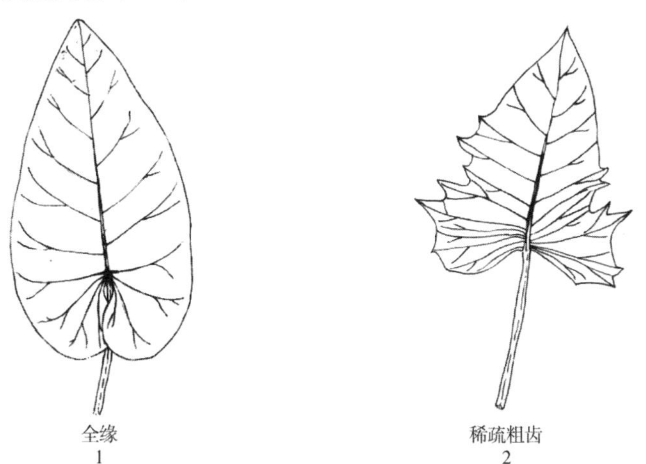

图 B.9 叶片:叶缘类型

性状 18 叶片:绿色程度,见图 B.10。

图 B.10 叶片:绿色程度

性状 19　叶片:长度,见图 B.11。

性状 20　叶片:宽度,见图 B.11。

性状 21　叶:叶柄长度,见图 B.11。

性状 22　叶:叶柄粗度,见图 B.11。

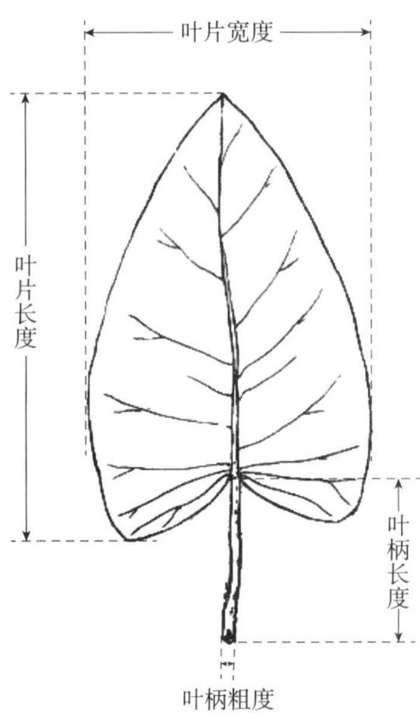

图 B.11　叶片:长度和宽度、叶:叶柄长度和粗度

性状 25　花:冠喉颜色,见图 B.12。

白色
1

粉红色
2

浅紫色
3

中等紫色
4

图 B.12　花:冠喉颜色

性状 26　花:柱头颜色,见图 B.13。

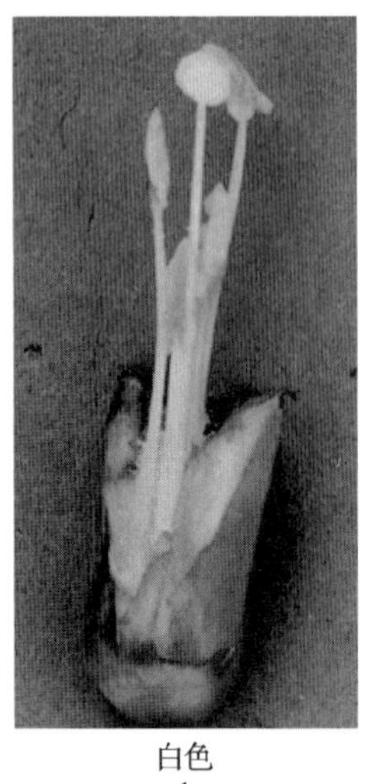
白色
1

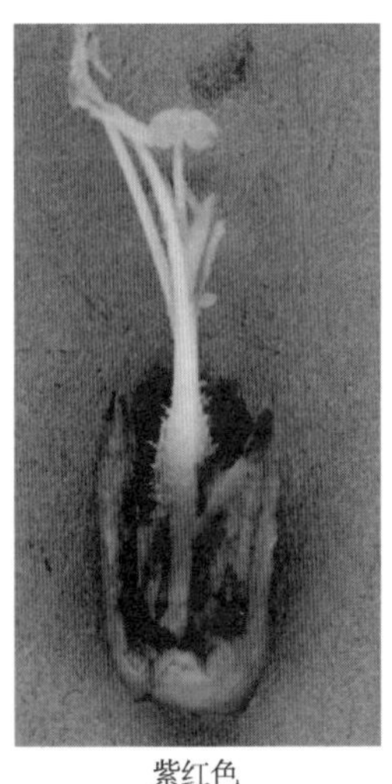
紫红色
2

图 B.13　花:柱头颜色

性状 27　<u>仅适用于子蕹品种</u>:幼苗:下胚轴粗度,见图 B. 2。

性状 29　花序梗:长度,见图 B. 14。

性状 30　花序梗:粗度,测量花序梗中部,见图 B. 14。

图 B. 14　花序梗:长度和花序梗:粗度

性状 31　花:花冠直径,见图 B. 15。

性状 32　花:花梗长度,见图 B. 15。

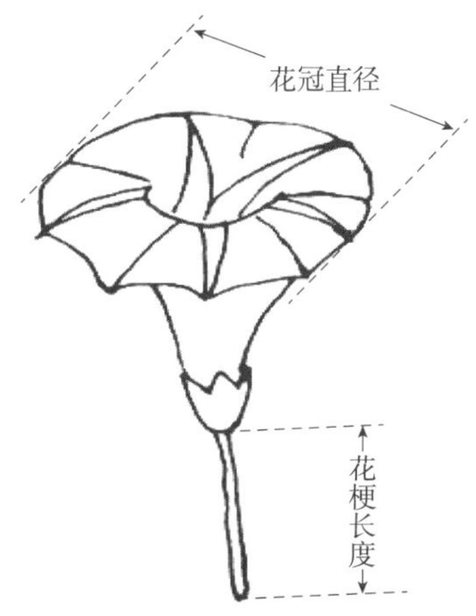

图 B. 15　花:花冠直径和花:花梗长度

性状 33　种子:种皮颜色,见图 B. 16。

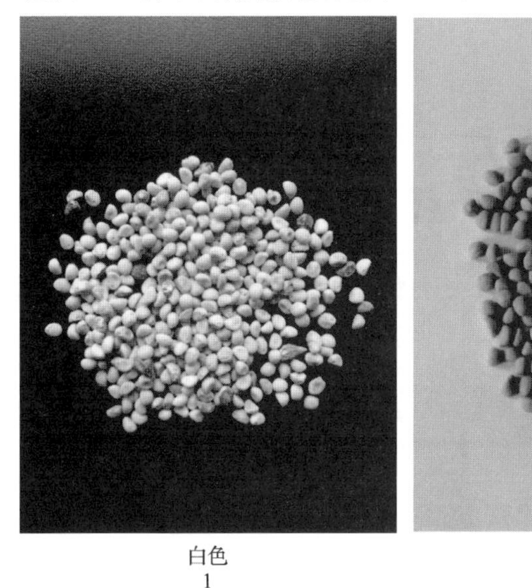

白色
1

褐色
2

黑色
3

图 B. 16　种子:种皮颜色

附 录 C
(规范性附录)
蕹菜技术问卷格式

蕹菜技术问卷

	申请号： 申请日： (由审批机关填写)
(申请人或代理机构签章)	

C.1 品种暂定名称

C.2 申请测试人信息

姓名：
地址：
电话号码：　　　　传真号码：　　　　手机号码：
邮箱地址：
育种者姓名(如果与申请测试人不同)：

C.3 植物学分类

拉丁名：*Ipomoea aquatica* Forsk.
中文名：蕹菜

C.4 品种类型

在相符的类型[　]中打√。

C.4.1 繁殖方式

C.4.1.1 子蕹 [　]

C.4.1.2 藤蕹 [　]

C.4.2 育种方式

C.4.2.1 常规育种 [　]

C.4.2.2 杂交育种 [　]

(请指明所用亲本)

C.4.2.3 其他 [　]

(请提供详细信息)

C.5 待测品种的具有代表性彩色照片

（品种照片粘贴处）
（如果照片较多，可另附页提供）

C.6 品种的选育背景、育种过程和育种方法，包括系谱、培育过程和所使用的亲本或其他繁殖材料来源与名称的详细说明

C.7 适于生长的区域或环境以及栽培技术的说明

C.8 其他有助于辨别待测品种的信息

（如品种用途、品质和抗性，请提供详细资料）

C.9 品种种植或测试是否需要特殊条件

在相符[ ] 中打√。
是[ ] 否[ ]
（如果回答是，请提供详细资料）

C.10 品种繁殖材料保存是否需要特殊条件

在相符[ ] 中打√。
是[ ] 否[ ]
（如果回答是，请提供详细资料）

C.11 待测品种需要指出的性状

在表 C.1 中相符的代码后[ ]中打√,若有测量值,请填写在表 C.1 中。

表 C.1 待测品种需要指出的性状

序号	性 状	表达状态	代 码	测量值
1	仅适用于子蕹品种:幼苗:下胚轴花青甙显色(性状 1)	无	1[ ]	
		有	9[ ]	
2	植株:株型(性状 8)	直立	1[ ]	
		半直立	2[ ]	
		匍匐	3[ ]	
3	主蔓:颜色(性状 12)	白色	1[ ]	
		绿白色	2[ ]	
		浅绿色	3[ ]	
		中等绿色	4[ ]	
		紫绿色	5[ ]	
		红色	6[ ]	
		紫色	7[ ]	
4	茎:刺瘤(性状 13)	无	1[ ]	
		有	9[ ]	
5	叶片:形状(性状 14)	条形	1[ ]	
		披针形	2[ ]	
		箭形	3[ ]	
		三角形	4[ ]	
		卵圆形	5[ ]	
		阔卵圆形	6[ ]	
6	叶片:先端形状(性状 15)	锐尖	1[ ]	
		钝尖	2[ ]	
		尖凹	3[ ]	
7	叶片:基部形状(性状 16)	楔形	1[ ]	
		截形	2[ ]	
		心形	3[ ]	
		箭形	4[ ]	
		戟形	5[ ]	
		耳垂形	6[ ]	
8	叶片:叶缘类型(性状 17)	全缘	1[ ]	
		稀疏粗齿	2[ ]	
9	叶片:绿色程度(性状 18)	浅	1[ ]	
		中	2[ ]	
		深	3[ ]	
10	花:冠喉颜色(性状 25)	白色	1[ ]	
		粉红色	2[ ]	
		浅紫色	3[ ]	
		中等紫色	4[ ]	
11	花:柱头颜色(性状 26)	白色	1[ ]	
		紫红色	2[ ]	

C.12 待测品种与近似品种的明显差异性状表

在自己知识范围内，请申请测试人在表C.2中列出待测品种与其最为近似品种的明显差异。

表C.2 待测品种与近似品种的明显差异性状表

近似品种名称	性状名称	近似品种表达状态	待测品种表达状态
近似品种1			
近似品种2(可选择)			
注：提供可以帮助审查机构对该品种以更有效的方式进行特异性测试的信息。			

申请人员承诺：技术问卷所填写的信息真实！

签名：

ICS 65.020.20
B 05

中华人民共和国农业行业标准

NY/T 3508—2019

植物品种特异性、一致性和稳定性测试指南　朱顶红属

Guidelines for the conduct of tests for distinctness, uniformity and stability—Amaryllis
(*Hippeastrum* Herb.)
(UPOV:TG/181/3, Guidelines for the conduct of tests for distinctness, uniformity and stability—Amaryllis, NEQ)

2019-12-27 发布　　2020-04-01 实施

中华人民共和国农业农村部　发布

前　言

本标准按照 GB/T 1.1—2009 给出的规则起草。

本标准使用重新起草法修改采用了国际植物新品种保护联盟(UPOV)指南“TG/181/3，Guidelines for the conduct of tests for distinctness，uniformity and stability—Amaryllis”。

本标准对应于 UPOV 指南 TG/181/3，本标准与 TG/181/3 的一致性程度为非等效。

本标准与 UPOV 指南 TG/181/3 相比存在技术性差异，主要差异如下：

——增加了“叶：长度”“花：姿态”“花：直径”“叶丛：高度”“叶：上表面次色”“外花被片：先端形状”“花：喉部主色”共 7 个性状；

——调整了“柱头：大小”1 个性状的代码。

本标准由农业农村部种业管理司提出。

本标准由全国植物新品种测试标准化技术委员会(SAC/TC 277)归口。

本标准起草单位：上海市农业科学院[农业农村部植物新品种测试(上海)分中心]、农业农村部科技发展中心、上海市农业生物基因中心。

本标准主要起草人：邓姗、杨旭红、褚云霞、张永春、章毅颖、赵洪、李寿国、徐岩、陈海荣、黄志城、林田、黄静艳。

植物品种特异性、一致性和稳定性测试指南　朱顶红属

1　范围

本标准规定了朱顶红属(*Hippeastrum* Herb.)无性繁殖品种特异性、一致性和稳定性测试的技术要求和结果判定的一般原则。

本标准适用于朱顶红属品种特异性、一致性和稳定性测试和结果判定。

2　规范性引用文件

下列文件对于本文件的应用是必不可少的。凡是注日期的引用文件,仅注日期的版本适用于本文件。凡是不注日期的引用文件,其最新版本(包括所有的修改单)适用于本文件。

GB/T 19557.1　植物新品种特异性、一致性和稳定性测试指南　总则

3　术语和定义

GB/T 19557.1 界定的以及下列术语和定义适用于本文件。

3.1

群体测量　single measurement of a group of plants or parts of plants

对一批植株或植株的某器官或部位进行测量,获得一个群体记录。

3.2

个体测量　measurement of a number of individual plants or parts of plants

对一批植株或植株的某器官或部位进行逐个测量,获得一组个体记录。

3.3

群体目测　visual assessment by a single observation of a group of plants or parts of plants

对一批植株或植株的某器官或部位进行目测,获得一个群体记录。

3.4

个体目测　visual assessment by observation of individual plants or parts of plants

对一批植株或植株的某器官或部位进行逐个目测,获得一组个体记录。

4　符号

下列符号适用于本文件:

MG:群体测量。

MS:个体测量。

VG:群体目测。

VS:个体目测。

QL:质量性状。

QN:数量性状。

PQ:假质量性状。

*:标注性状为 UPOV 用于统一品种描述所需要的重要性状。除非受环境条件限制性状的表达状态无法测试,所有 UPOV 成员都应使用这些性状。

(a):标注内容在附录 B 的 B.1 中进行了详细解释。

(+):标注内容在 B.2 中进行了详细解释。

_:本文件中下划线是特别提示测试性状的适用范围。

5 繁殖材料的要求

5.1 繁殖材料以种球形式提供。

5.2 提交的种球数量至少为30个。

5.3 提交的种球应是外观健康、无病虫侵害、达到开花要求的种球。

5.4 提交的种球一般不进行任何影响品种性状正常表达的处理(如激素处理)。如果已处理,应提供处理的详细说明。

5.5 提交的种球应符合中国植物检疫的有关规定。

6 测试方法

6.1 测试周期

测试周期至少为1个独立的生长周期。

6.2 测试地点

测试通常在一个地点进行。如果某些性状在该地点不能充分表达,可在其他符合条件的地点对其进行观测。

6.3 田间试验

6.3.1 试验设计

温室内地栽或盆栽,每小区不少于15株,2次重复。

必要时,待测品种和近似品种相邻种植。

6.3.2 田间管理

土壤(或基质)要求排水性好、肥力高,并富含有机质;栽培环境有必要的遮阳措施。

其他管理措施可按当地常规生产管理方式进行。

6.4 性状观测

6.4.1 观测时期

除非另有说明,所有性状应在盛花期植株上观测,所有关于花的性状应在第一花序梗完全开放的花(花粉散出不久)上观测。若花、叶不同步生长,所有叶部性状应当在植株长出叶片后观测最大成熟叶。

6.4.2 观测方法

性状观测应按照附录A的表A.1和表A.2规定的观测方法(VG、VS、MG、MS)进行。部分性状观测方法见B.2。

用比色卡观测颜色时,应在人工模拟日光或中午无阳光直射的室内进行。提供人工照明装置的光谱分布应符合CIE推荐的日光D6500标准和适合英国950标准的第一部分。所有观测应把植株测试部分置于白色背景上进行。

6.4.3 观测数量

除非另有说明,个体观测性状(VS、MS)植株取样数量不少10个,在观测植株的器官或部位时,每个植株取样数量应为1个。群体观测性状(VG、MG)应观测整个小区或规定大小的混合样本。

6.5 附加测试

必要时,可选用表A.2中的性状或本文件未列出的性状进行附加测试。

7 特异性、一致性和稳定性结果的判定

7.1 总体原则

特异性、一致性和稳定性的判定按照GB/T 19557.1确定的原则进行。

7.2 特异性的判定

待测品种应明显区别于所有已知品种。在测试中,当待测品种至少在一个性状上与近似品种具有明

显且可重现的差异时，即可判定待测品种具备特异性。

7.3 一致性的判定

对于待测品种，一致性判定时，采用1%的群体标准和至少95%的接受概率。当样本大小为30株时，最多可以允许有1个异型株。

7.4 稳定性的判定

如果一个品种具备一致性，则可认为该品种具备稳定性。一般不对稳定性进行测试。

必要时，可以种植该品种的下一批种球，与以前提供的种球相比，若性状表达无明显变化，则可判定该品种具备稳定性。

8 性状表

8.1 概述

根据测试需要，将性状分为基本性状、选测性状，基本性状是测试中必须使用的性状，选测性状是申请人附加说明要求测试的性状。朱顶红属基本性状见表A.1，选测性状见表A.2。性状表列出了性状名称、表达类型、表达状态及相应的代码和标准品种、观测时期和方法等内容。

8.2 表达类型

根据性状表达方式，性状分为质量性状、假质量性状和数量性状3种类型。

8.3 表达状态和相应代码

每个性状划分为一系列表达状态，以便于定义性状和规范描述；每个表达状态赋予一个相应的数字代码，以便于数据记录、处理和品种描述的建立与交流。

8.4 标准品种

性状表中列出了部分性状有关表达状态可参考的标准品种，以助于确定相关性状的不同表达状态和校正环境因素引起的差异。

9 分组性状

本文件中，品种分组性状如下：

a) 花：类型(表A.1中性状8)。

b) 花：内侧主色(表A.1中性状14)。

组1：白色；

组2：绿色；

组3：黄色；

组4：浅橙色；

组5：浅粉色；

组6：粉色；

组7：红色；

组8：深红色。

c) *花：外花被片宽度(表A.1中性状18)。

10 技术问卷

申请人应按附录C给出的格式填写朱顶红属技术问卷。

附 录 A
（规范性附录）
朱顶红属性状表

A.1 朱顶红属基本性状

见表A.1。

表 A.1 朱顶红属基本性状

序号	性状	观测方法	表达状态	标准品种	代码
1	叶:长度 QN (a)	MS	极短		1
			极短到短		2
			短		3
			短到中		4
			中	罗莎丽(Rosalie)	5
			中到长		6
			长	弗拉明戈舞后(Flamenco Queen)	7
			长到极长		8
			极长		9
2	*叶:宽度 QN (a)	MS	极窄		1
			极窄到窄		2
			窄		3
			窄到中		4
			中	紫雨(Purple Rain)	5
			中到宽		6
			宽	桑巴舞(Samba)	7
			宽到极宽		8
			极宽		9
3	叶:花青甙显色 QL (a)	VG	无		1
			有		9
4	*花序梗:长度 QN	MS	极短		1
			极短到短		2
			短	帕萨迪纳(Pasadena)	3
			短到中		4
			中	樱桃妮芙(Cherry Nymph)	5
			中到长		6
			长	阿黛尔(Adele)	7
			长到极长		8
			极长		9

表 A.1(续)

序号	性状	观测方法	表达状态	标准品种	代码
5	花序梗:横径 QN (+)	MS	极细		1
			极细到细		2
			细	拉巴斯(Lapaz)	3
			细到中		4
			中	花边石竹(Picotee)	5
			中到粗		6
			粗		7
			粗到极粗		8
			极粗		9
6	花序梗:基部花青甙显色 QL	VG	无		1
			有		9
7	* 花序:花数 QN	MS	极少		1
			极少到少		2
			少		3
			少到中		4
			中	双重漩涡(Splash)	5
			中到多		6
			多	霓虹灯(Neog Eon)	7
			多到极多		8
			极多		9
8	* 花:类型 QL	VG	单瓣		1
			重瓣		2
9	仅适用于重瓣品种 花:瓣化雄蕊形状 QL (+)	VG	规则		1
			不规则		2
10	* 花:花梗长度 QN (+)	MS	极短		1
			极短到短		2
			短		3
			短到中		4
			中	纳加诺(Nagano)	5
			中到长		6
			长	舞后(Dancing Queen)	7
			长到极长		8
			极长		9
11	花:花梗花青甙显色 QL	VG	无		1
			有		9

表 A.1(续)

序号	性状	观测方法	表达状态	标准品种	代码
12	花:姿态 PQ (+)	VG	斜上		1
			近水平		2
			斜下		3
13	* 花:花冠正面形状 PQ (+)	VG	圆形	双龙(Double Dragon)	1
			三角形	庆祝 (Celebration)	2
			星形	帕萨迪纳 (Pasadena)	3
14	* 花:内侧主色 PQ	VG	RHS 比色		
15	* 花:颜色分布 PQ (+)	VG	单色	粉色惊奇(Pink Surprise)	1
			脉纹	花瓶(Gervase)	2
			火焰状	樱桃妮芙(Cherry Nymph)	3
			镶边	花边石竹(Picotee)	4
			条斑状	舞后(Dancing Queen)	5
			星状纹	庆祝(Celebration)	6
16	花:直径 QN	MS	极小		1
			极小到小		2
			小		3
			小到中		4
			中	帕萨迪纳(Pasadena)	5
			中到大		6
			大	爱神蝴蝶(Aphrodite)	7
			大到极大		8
			极大		9
17	* 花:外花被片长度 QN	MS	极短		1
			极短到短		2
			短	恒绿(Evergreen)	3
			短到中		4
			中	帕萨迪纳(Pasadena)	5
			中到长		6
			长		7
			长到极长		8
			极长		9

表 A.1(续)

序号	性状	观测方法	表达状态	标准品种	代码
18	* 花:外花被片宽度 QN	MS	极窄		1
			极窄到窄		2
			窄	红唇(Tres Chique)	3
			窄到中		4
			中	诱惑(Temptation)	5
			中到宽		6
			宽	维拉(Vera)	7
			宽到极宽		8
			极宽		9
19	* 花:花被片交叠程度 QN (+)	VG	极弱		1
			极弱到弱		2
			弱	帕萨迪纳 (Pasadena)	3
			弱到中		4
			中	庆祝 (Celebration)	5
			中到强		6
			强	贝尼托 (Benito)	7
			强到极强		8
			极强		9
20	* 花:外花被片形状 PQ (+)	VG	窄倒卵圆形	红唇 (Tres Chique)	1
			中等倒卵圆形	弗拉明戈舞后(Flamenco Queen)	2
			阔倒卵圆形	苹果花 (Apple Blossom)	3
			窄椭圆形	波哥大(Bogota)	4
			中等椭圆形	诱惑 (Temptation)	5
			阔椭圆形	粉色惊奇(Pink Surprise)	6
			窄卵圆形	双重漩涡(Splash)	7
			中等卵圆形	珍妮小姐(Lady Jane)	8
			阔卵圆形		9
21	花:内花被片缺刻 QL (+)	VG	无	花瓶(Gervase)	1
			有	圣诞快乐(Merry Christmas)	9
22	花被片:皱褶程度 QN (+)	VG	极弱		1
			极弱到弱		2
			弱	花瓶(Gervase)	3
			弱到中		4
			中	阿黛尔(Adele)	5
			中到强		6
			强	维拉(Vera)	7

表 A.1(续)

序号	性状	观测方法	表达状态	标准品种	代码
23	花丝:颜色 PQ (+)	VG	白色		1
			绿色		2
			黄色		3
			粉色		4
			红色		5
			深红色		6
			紫红色		7
			紫色		8
24	花药:即将散粉时裂口主色 PQ	VG	浅绿色		1
			浅黄色		2
			浅红色		3
			浅粉色		4
			浅紫色		5
25	花柱:颜色 PQ (+)	VG	白色		1
			绿色		2
			黄色		3
			粉色		4
			红色		5
			深红色		6
			紫红色		7
			紫色		8
26	柱头:大小 QN (+)	VG	极小		1
			小	阿黛尔(Adele)	2
			中	粉色惊奇(Pink Surprise)	3
			大	紫雨(Purple Rain)	4
			极大		5

A.2 朱顶红属选测性状

见表 A.2。

表 A.2 朱顶红属选测性状

序号	性状	观测方法	表达状态	标准品种	代码
27	叶丛:高度 QN	MS	极矮		1
			极矮到矮		2
			矮	派比奥(Papillio)	3
			矮到中		4
			中	纳加诺(Nagano)	5
			中到高		6
			高		7
			高到极高		8
			极高		9
28	叶:上表面次色 QL	VG	无		1
			有		9
29	外花被片:先端形状 QL (+)	VG	尖	波哥大(Bogota)	1
			钝	红唇(Tres Chique)	2
			圆	紫雨(Purple Rain)	3
30	花:喉部主色 PQ	VG	白色		1
			绿色		2
			橙色		3
			粉色		4
			红色		5

附 录 B
(规范性附录)
朱顶红属性状表的解释

B.1 涉及多个性状的解释

涉及叶的性状观测植株的最大成熟叶。

B.2 涉及单个性状的解释

性状分级和图中代码见表 A.1 和表 A.2。

性状 5　花序梗:横径,测量花序梗中部 1/2 处。

性状 9　仅适用于重瓣品种　花:瓣化雄蕊形状,见图 B.1。

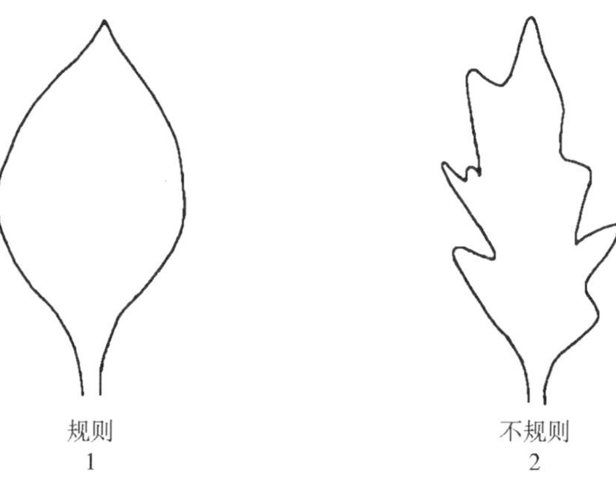

图 B.1　仅适用于重瓣品种　花:瓣化雄蕊形状

性状 10　* 花:花梗长度,测量花序梗上的最长花梗。

性状 12　花:姿态,见图 B.2。

图 B.2　花:姿态

性状 13　＊花:花冠正面形状,见图 B.3。

图 B.3　＊花:花冠正面形状

性状 15　＊花:颜色分布,见图 B.4。

图 B.4　＊花:颜色分布

性状 19　*花:花被片交叠程度,见图 B.5,观测内、外花被片间的交叠程度。

图 B.5　*花:花被片交叠程度

性状 20　*花:外花被片形状,见图 B.6。

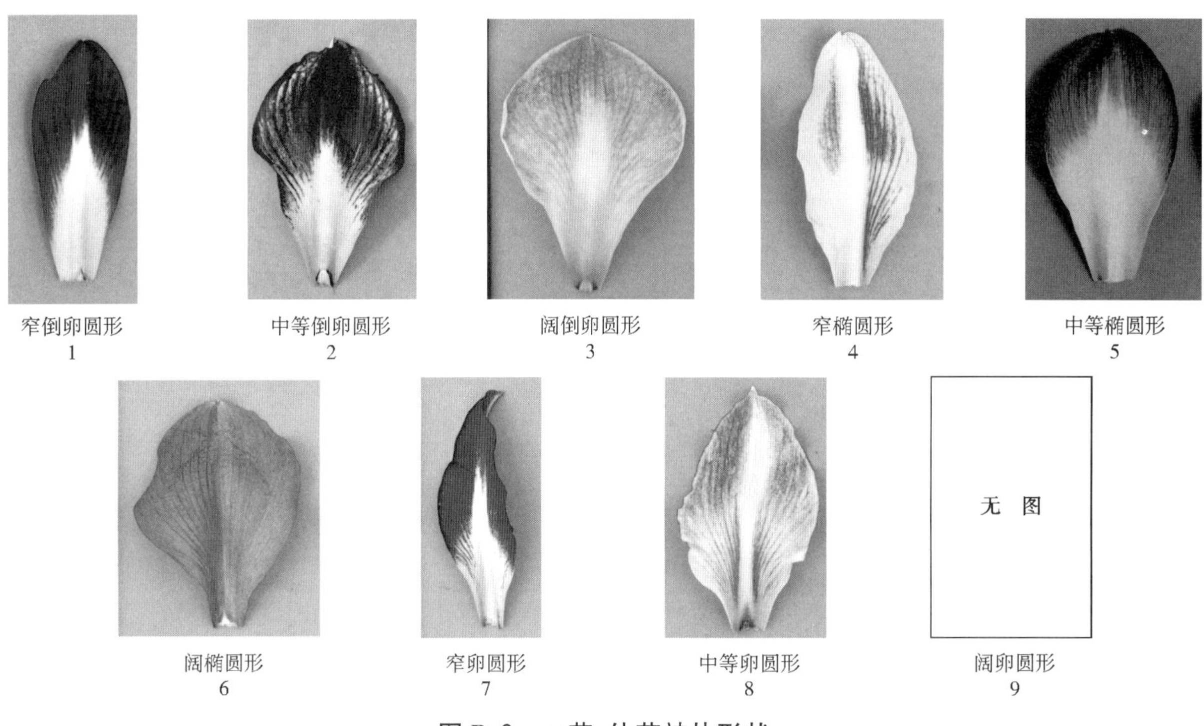

图 B.6　*花:外花被片形状

性状 21　花:内花被片缺刻,见图 B.7。

图 B.7　花:内花被片缺刻

性状 22　花被片:皱褶程度,见图 B.8。

花瓣横切后,观测切面。

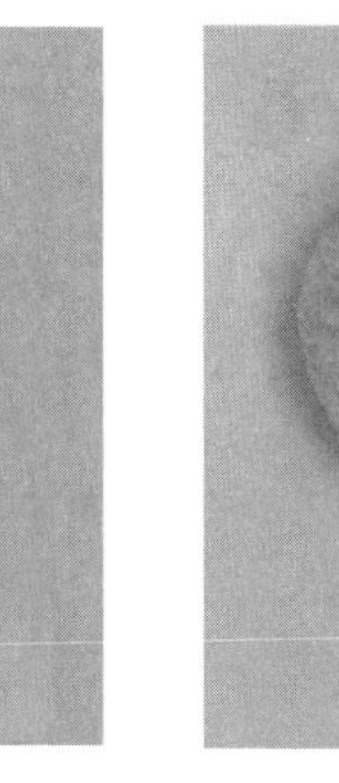

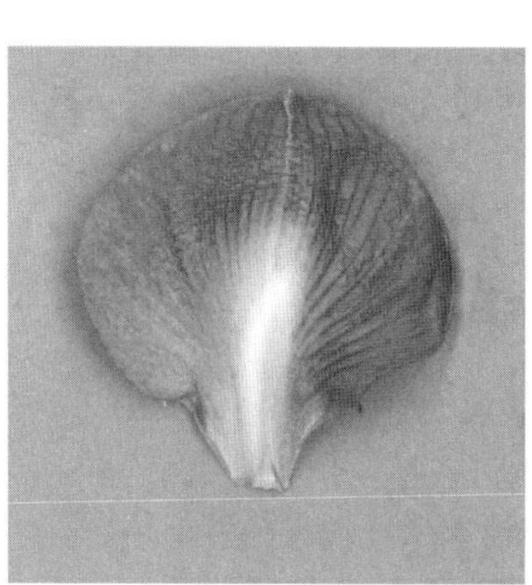

弱　　中　　强

3　　5　　7

图 B.8　花被片:皱褶程度

性状 23　花丝:颜色,观测主色。

性状 25　花柱:颜色,观测主色。

性状 26　柱头:大小,见图 B.9。

小　　中　　大

2　　3　　4

图 B.9　柱头:大小

性状 29　外花被片:先端形状,见图 B.10。

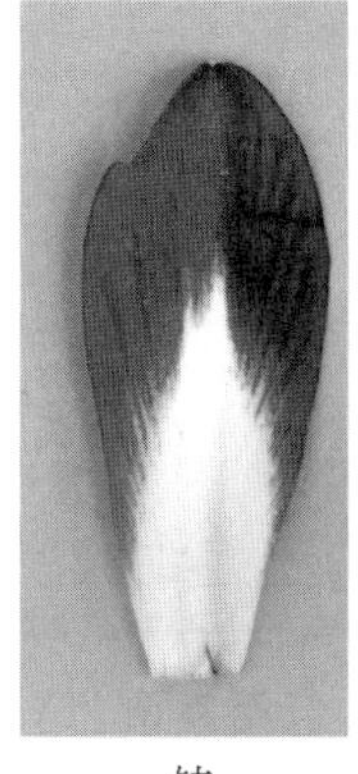

尖　　钝　　圆

1　　2　　3

图 B.10　外花被片:先端形状

附　录　C
（规范性附录）
朱顶红属技术问卷格式

朱顶红属技术问卷

申请号：
申请日：
（由审批机关填写）

（申请人或代理机构签章）

C.1　品种暂定名称

C.2　申请测试人信息

姓　　名：
地　　址：
电话号码：　　　　　　　　传真号码：　　　　　　　　手机号码：
邮箱地址：
育种者姓名：

C.3　植物学分类

拉丁名：*Hippeastrum* Herb.
中文名：朱顶红属

C.4　繁殖方式

分球繁殖[　]
切割鳞茎繁殖[　]
组培繁殖[　]
其他[　]（请指出具体方式）

C.5　待测品种的具有代表性彩色照片

（品种照片粘贴处）
（如果照片较多，可另附页提供）

C.6　品种的选育背景、育种过程和育种方法，包括系谱、培育过程和所使用的亲本或其他繁殖材料来源与名称的详细说明

C.7 其他有助于辨别待测品种的信息

（如品种用途、品质和抗性，请提供详细资料）

C.8 品种种植或测试是否需要特殊条件

在相符的类型［ ］中打√。

是［ ］ 否［ ］

（如果回答是，请提供详细资料）

C.9 品种繁殖材料保存是否需要特殊条件

在相符的类型［ ］中打√。

是［ ］ 否［ ］

（如果回答是，请提供详细资料）

C.10 待测品种需要指出的性状

在表 C.1 中相符的代码后［ ］中打√，若有测量值，请填写在表 C.1 中。

表 C.1 待测品种需要指出的性状

序号	性 状	表达状态	代 码	测量值
1	* 花:类型(性状 8)	单瓣	1［ ］	
		重瓣	2［ ］	
2	* 花:内侧主色(性状 14)	白色	1［ ］	
		绿色	2［ ］	
		黄色	3［ ］	
		浅橙色	4［ ］	
		浅粉色	5［ ］	
		粉色	6［ ］	
		红色	7［ ］	
		深红色	8［ ］	
3	* 花:颜色分布(性状 15)	单色	1［ ］	
		脉纹	2［ ］	
		火焰状	3［ ］	
		镶边	4［ ］	
		条斑状	5［ ］	
		星状纹	6［ ］	
4	花:直径(性状 16)	极小	1［ ］	
		极小到小	2［ ］	
		小	3［ ］	
		小到中	4［ ］	
		中	5［ ］	
		中到大	6［ ］	
		大	7［ ］	
		大到极大	8［ ］	
		极大	9［ ］	
5	* 花:外花被片宽度(性状 18)	极窄	1［ ］	
		极窄到窄	2［ ］	
		窄	3［ ］	
		窄到中	4［ ］	
		中	5［ ］	
		中到宽	6［ ］	
		宽	7［ ］	
		宽到极宽	8［ ］	
		极宽	9［ ］	

C.11 待测品种与近似品种的明显差异性状表

在自己知识范围内，请申请测试人在表C.2中列出待测品种与其最为近似品种的明显差异。

表 C.2 待测品种与近似品种的明显差异性状表

<table>
<tr><th>近似品种名称</th><th>性状名称</th><th>近似品种表达状态</th><th>待测品种表达状态</th></tr>
<tr><td rowspan="2"></td><td></td><td></td><td></td></tr>
<tr><td></td><td></td><td></td></tr>
<tr><td rowspan="2"></td><td></td><td></td><td></td></tr>
<tr><td></td><td></td><td></td></tr>
<tr><td colspan="4">注：提供可以帮助审查机构对该品种以更有效的方式进行特异性测试的信息。</td></tr>
</table>

申请人员承诺：技术问卷所填写的信息真实！
签名：

参 考 文 献

[1]UPOV TG/1 GENERAL INTRODUCTION TO THE EXAMINATION OF DISTINCTNESS, UNIFORMITY AND STABILITY AND THE DEVELOPMENT OF HARMONIZED DESCRIPTIONS OF NEW VARIETIES OF PLANTS.
[2]UPOV TGP/7 DEVELOPMENT OF TEST GUIDELINES.
[3]UPOV TGP/8 TRIAL DESIGN AND TECHNIQUES USED IN THE EXAMINATION OF DISTINCTNESS, UNIFORMITY AND STABILITY.
[4]UPOV TGP/9 EXAMINING DISTINCTNESS.
[5]UPOV TGP/10 EXAMINING UNIFORMITY.
[6]UPOV TGP/11 EXAMINING STABILITY.
[7]ヒッペアストルム（アマリリス)属 Amaryllis (*Hippeastrum* Herb.).

ICS 65.020.20
B 05

中华人民共和国农业行业标准

NY/T 3509—2019

植物品种特异性、一致性和稳定性测试指南　菠菜

Guidelines for the conduct of tests for distinctness, uniformity and stability—Spinach

(*Spinacia oleracea* L.)

(UPOV:TG/55/7Rev.4, Guidelines for the conduct of tests for distinctness, uniformity and stability—Spinach, NEQ)

2019-12-27 发布　　　　2020-04-01 实施

中华人民共和国农业农村部　发布

前 言

本标准按照 GB/T 1.1—2009 给出的规则起草。

本标准使用重新起草法修改采用了国际植物新品种保护联盟(UPOV)指南"TG/55/7Rev. 4,Guidelines for the conduct of tests for distinctness, uniformity and stability—Spinach"。

本标准对应于 UPOV 指南 TG/55/7Rev. 4,本标准与 TG/55/7Rev. 4 的一致性程度为非等效。

本标准与 UPOV 指南 TG/55/7Rev. 4 相比存在技术性差异,主要差异如下:

——在基本性状中增加了"叶片:基部形状"、"叶片:长度"和"叶片:宽度"共 3 个性状;在选测性状中增加了"植株:高度"、"植株:株幅"和"主根:颜色"共 3 个性状;

——将"抗性:霜霉病"、"抗性:黄瓜花叶病毒(CMV)"共 2 个性状调整到选测性状,并调整了性状的表达状态和测试要求。

本标准由农业农村部种业管理司提出。

本标准由全国植物新品种测试标准化技术委员会(SAC/TC 277)归口。

本标准起草单位:上海市农业科学院[农业农村部植物新品种测试(上海)分中心]、农业农村部科技发展中心、上海市农业生物基因中心。

本标准主要起草人:陈海荣、邓姗、任丽、赵洪、章毅颖、韩瑞玺、李寿国、黄志城、徐岩、魏仕伟、褚云霞、张兆辉、刘春晖、杨华、黄静艳。

植物品种特异性、一致性和稳定性测试指南　菠菜

1 范围

本标准规定了菠菜(*Spinacia oleracea* L.)品种特异性、一致性和稳定性测试的技术要求和结果判定的一般原则。

本标准适用于菠菜品种特异性、一致性和稳定性测试和结果判定。

2 规范性引用文件

下列文件对于本文件的应用是必不可少的。凡是注日期的引用文件,仅注日期的版本适用于本文件。凡是不注日期的引用文件,其最新版本(包括所有的修改单)适用于本文件。

GB/T 19557.1　植物新品种特异性、一致性和稳定性测试指南　总则

3 术语和定义

GB/T 19557.1 界定的以及下列术语和定义适用于本文件。

3.1

群体测量　single measurement of a group of plants or parts of plants

对一批植株或植株的某器官或部位进行测量,获得一个群体记录。

3.2

个体测量　measurement of a number of individual plants or parts of plants

对一批植株或植株的某器官或部位进行逐个测量,获得一组个体记录。

3.3

群体目测　visual assessment by a single observation of a group of plants or parts of plants

对一批植株或植株的某器官或部位进行目测,获得一个群体记录。

4 符号

下列符号适用于本文件:

MG:群体测量。

MS:个体测量。

VG:群体目测。

QL:质量性状。

QN:数量性状。

PQ:假质量性状。

*:标注性状为 UPOV 用于统一品种描述所需要的重要性状,除非受环境条件限制性状的表达状态无法测试,所有 UPOV 成员都应使用这些性状。

(a):标注内容在附录 B 的 B.2 中进行了详细解释。

(+):标注内容在 B.3 中进行了详细解释。

__:本文件中下划线是特别提示测试性状的适用范围。

5 繁殖材料的要求

5.1　繁殖材料以菠菜种子的形式提供。

5.2　种子提交数量至少为 250 g。

5.3　提交的繁殖材料应外观健康，活力高，无病虫侵害，具体质量要求如下：发芽率≥75%、净度≥98%、含水量≤10%。

5.4　提交的繁殖材料一般不进行任何影响品种性状正常表达的处理（如种子包衣处理）。如果已处理，应提供处理的详细说明。

5.5　提交的繁殖材料应符合中国植物检疫的有关规定。

6　测试方法

6.1　测试周期

测试周期一般至少为相同季节的2个独立的生长周期。

6.2　测试地点

测试通常在一个地点进行。如果某些性状在该地点不能充分表达，可在其他符合条件的地点对其进行观测。

6.3　田间试验

6.3.1　试验设计

采用露地适宜密度点播，小区面积不少于4 m^2，每小区不少于100株。共设2次重复。

必要时，待测品种和近似品种相邻种植。

6.3.2　田间管理

可按当地生产管理方式进行。

6.4　性状观测

6.4.1　观测时期

性状观测应按照附录A表A.1和表A.2列出的生育阶段进行。生育阶段描述见表B.1。

6.4.2　观测方法

性状观测应按照表A.1和表A.2规定的观测方法（MG、MS、VG）进行。部分性状观测方法见B.2和B.3。

6.4.3　观测数量

除非另有说明，个体观测性状（MS）植株取样数量为20个，在观测植株的器官或部位时，每个植株取样数量应为1个。群体观测性状（MG、VG）应观测整个小区或规定大小的混合样本。

6.5　附加测试

必要时，可选用表A.2中的性状或本文件未列出的性状进行附加测试。

7　特异性、一致性和稳定性结果的判定

7.1　总体原则

特异性、一致性和稳定性的判定按照GB/T 19557.1确定的原则进行。

7.2　特异性的判定

待测品种应明显区别于所有已知品种。在测试中，当待测品种至少在一个性状上与最近似的品种具有明显且可重现的差异时，即可判定待测品种具备特异性。

7.3　一致性的判定

对于杂交种，一致性判定时，采用2%的群体标准和95%的接受概率。当样本为100个植株时，异型株的数量不应超过5个。

对于常规种、自交系等品种，一致性判定时，采用3%的群体标准和95%的接受概率。当样本为100个植株时，异型株的数量不应超过6个。

所有性型性状不作为一致性判定的考察性状。

7.4 稳定性的判定

如果一个品种具备一致性,则可认为该品种具备稳定性。一般不对稳定性进行测试。

必要时,可以种植该品种的下一代种子或新提供的繁殖材料,与以前提供的繁殖材料相比,若性状表达无明显变化,则可判定该品种具备稳定性。

杂交种的稳定性判定,除直接对杂交种本身进行测试外,还可以通过对其亲本系的一致性和稳定性鉴定的方法进行判定。

8 性状表

8.1 概述

根据测试需要,将性状分为基本性状和选测性状。基本性状是测试中必须使用的性状,基本性状见表 A.1,选测性状见表 A.2。

性状表列出了性状名称、表达类型、表达状态及相应的代码和标准品种、观测时期和方法等内容。

8.2 表达类型

根据性状表达方式,将性状分为质量性状、假质量性状和数量性状 3 种类型。

8.3 表达状态和相应代码

每个性状划分为一系列表达状态,以便于定义性状和规范描述;每个表达状态赋予一个相应的数字代码,以便于数据记录、处理和品种描述的建立与交流。

8.4 标准品种

性状表中列出了部分性状有关表达状态可参考的标准品种,以助于确定相关性状的不同表达状态和校正环境因素引起的差异。

9 分组性状

本文件中,品种分组性状如下:

a) *叶:叶柄和叶脉花青甙显色(表 A.1 中性状 2)。

b) *叶片:绿色程度(表 A.1 中性状 3)。

c) *叶片:形状(不包括基部裂片)(表 A.1 中性状 8)。

d) *植株:抽薹期(表 A.1 中性状 16)。

e) *植株:雌株比例(表 A.1 中性状 18)。

f) 种子(收获种子):刺(表 A.1 中性状 20)。

10 技术问卷

申请人应按附录 C 给出的格式填写菠菜技术问卷。

附　录　A
（规范性附录）
菠菜性状表

A.1　菠菜基本性状

见表 A.1。

表 A.1　菠菜基本性状

序号	性　状	观测时期和方法	表达状态	标准品种	代码
1	子叶:长度 QN	01 MS	极短		1
			极短到短		2
			短		3
			短到中	黄山菠	4
			中	尖叶菠菜	5
			中到长	泰盛(NS-326)	6
			长	火筒菠菜	7
			长到极长		8
			极长		9
2	* 叶:叶柄和叶脉花青甙显色 QL (+)	02 VG	无		1
			有		9
3	* 叶片:绿色程度 QN (a) (+)	02 VG	极浅		1
			极浅到浅		2
			浅	黄山菠	3
			浅到中		4
			中	Diamond	5
			中到深		6
			深	登高菠菜	7
			深到极深		8
			极深		9
4	* 叶片:泡状程度 QN (a) (+)	02 VG	无或极弱		1
			极弱到弱		2
			弱	Diamond	3
			弱到中		4
			中	登高菠菜	5
			中到强		6
			强		7
			强到极强		8
			极强		9
5	* 叶片:裂刻程度 QN (a) (+)	02 VG	无或极弱		1
			极弱到弱		2
			弱	火筒菠菜	3
			弱到中		4
			中	Diamond	5
			中到强		6
			强	登高菠菜	7
			强到极强		8
			极强		9

表 A.1(续)

序号	性　状	观测时期和方法	表达状态	标准品种	代码
6	* 叶柄:姿态 QN (a) (+)	02 VG	直立		1
			直立到半直立	登高菠菜	2
			半直立		3
			半直立到水平	Diamond	4
			水平		5
7	* 叶片:姿态 QN (a) (+)	02 VG	直立	火筒菠菜	1
			半直立	台湾大叶菠菜	2
			水平	Diamond	3
			半下垂		4
8	* 叶片:形状(不包括基部裂片) PQ (a) (+)	02 VG	三角形	Diamond	1
			披针形		2
			卵圆形		3
			阔卵圆形		4
			椭圆形	登高菠菜	5
			圆形		6
9	叶片:边缘卷曲 QN (a)	02 VG	内卷		1
			平展	Diamond	2
			外卷	黄山菠	3
10	* 叶片:先端形状 QN (a) (+)	02 VG	尖	尖叶菠菜	1
			钝	Diamond	2
			圆		3
11	叶片:基部形状 QN (a) (+)	02 VG	凹	本地尖圆叶	1
			平	台湾大叶菠菜	2
			凸	Diamond	3
12	叶片:长度 QN (a) (+)	02 MS	极短		1
			极短到短		2
			短	雷蒙 2 号	3
			短到中	泰盛(NS-326)	4
			中	火筒菠菜	5
			中到长	黄山菠	6
			长	本地尖圆叶	7
			长到极长		8
			极长		9
13	叶片:宽度 QN (a) (+)	02 MS	极窄		1
			极窄到窄	雷蒙 2 号	2
			窄	泰盛(NS-326)	3
			窄到中		4
			中	火筒菠菜	5
			中到宽		6
			宽	本地尖圆叶	7
			宽到极宽		8
			极宽		9

表 A.1(续)

序号	性　状	观测时期和方法	表达状态	标准品种	代码
14	叶:叶柄长度 QN (a) (+)	02 MS	极短		1
			极短到短	雷蒙 2 号	2
			短	泰盛(NS-326)	3
			短到中		4
			中	黄山菠	5
			中到长	尖叶菠菜	6
			长	本地尖圆叶	7
			长到极长	台湾大叶菠菜	8
			极长		9
15	* 叶片:纵切面形状 QN (+)	02 VG	凹		1
			平		2
			凸		3
16	* 植株:抽薹期 QN (+)	03 MG	极早		1
			极早到早		2
			早	尖叶菠菜	3
			早到中	黄山菠	4
			中	登高菠菜	5
			中到晚	泰盛(NS-326)	6
			晚	雷蒙 2 号	7
			晚到极晚	台湾大叶菠菜	8
			极晚		9
17	* 植株:雌雄同株比例 QN (+)	04 MG	无或极低		1
			极低到低		2
			低		3
			低到中		4
			中		5
			中到高		6
			高		7
			高到极高		8
			极高		9
18	* 植株:雌株比例 QN (+)	04 MG	无或极低		1
			极低到低		2
			低		3
			低到中		4
			中		5
			中到高		6
			高		7
			高到极高		8
			极高		9
19	* 植株:雄株比例 QN (+)	04 MG	无或极低		1
			极低到低		2
			低		3
			低到中		4
			中		5
			中到高		6
			高		7
			高到极高		8
			极高		9
20	种子(收获种子):刺 QL (+)	05 VG	无	光头菠菜	1
			针状刺		2
			大刺		3

A.2　菠菜选测性状

见表 A.2。

表 A.2　菠菜选测性状

序号	性　状	观测时期和方法	表达状态	标准品种	代码
21	植株:高度 QN (+)	02 MS	极低		1
			极低到低	雷蒙 2 号	2
			低	泰盛(NS-326)	3
			低到中		4
			中		5
			中到高		6
			高	本地尖圆叶	7
			高到极高		8
			极高		9
22	植株:株幅 QN (+)	02 MS	极小		1
			极小到小		2
			小	雷蒙 2 号	3
			小到中		4
			中	泰盛(NS-326)	5
			中到大	黄山菠	6
			大	尖叶菠菜	7
			大到极大		8
			极大		9
23	主根:颜色 PQ	02 VG	白绿色		1
			粉红色		2
			红色		3
			紫红色		4
24	抗性:霜霉病 QN (+)	MG	高感		1
			感		2
			中		3
			抗		4
			高抗		5
25	抗性:黄瓜花叶病毒(CMV) QN (+)	MG	高感		1
			感		2
			中		3
			抗		4
			高抗		5

附 录 B
(规范性附录)
菠菜性状表的解释

B.1 菠菜生育阶段

见表B.1。

表B.1 菠菜生育阶段表

生育阶段代码	描 述
00	干种子(送检)
01	一叶一心
02	成株期(营养生长末期)
03	抽薹期
04	结实初期
05	种子成熟期

B.2 涉及多个性状的解释

(a) 叶片相关性状的观测应选取成株期植株中部的最大叶片。

B.3 涉及单个性状的解释

性状分级和图中代码见表A.1。

性状2 ＊叶:叶柄和叶脉花青甙显色,见图B.1。

无
1

有
9

图B.1 ＊叶:叶柄和叶脉花青甙显色

性状 3　*叶片:绿色程度,见图 B.2。

图 B.2　*叶片:绿色程度

性状 4　*叶片:泡状程度,见图 B.3。

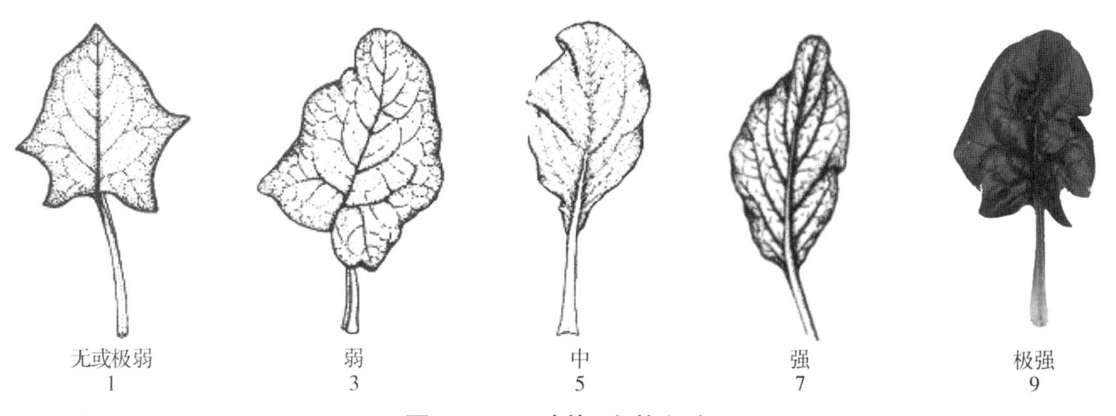

图 B.3　*叶片:泡状程度

性状 5　*叶片:裂刻程度,见图 B.4。

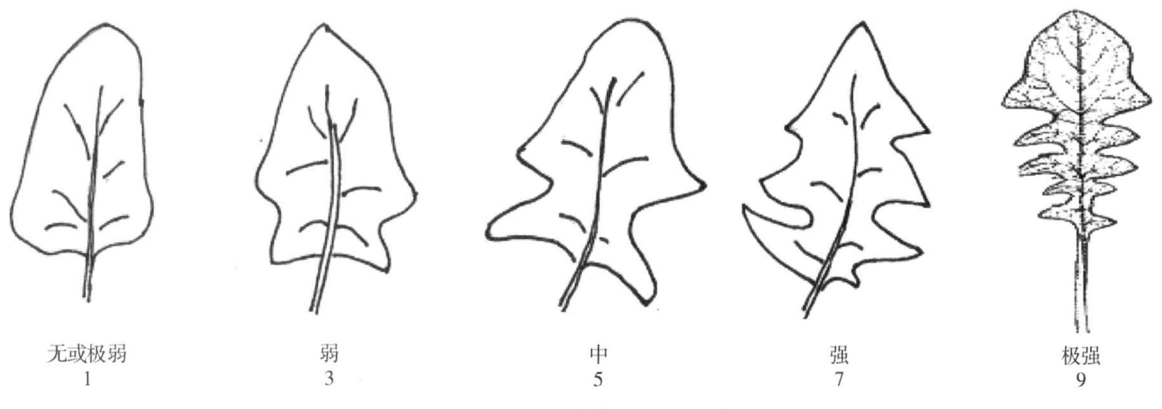

图 B.4　*叶片:裂刻程度

性状 6　*叶柄:姿态,见图 B.5。

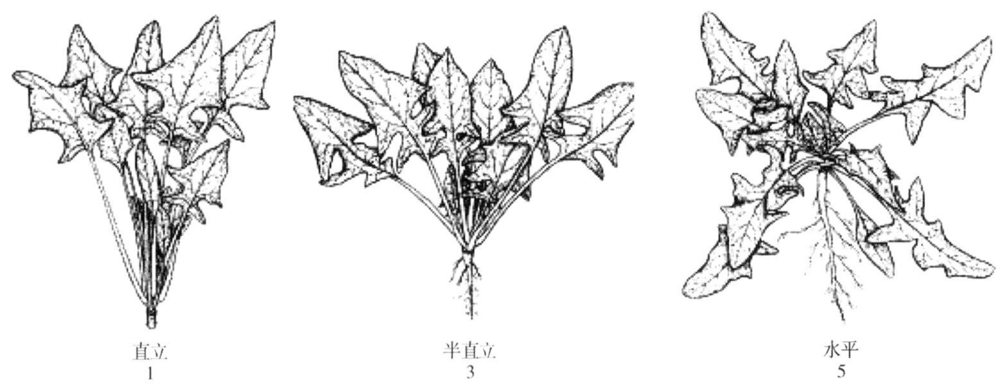

图 B.5　*叶柄:姿态

性状 7　*叶片:姿态,见图 B.6。

叶片的自然状态,与叶柄姿态无关。

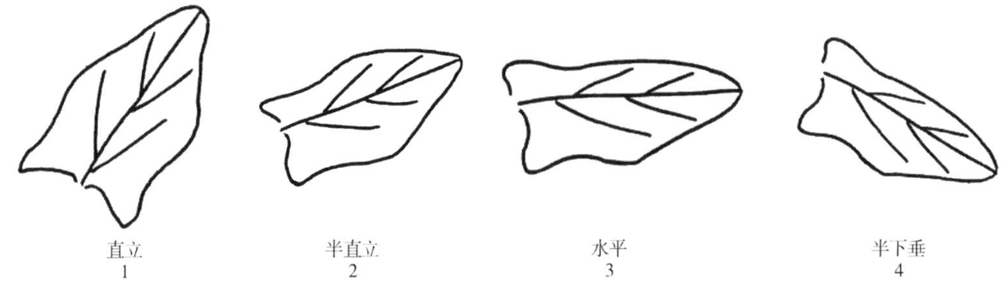

图 B.6　*叶片:姿态

性状 8　*叶片:形状(不包括基部裂片),见图 B.7。

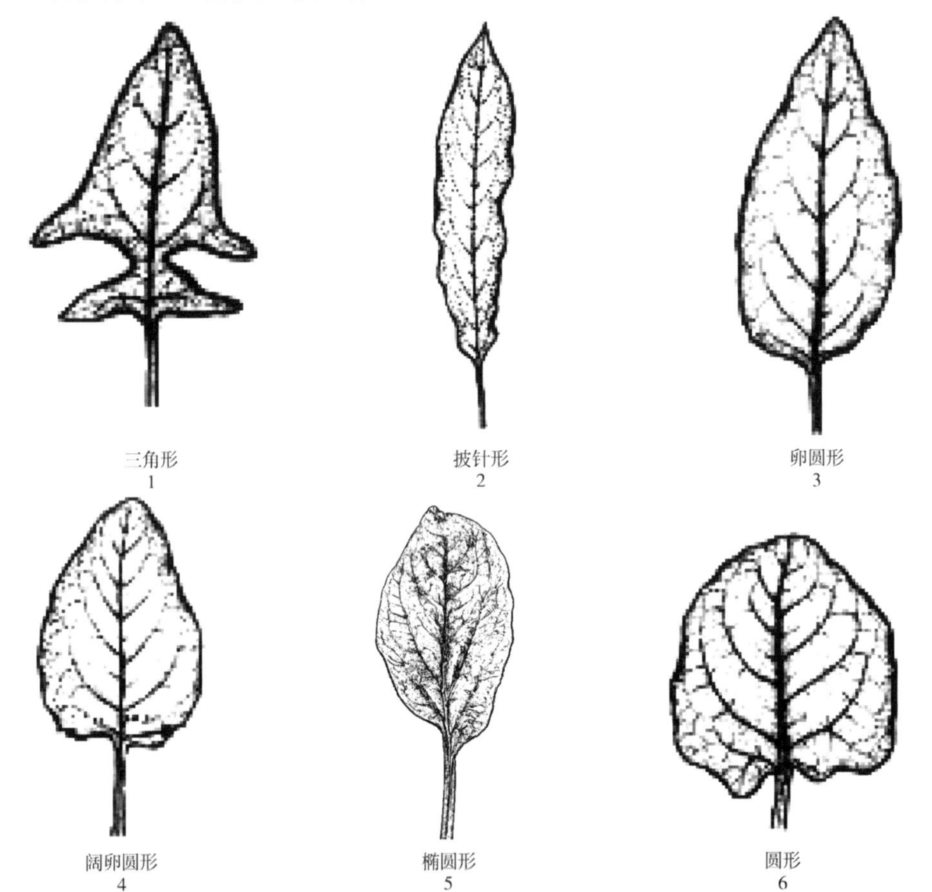

图 B.7　*叶片:形状(不包括基部裂片)

性状 10　*叶片:先端形状,见图 B.8。

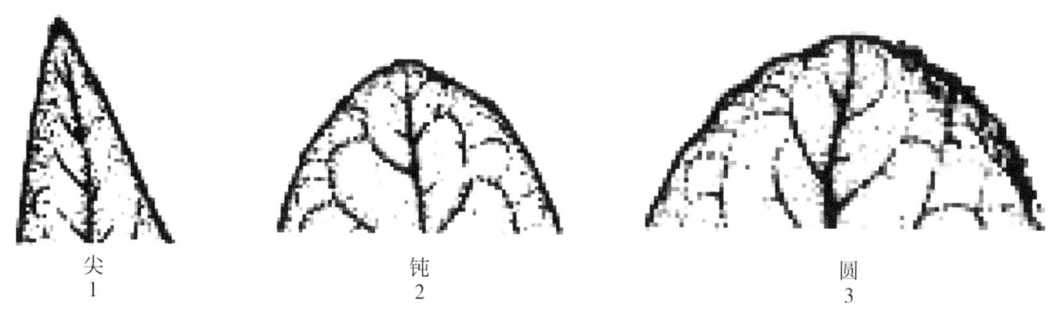

图 B.8　*叶片:先端形状

性状 11　叶片:基部形状,见图 B.9。

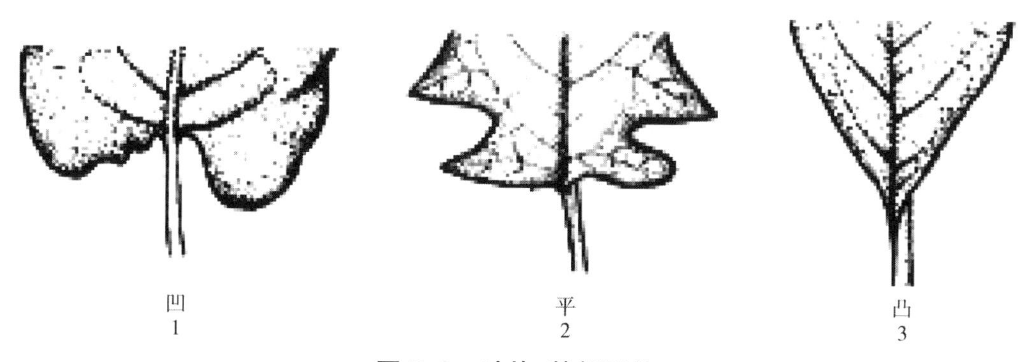

图 B.9　叶片:基部形状

性状 12　叶片:长度,见图 B.10。

性状 13　叶片:宽度,见图 B.10。

性状 14　叶:叶柄长度,见图 B.10。

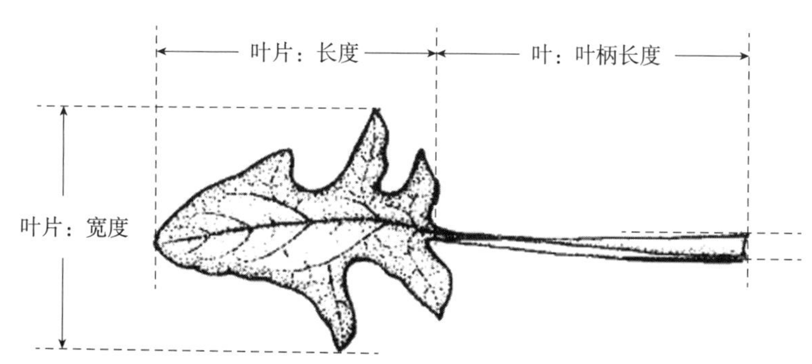

图 B.10　叶片:长度、叶片:宽度和叶:叶柄长度

性状 15　*叶片:纵切面形状,成株期植株刚展开的嫩叶。

性状 16　*植株:抽薹期,15%的植株抽薹的时期。

性状 17　*植株:雌雄同株比例,见表 B.2、图 B.11。

性状 18　*植株:雌株比例,见表 B.2、图 B.11。

性状 19　*植株:雄株比例,见表 B.2、图 B.11。

表 B.2　性状 17、性状 18、性状 19 分级

表达状态	代码	百分比,%
无或极低	1	＜10
极低到低	2	20
低	3	30
低到中	4	40
中	5	50
中到高	6	60
高	7	70
高到极高	8	80
极高	9	＞90

雌雄同株

雌株

雄株

图 B.11　花　序

性状 20　种子(收获种子):刺,见图 B.12。

无
1

针状刺
2

大刺
3

图 B.12　种子(收获种子):刺

性状 21　植株:高度,见图 B.13。

性状 22　植株:株幅,见图 B.13。

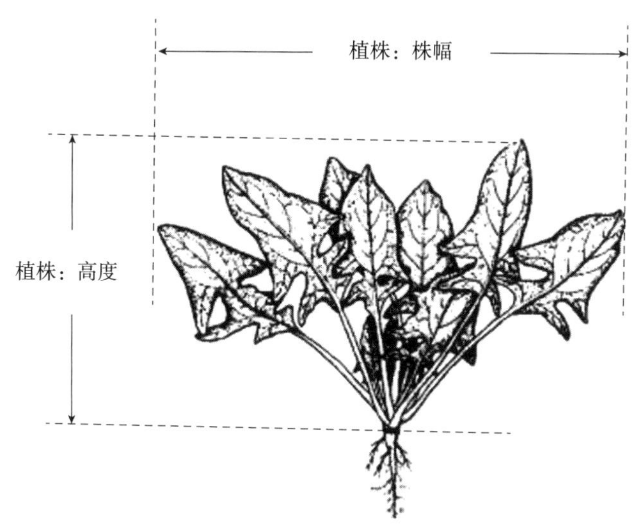

图 B.13 植株:高度、植株:株幅

性状 24 抗性:霜霉病。菠菜对霜霉病(*Peronospora spinaciae*)的抗性鉴定采用苗期人工接种鉴定法。

a) 材料准备:

  1) 接种植株:将待测品种和对照品种的种子经 5%次氯酸钠溶液消毒 10 min 后,用清水冲洗,放入垫有 2 层滤纸的培养皿中,然后于恒温培养箱中 20℃催芽。待胚根长至 0.5 cm 左右时,将其播于塑料育苗钵内,播种基质为消毒的蛭石草炭营养土(3∶1),每钵 1 粒,每品种重复 3 次,每重复 15 株苗。15℃～25℃温室中育苗。

  2) 接种液的制备:以主流生理小种为接种病原物,接种浓度为每毫升含 50 万个孢子囊。

b) 接种方法:在第一片真叶 2 cm 长时接种,采用喷雾接种法,使病原孢子均匀喷洒在真叶上至菌液将要从叶片上滴落。接种后于温度 20℃左右、空气相对湿度 100%左右的温室中黑暗保湿 24 h左右后,将植株置于 15℃～20℃温室中培养。

c) 病情调查与分级标准:于接种后 10 d 左右调查发病情况。记录病叶数及病级。病级的分级标准如下(见表 B.3):

表 B.3 病情分级

病情分级	
0 级	无病症
1 级	接种点出现轻微坏死斑,坏死面积占叶面积 1%～25%
2 级	坏死斑明显,坏死斑面积占叶面积 26%～50%
3 级	坏死斑明显,坏死斑面积占叶面积 51%～75%
4 级	坏死斑明显,坏死斑面积占叶面积 76%以上

病情指数按式(B.1)计算。

$$DI = \sum(s_i n_i)/4N \times 100 \quad \text{(B.1)}$$

式中:

DI ——病情指数,单位为百分号(%);

s_i ——发病级别;

n_i ——相应发病级别的株数;

i ——病情分级的各个级别;

N ——调查总株数。

群体对霜霉病的抗性依苗期病情指数分 5 级(见表 B.4):

表 B.4　霜霉病抗性分级

表达状态	代码	病情指数(DI)
高感(HS)	1	$DI \geq 45$
感(S)	2	$20 \leq DI < 45$
中(M)	3	$10 \leq DI < 20$
抗(R)	4	$1 \leq DI < 10$
高抗(HR)	5	$DI < 1$

d)　注意事项：筛选致病力较高的且有区域代表性的病原菌株；严格控制接菌液的浓度和试验条件的一致性；育苗基质需高压蒸汽灭菌，苗钵需充分洗净；加强栽培管理，使幼苗生长健壮、整齐一致。

性状 25　抗性：黄瓜花叶病毒(CMV)。

a)　材料准备：

1)　接种植株：将待测品种和对照品种的种子经 5%次氯酸钠溶液消毒 10 min 后，用清水冲洗，放入垫有 2 层滤纸的培养皿中，然后于恒温培养箱中 20℃催芽。待胚根长至 0.5 cm 左右时，将其播于塑料育苗钵内，播种基质为消毒的蛭石草炭营养土(3∶1)，每钵 1 粒，每品种重复 3 次，每重复 15 株苗。15℃～25℃室温内育苗。

2)　接种液的制备：以危害我国菠菜的黄瓜花叶病毒主流株系，在心叶上繁殖，温度为20℃～28℃，自然光照，9 d～11 d 后，采摘发病叶，加入 5 倍于鲜病叶重的 0.01 mol/L 磷酸缓冲液(pH 7.0)，捣碎后用双层纱布过滤，滤液立即用于接种。

b)　接种方法：当幼苗长至 2 片～3 片真叶时，叶面撒一薄层金刚砂，采用喷枪接种，喷枪接种压为 2.1 kg/cm^2～2.5 kg/cm^2，喷枪嘴距叶面 2 cm～3 cm，然后置于室温 22℃～28℃，自然光照的温室内培养。

c)　病情调查与分级标准：于接种后 14 d～18 d 调查发病情况。记录病叶数及病级。病级的分级标准如下(见表 B.5)：

表 B.5　病情分级

病情分级	
0 级	无病症
1 级	心叶明脉或轻花叶
2 级	心叶及中部叶片花叶
3 级	心叶及中部叶片花叶，少数叶片畸形、皱缩或植株轻度矮化
4 级	重花叶，多数叶片畸形、变细长、植株矮化
5 级	重花叶，明显畸形、蕨叶，植株严重矮化，甚至死亡

病情指数按式(B.2)计算。

$$DI = \sum(s_i n_i)/5N \times 100 \quad (B.2)$$

式中：

DI ——病情指数，单位为百分号(%)；

s_i ——发病级别；

n_i ——相应发病级别的株数；

i ——病情分级的各个级别；

N ——调查总株数。

群体对黄瓜花叶病毒的抗性依苗期病情指数分 5 级(见表 B.6)：

表 B.6　黄瓜花叶病毒(CMV)抗性分级

表达状态	代码	病情指数(DI)
高感(HS)	1	$DI \geq 60$
感(S)	2	$40 \leq DI < 60$
中(M)	3	$20 \leq DI < 40$
抗(R)	4	$5 \leq DI < 20$
高抗(HR)	5	$DI < 5$

附　录　C
（规范性附录）
菠菜技术问卷格式

菠菜技术问卷

申请号：
申请日：
（由审批机关填写）

（申请人或代理机构签章）

C.1　品种暂定名称

C.2　申请测试人信息

姓名：
地址：
电话号码：　　　　　　　传真号码：　　　　　　　手机号码：
邮箱地址：
育种者姓名（如果与申请测试人不同）：

C.3　植物学分类

拉丁名：*Spinacia oleracea* L.
中文名：菠菜

C.4　品种类型

在相符的［　］中打√。

C.4.1　繁殖类型

常规种［　］　杂交种［　］　自交系［　］　其他（＿＿＿＿＿＿）［　］

C.5　待测品种的具有代表性彩色照片

（品种照片粘贴处）
（如果照片较多，可另附页提供）

C.6 品种的选育背景、育种过程和育种方法,包括系谱、培育过程和所使用的亲本或其他繁殖材料来源与名称的详细说明

C.7 适于生长的区域或环境以及栽培技术的说明

C.8 其他有助于辨别待测品种的信息

(如品种用途、品质和抗性,请提供详细资料)

C.9 品种种植或测试是否需要特殊条件

在相符的[ ]中打√。
是[ ] 否[ ]
(如果回答是,请提供详细资料)

C.10 品种繁殖材料保存是否需要特殊条件

在相符的[ ]中打√。
是[ ] 否[ ]
(如果回答是,请提供详细资料)

C.11 待测品种需要指出的性状

在表 C.1 中相符的代码后[ ]中打√,若有测量值,请填写在表 C.1 中。

表 C.1 待测品种需要指出的性状

序号	性 状	表达状态	代 码	测量值
1	*叶:叶柄和叶脉花青甙显色(性状 2)	无	1[ ]	
		有	9[ ]	
2	*叶片:绿色程度(性状 3)	极浅	1[ ]	
		极浅到浅	2[ ]	
		浅	3[ ]	
		浅到中	4[ ]	
		中	5[ ]	
		中到深	6[ ]	
		深	7[ ]	
		深到极深	8[ ]	
		极深	9[ ]	
3	*叶片:裂刻程度(性状 5)	无或极弱	1[ ]	
		极弱到弱	2[ ]	
		弱	3[ ]	
		弱到中	4[ ]	
		中	5[ ]	
		中到强	6[ ]	
		强	7[ ]	
		强到极强	8[ ]	
		极强	9[ ]	
4	*叶柄:姿态(性状 6)	直立	1[ ]	
		直立到半直立	2[ ]	
		半直立	3[ ]	
		半直立到水平	4[ ]	
		水平	5[ ]	
5	*叶片:形状(不包括基部裂片)(性状 8)	三角形	1[ ]	
		披针形	2[ ]	
		卵圆形	3[ ]	
		阔卵圆形	4[ ]	
		椭圆形	5[ ]	
		圆形	6[ ]	
6	叶片:长度(性状 12)	极短	1[ ]	
		极短到短	2[ ]	
		短	3[ ]	
		短到中	4[ ]	
		中	5[ ]	
		中到长	6[ ]	
		长	7[ ]	
		长到极长	8[ ]	
		极长	9[ ]	
7	叶片:宽度(性状 13)	极窄	1[ ]	
		极窄到窄	2[ ]	
		窄	3[ ]	
		窄到中	4[ ]	
		中	5[ ]	
		中到宽	6[ ]	
		宽	7[ ]	
		宽到极宽	8[ ]	
		极宽	9[ ]	

表 C.1(续)

序号	性 状	表达状态	代 码	测量值
8	叶:叶柄长度(性状 14)	极短	1[ ]	
		极短到短	2[ ]	
		短	3[ ]	
		短到中	4[ ]	
		中	5[ ]	
		中到长	6[ ]	
		长	7[ ]	
		长到极长	8[ ]	
		极长	9[ ]	
9	* 植株:抽薹期(性状 16)	极早	1[ ]	
		极早到早	2[ ]	
		早	3[ ]	
		早到中	4[ ]	
		中	5[ ]	
		中到晚	6[ ]	
		晚	7[ ]	
		晚到极晚	8[ ]	
		极晚	9[ ]	
10	* 植株:雌株比例(性状 18)	无或极低	1[ ]	
		极低到低	2[ ]	
		低	3[ ]	
		低到中	4[ ]	
		中	5[ ]	
		中到高	6[ ]	
		高	7[ ]	
		高到极高	8[ ]	
		极高	9[ ]	
11	种子(收获种子):刺(性状 20)	无	1[ ]	
		针状刺	2[ ]	
		大刺	3[ ]	

C.12 待测品种与近似品种的明显差异性状表

在自己知识范围内,请申请测试人在表 C.2 中列出申请测试品种与其最为近似品种的明显差异。

表 C.2 待测品种与近似品种的明显差异性状表

近似品种名称	性状名称	近似品种表达状态	待测品种表达状态
近似品种 1			
近似品种 2(可选择)			
注:提供可以帮助审查机构对该品种以更有效的方式进行特异性测试的信息。			

申请人员承诺:技术问卷所填写的信息真实!

签名:

ICS 65.020.20
B 05

中华人民共和国农业行业标准

NY/T 3510—2019

植物品种特异性、一致性和稳定性测试指南　鹤望兰

Guidelines for the conduct of tests for distinctness, uniformity and stability—Bird of paradise
(*Strelitzia reginae* Aiton)

2019-12-27 发布　　2020-04-01 实施

中华人民共和国农业农村部　发布

前　言

本标准按照 GB/T 1.1—2009 给出的规则起草。

本标准由农业农村部种业管理司提出。

本标准由全国植物新品种测试标准化技术委员会(SAC/TC 277)归口。

本标准起草单位:上海市农业科学院[农业农村部植物新品种测试(上海)分中心]、昆明土禾花卉有限责任公司、农业农村部科技发展中心、上海市农业生物基因中心。

本标准主要起草人:邓姗、褚云霞、任丽、章毅颖、赵洪、堵苑苑、吕波、李荧、土和、李寿国、陈海荣、黄志城、顾晓君、黄静艳。

植物品种特异性、一致性和稳定性测试指南　鹤望兰

1　范围

本标准规定了旅人蕉科鹤望兰属鹤望兰(*Strelitzia reginae* Aiton)品种特异性、一致性和稳定性测试的技术要求和结果判定的一般原则。

本标准适用于鹤望兰品种特异性、一致性和稳定性测试和结果判定。

2　规范性引用文件

下列文件对于本文件的应用是必不可少的。凡是注日期的引用文件,仅注日期的版本适用于本文件。凡是不注日期的引用文件,其最新版本(包括所有的修改单)适用于本文件。

GB/T 19557.1　植物新品种特异性、一致性和稳定性测试指南　总则

3　术语和定义

GB/T 19557.1 界定的以及下列术语和定义适用于本文件。

3.1

个体测量　measurement of a number of individual plants or parts of plants

对一批植株或植株的某器官或部位进行逐个测量,获得一组个体记录。

3.2

群体目测　visual assessment by a single observation of a group of plants or parts of plants

对一批植株或植株的某器官或部位进行目测,获得一个群体记录。

4　符号

下列符号适用于本文件:

MS:个体测量。

VG:群体目测。

QL:质量性状。

QN:数量性状。

PQ:假质量性状。

(a):标注内容在附录 B 的 B.1 中进行了详细解释。

(+):标注内容在 B.3 中进行了详细解释。

5　繁殖材料的要求

5.1　繁殖材料以种苗形式提供。

5.2　提交的种苗数量:种子繁殖的种苗数量至少为 30 株,分株繁殖和组织培养繁殖的种苗数量至少为 15 株,每株至少 3 芽。

5.3　提交的种苗应为外观健康,生长势强,无病虫侵害的 3 年生种苗。

5.4　提交的种苗一般不进行任何影响品种性状正常表达的处理(如矮化处理、催花处理等)。如果已处理,应提供处理的详细说明。

5.5　提交的种苗应符合中国植物检疫的有关规定。

6　测试方法

6.1　测试周期

设施栽培测试周期至少为 1 个生长周期。

6.2 测试地点

测试通常在一个地点进行。如果某些性状在该地点不能充分表达,可在其他符合条件的地点对其进行观测。

6.3 田间试验

6.3.1 试验设计

以地栽穴植方式种植,分株繁殖和组织培养繁殖的每品种至少 15 株,种子繁殖的每品种至少 30 株,株距 60 cm~100 cm,行距 60 cm~100 cm。必要时,待测品种和近似品种相邻种植。

6.3.2 田间管理

可按当地常规生产管理方式进行。

6.4 性状观测

6.4.1 观测时期

性状观测应按照表 B.1 规定的时期进行。

6.4.2 观测方法

性状观测应按照附录 A 的表 A.1 和表 A.2 规定的观测方法(VG、VS、MG、MS)进行。部分性状观测方法见 B.2。

用比色卡测量颜色时应在人工模拟日光或中午无阳光直射的室内进行。提供人工照明装置的光谱分布应符合 CIE 推荐的日光 D6500 标准。所有观测应把植株测试部分置于白色背景上进行。

6.4.3 观测数量

除非另有说明,个体观测性状(VS、MS)植株取样数量不少 10 个,在观测植株的器官或部位时,每个植株取样数量应为 1 个。群体观测性状(VG、MG)应观测整个小区或规定大小的混合样本。

6.5 附加测试

必要时,可选用表 A.2 中的性状或本文件未列出的性状进行附加测试。

7 特异性、一致性和稳定性结果的判定

7.1 总体原则

特异性、一致性和稳定性的判定按照 GB/T 19557.1 确定的原则进行。

7.2 特异性的判定

待测品种应明显区别于所有已知品种。在测试中,当待测品种至少在一个性状上与最近似的品种具有明显且可重现的差异时,即可判定待测品种具备特异性。

7.3 一致性的判定

对于分株繁殖和组织培养繁殖的品种,一致性判定时,采用 1%的群体标准和至少 95%的接受概率。当样本大小为 15 株时,最多可以允许有 1 个异型株。

对于种子繁殖的品种,其一致性程度应不低于同类型品种。

7.4 稳定性的判定

如果一个品种具备一致性,则可认为该品种具备稳定性。一般不对稳定性进行测试。

必要时,可以种植该品种的下一批种苗,与以前提供的种苗相比,若性状表达无明显变化,则可判定该品种具备稳定性。

8 性状表

根据测试需要,将性状分为基本性状、选测性状,基本性状是测试中必须使用的性状。鹤望兰基本性状见表 A.1,鹤望兰选测性状见表 A.2。

8.1 概述

性状表列出了性状名称、表达类型、表达状态及相应的代码和观测方法等内容。

8.2 表达类型

根据性状表达方式，将性状分为质量性状、假质量性状和数量性状 3 种类型。

8.3 表达状态和相应代码

每个性状划分为一系列表达状态，以便于定义性状和规范描述；每个表达状态赋予一个相应的数字代码，以便于数据记录、处理和品种描述的建立与交流。

9 分组性状

本文件中，品种分组性状如下：

a) 植株：株型(表 A.1 中性状 1)。

b) 植株：佛焰苞相对于叶丛的高度(表 A.1 中性状 2)。

c) 花序：姿态(表 A.1 中性状 8)。

10 技术问卷

申请人应按附录 C 给出的格式填写鹤望兰技术问卷。

附 录 A
(规范性附录)
鹤望兰性状表

A.1 鹤望兰基本性状

见表A.1。

表A.1 鹤望兰基本性状

序号	性 状	观测方法	表达状态	标准品种	代码
1	植株:株型 PQ (+)	VG	直立		1
			半直立		2
			开张		3
2	植株:佛焰苞相对于叶丛的高度 QN	VG	低于		1
			等高		2
			高于		3
3	叶片:形状 PQ (a) (+)	VG	线形		1
			披针形		2
			卵圆形		3
			椭圆形		4
			其他		5
4	叶片:长度 QN (a) (+)	MS	短		1
			中		2
			长		3
5	叶片:宽度 QN (a) (+)	MS	窄		1
			中		2
			宽		3
6	叶柄:长度 QN (a) (+)	MS	短		1
			中		2
			长		3
7	叶柄:粗细 QN (a) (+)	MS	细		1
			中		2
			粗		3
8	花序:姿态 PQ (+)	VG	直立		1
			半直立		2
			水平		3
			下垂		4

表 A.1(续)

序号	性　状	观测方法	表达状态	标准品种	代码
9	花序梗:长度 QN (+)	MS	短		1
			中		2
			长		3
10	花序梗:颈部颜色 PQ	VG	RHS标准比色卡		
11	花序梗:颈部长度 QN (+)	VG	短		1
			中		2
			长		3
12	佛焰苞:蜡粉 QN (+)	VG	少		1
			中		2
			多		3
13	佛焰苞:中部颜色 PQ	VG	RHS标准比色卡		
14	佛焰苞:上缘颜色 PQ	VG	RHS标准比色卡		
15	佛焰苞:基部颜色 PQ	VG	RHS标准比色卡		
16	佛焰苞:长度 QN (+)	MS	短		1
			中		2
			长		3
17	佛焰苞:宽度 QN (+)	MS	窄		1
			中		2
			宽		3
18	花瓣:主色 PQ	VG	RHS标准比色卡		
19	花瓣:长度 QN (+)	MS	短		1
			中		2
			长		3
20	花瓣:宽度 QN (+)	MS	窄		1
			中		2
			宽		3

A.2 鹤望兰选测性状

见表 A.2。

表 A.2 鹤望兰选测性状

序号	性 状	观测方法	表达状态	标准品种	代码
21	叶柄:颜色 QN	VG	浅绿色		1
			中等绿色		2
			深绿色		3
22	花序梗:粗细 QN	MS	细		1
			中		2
			粗		3
23	花序:小花数量 QN (+)	MS	少		1
			中		2
			多		3
24	花序:双头 QL	VG	无		1
			有		9

附　录　B
（规范性附录）
鹤望兰性状表的解释

B.1　涉及多个性状的解释

叶相关性状的应观测花序梗所在分蘖的最大成熟叶。

鹤望兰花结构图见图 B.1。

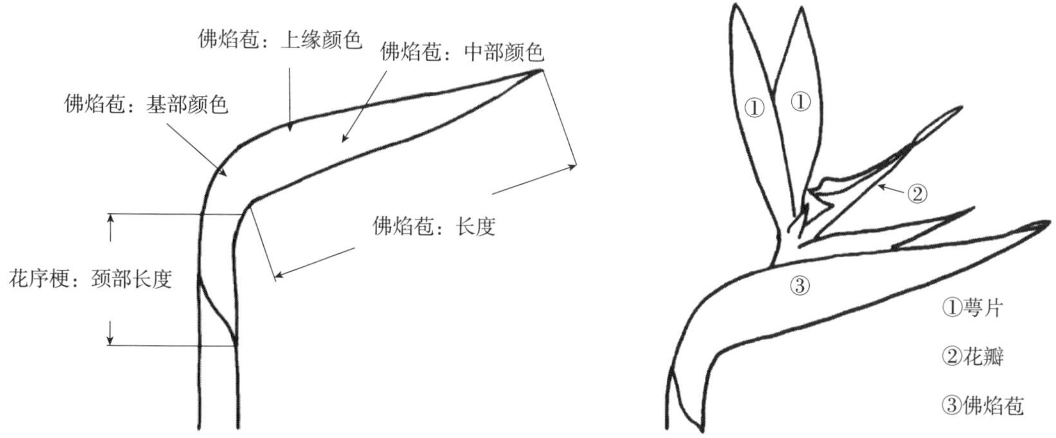

图 B.1　鹤望兰花结构图

B.2　涉及单个性状的解释

性状分级和图中代码见表 A.1 及表 A.2。

性状 1　植株:株型,见图 B.2。

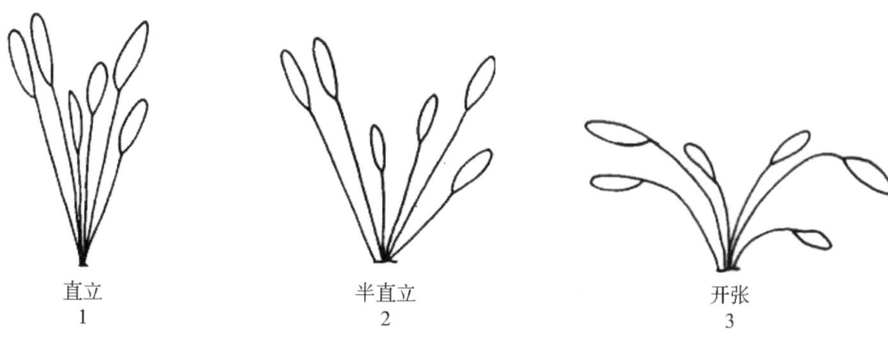

图 B.2　植株:株型

性状 3　叶片:形状,见图 B.3。

性状 4　叶片:长度,建议叶片:长度 40.1 cm～60 cm 时判为中。

性状 5　叶片:宽度,建议叶片:宽度 15.1 cm～25 cm 时判为中。

性状 6　叶柄:长度,建议叶柄:100.1 cm～150 cm 时判为中。

性状 7　叶柄:粗细,建议叶柄:粗细 1.51 cm～3.0 cm 时判为中。

性状 8　花序:姿态,见图 B.4。

性状 9　花序梗:长度,建议花序梗:长度 80.1 cm～160 cm 时判为中。

性状 11　花序梗:颈部长度,建议花序梗:颈部长度 3.1 cm～5.0 cm 时判为中。

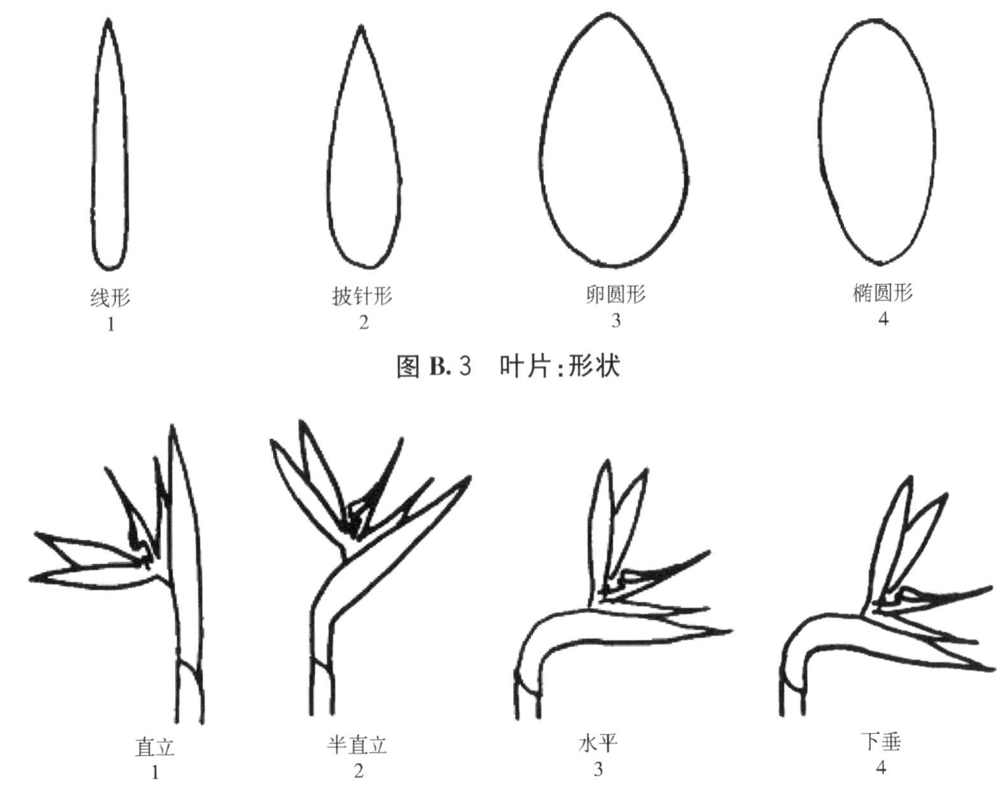

图 B.3 叶片:形状

图 B.4 花序:姿态

性状 12 佛焰苞:蜡粉,见图 B.5。

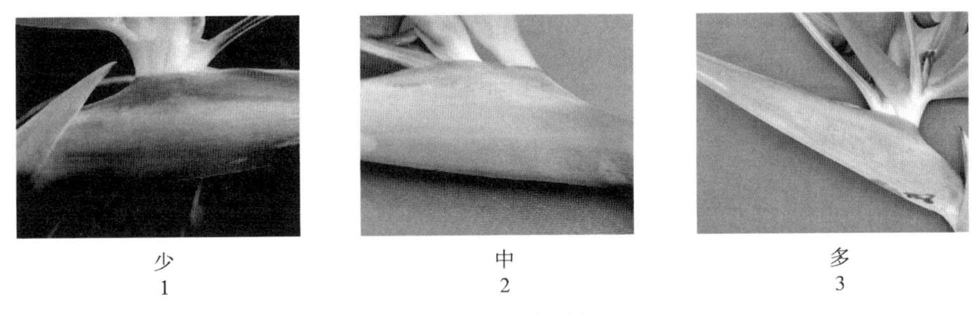

图 B.5 佛焰苞:蜡粉

性状 16 佛焰苞:长度,建议佛焰苞:长度 15.1 cm～25.0 cm 时判为中。

性状 17 佛焰苞:宽度,建议佛焰苞:宽度 2.51 cm～4.50 cm 时判为中。

性状 19 花瓣:长度,建议花瓣:长度 10.1 cm～15.0 cm 时判为中。

性状 20 花瓣:宽度,建议花瓣:宽度 3.1 cm～6.0 cm 时判为中。

性状 22 花序梗:粗细,测量花序梗中部,建议粗度 1.51 cm～3.0 cm 时判为中。

性状 23 花序:小花数量,包括已开放的花及花蕾。建议 6 朵～10 朵时判为中。

附　录　C
（规范性附录）
鹤望兰技术问卷格式

鹤望兰技术问卷

（申请人或代理机构签章）	申请号： 申请日： （由审批机关填写）

C.1　品种暂定名称

C.2　申请测试人信息

姓名：
地址：
电话号码：　　　　传真号码：　　　　手机号码：
邮箱地址：
育种者姓名（如果与申请测试人不同）：

C.3　植物学分类

拉丁名：*Strelitzia reginae* Aiton
中文名：鹤望兰

C.4　品种类型

在相符的类型［　］中打√。

C.4.1　繁殖方式

种子繁殖［　］
分株繁殖［　］
组培繁殖［　］
其他方式（　　　　）［　］

C.4.2　用途

切花［　］
园林［　］
盆栽［　］

C.5 待测品种的具有代表性彩色照片

（品种照片粘贴处）
（如果照片较多，可另附页提供）

C.6 品种的选育背景、育种过程和育种方法，包括系谱、培育过程和所使用的亲本或其他繁殖材料来源与名称的详细说明

C.7 适于生长的区域或环境以及栽培技术的说明

C.8 其他有助于辨别待测品种的信息

（如品种用途、品质和抗性，请提供详细资料）

C.9 品种种植或测试是否需要特殊条件

在相符的类型［ ］中打√。
是［ ］ 否［ ］
（如果回答是，请提供详细资料）

C.10 品种繁殖材料保存是否需要特殊条件

在相符的类型［ ］中打√。
是［ ］ 否［ ］
（如果回答是，请提供详细资料）

C.11 待测品种需要指出的性状

在表 C.1 中相符的代码后［ ］中打√，若有测量值，请填写在表 C.1 中。

表 C.1 待测品种需要指出的性状

序号	性 状	表达状态	代 码	测量值
1	植株：株型（性状 1）	直立	1［ ］	
		半直立	2［ ］	
		开张	3［ ］	
2	植株：佛焰苞相对于叶丛的高度（性状 2）	低于	1［ ］	
		等高	2［ ］	
		高于	3［ ］	
3	叶片：长度（性状 4）	短	1［ ］	
		中	2［ ］	
		长	3［ ］	
4	叶片：宽度（性状 5）	窄	1［ ］	
		中	2［ ］	
		宽	3［ ］	
5	叶柄：长度（性状 6）	短	1［ ］	
		中	2［ ］	
		长	3［ ］	
6	花序：姿态（性状 8）	直立	1［ ］	
		半直立	2［ ］	
		水平	3［ ］	
		下垂	4［ ］	
7	佛焰苞：蜡粉（性状 12）	少	1［ ］	
		中	2［ ］	
		多	3［ ］	
8	花瓣：主色（性状 18）	蓝紫色	1［ ］	RHS 标准比色卡号
		黄色	2［ ］	
9	花瓣：长度（性状 19）	短	1［ ］	
		中	2［ ］	
		长	3［ ］	
10	花瓣：宽度（性状 20）	窄	1［ ］	
		中	2［ ］	
		宽	3［ ］	

C.12 待测品种与近似品种的明显差异性状表

在自己知识范围内，请申请测试人在表 C.2 中列出待测品种与其最为近似品种的明显差异。

表 C.2　待测品种与近似品种的明显差异性状表

近似品种名称	性状名称	近似品种表达状态	待测品种表达状态
注:提供可以帮助审查机构对该品种以更有效的方式进行特异性测试的信息。			

申请人员承诺:技术问卷所填写的信息真实!
签名:

ICS 65.020.01
B 04

中华人民共和国农业行业标准

NY/T 3511—2019

植物品种特异性(可区别性)、一致性和稳定性测试指南编写规则

General rules for drafting guidelines for the conduct of test for distinctness, uniformity and stability

(UPOV:TGP 7/4,Development of test guidelines,MOD)

2019-12-27 发布　　2020-04-01 实施

中华人民共和国农业农村部 发布

前　言

本标准按照 GB/T 1.1—2009 给出的规则起草。

本标准使用重新起草法修改采用了国际植物新品种保护联盟(UPOV)指南“TGP 7/4,Development of test guidelines”。

本标准与 UPOV TGP 7/4 相比,主要做了编辑性和结构性修改:

——为了与现有的标准/系列一致,将标准名称改为《植物品种特异性(可区别性)、一致性和稳定性测试指南编写规则》。

——按照 GB/T 1.1—2009 给出的规则起草,调整了原标准的结构和顺序。特别在 7.8 节中按照中文逻辑顺序,对有关性状和标准品种的内容进行了调整和补充。

——增加了部分实例。

本标准由农业农村部种业管理司提出。

本标准由全国植物新品种测试技术标准化委员会(SAC/TC 277)归口。

本标准起草单位:农业农村部科技发展中心(农业农村部植物新品种测试中心)、四川省农业科学院[农业农村部植物新品种测试(成都)分中心]、山东省农业科学院[农业农村部植物新品种测试(济南)分中心]。

本标准主要起草人:唐浩、堵苑苑、余毅、杨旭红、李汝玉、邓超、韩瑞玺、张凯淅、王晨宇。

植物品种特异性(可区别性)、一致性和稳定性测试指南编写规则

1 范围

本标准规定了植物品种特异性(可区别性)(Distinctness)、一致性(Uniformity)和稳定性(Stability)测试指南(以下简称 DUS 测试指南)的结构、起草表述规则和编排格式,并给出了有关表述样式。

2 规范性引用文件

下列文件对于本文件的应用是必不可少的。凡是注日期的引用文件,仅注日期的版本适用于本文件。凡是不注日期的引用文件,其最新版本(包括所有的修改单)适用于本文件。

GB/T 1.1—2009　标准化工作导则　第 1 部分:标准的结构和编写

GB/T 7714　文后参考文献著录规则

GB/T 19557.1　植物新品种特异性、一致性和稳定性测试指南　总则

3 术语和定义

GB/T 1.1—2009 和 GB/T 19557.1 界定的术语和定义适用于本文件。

4 DUS 测试指南编写的基本要求

编写 DUS 测试指南的技术内容应符合 GB/T 19557.1 的要求,编写格式应符合 GB/T 1.1—2009 的要求。

5 DUS 测试指南的构成

DUS 测试指南的一般构成和编写顺序如下:

a) 前引部分:
    1) 封面;
    2) 目次;
    3) 前言;
    4) 引言。
b) 正文部分:
    1) 范围;
    2) 规范性引用文件;
    3) 术语和定义;
    4) 符号;
    5) 繁殖材料的要求;
    6) 测试方法;
    7) 特异性(可区别性)、一致性和稳定性结果的判定;
    8) 性状表;
    9) 分组性状;
    10) 技术问卷。
c) 补充部分:
    1) 附录 A 性状表;
    2) 附录 B 性状表的解释;

3） 附录C技术问卷格式；

4） 参考文献。

6 DUS测试指南的前引部分

6.1 封面与目次

DUS测试指南的封面与目次应符合GB/T 1.1—2009中6.1.1和6.1.2的规定。

6.1.1 指南名称

封面上DUS测试指南的名称由“植物品种特异性(可区别性)、一致性和稳定性测试指南”和“植物中文常用学名”构成。英文名称由“Guidelines for the conduct of tests for distinctness, uniformity and stability”和“植物英文常用名”构成。

示例1：指南中文名称：植物品种特异性(可区别性)、一致性和稳定性测试指南 水稻。

示例2：指南英文名称：Guidelines for the conduct of tests for distinctness, uniformity and stability—Rice。

封面名称下面需要标出该植物的拉丁名。植物的拉丁名一般由物种的属名、种名、命名者姓名和表示分类类型的符号组成。除命名人姓名和表示分类类型的符号外，其余部分用斜体字。属名和命名人首字母应大写。

示例1：*Allium* L. 不应为 Allium L.

示例2：*Beta vulgaris* L. 不应为 *Beta vulgaris L.*

示例3：*Beta vulgaris* L. var. *conditiva* Alef. 不应为 *Beta vulgaris* L. var. *conditiva* Alef.

6.1.2 与国际标准一致性程度

如果国际植物新品种保护联盟(UPOV)已制定出相应的DUS测试指南，封面上应注明与国际指南的一致性程度。

制定的标准等同采用国际标准时，即与国际标准在技术内容和文本结构上相同，或者与国际标准在技术内容上相同，只存在少量编辑性修改，用代号“IDT”标示；修改采用国际标准时，即与国际标准之间存在技术性差异，并清楚地标明这些差异以及解释其产生的原因，允许包含编辑性修改，用代号“MOD”标示；非等效采用国际标准时，即只说明和国际标准有对应关系，用代号“NEQ”标示；等效采用国际标准时，即与国际标准在技术内容上基本相同，仅有小的差异，在编写上则不完全相同于国际标准的方法，用代号“EQV”标示，根据我国《采用国际标准管理办法》，等效采用不适用于我国。

示例：UPOV TG/16/8, Guidelines for the conduct of tests for distinctness, uniformity and stability—Rice, MOD。

6.2 前言和引言

DUS测试指南的前言和引言应符合GB/T 1.1—2009中6.1.3和6.1.4的规定。

7 DUS测试指南的正文部分

7.1 范围

7.1.1 DUS测试指南的适用范围的描述应符合GB/T 1.1—2009中6.2.2的规定。可采用以下标准用语：

“本标准规定了××(植物中文常用名)(拉丁名)品种特异性(可区别性)、一致性和稳定性测试的技术要求和结果判定的一般原则。”“本标准适用于××(植物中文常用名)品种特异性(可区别性)、一致性和稳定性测试。”

7.1.2 通常一个种制定一个测试指南，也可针对2个或多个种、一个或多个属或科制定一个测试指南。2种情况都需要详细列出拉丁名，以确定适用的种和属。

7.1.3 当能有效地区分同一种内的不同类型品种，或种内所有品种能准确地分到合适的组内时，可针对种内一种类型或一个组制定测试指南，但需在本节说明哪些性状或依据可保证本测试指南涉及的品种不同于其他品种。

示例：本测试指南适用于李(*Prunus* L.)中用作砧木的所有品种。如果测试花、果实或种子上的性状，则根据嫁接的果树如杏(TG/70)、樱桃(TG/35)、欧洲李子(TG/41)、日本李子(TG/84)、日本杏(TG/160)、梨(Nectarine)(TG/53)等的测试指南进行观测。

7.2 规范性引用文件

规范性引用文件中所列标准的代号、顺序和标准名称应符合 GB/T 1.1—2009 中 6.2.3 的规定。

7.3 术语和定义

术语和定义应符合 GB/T 1.1—2009 中 6.3.2 的要求。

7.4 符号

符号应符合 GB/T 1.1—2009 中 6.3.3 的要求。

7.5 繁殖材料的要求

7.5.1 繁殖材料的形式

有性繁殖材料通常以种子的形式提交，如果是杂交种，必要时还需提出提交亲本材料的要求。

无性繁殖材料需要确定以何种繁材形式提供。例如，以种苗、种球、鳞茎、块茎、块根、枝条还是接穗等形式提交。

若某种植物存在上述 2 种繁殖方式，必要时还需针对不同繁殖方式提出不同的提交要求。

7.5.2 繁殖材料的数量

确定供试繁殖材料数量应考虑：

a) 田间种植试验的需要量；

b) 室内测试的需要量，如油菜“芥酸”含量的测试；

c) 质量检测的需要量，如种子发芽试验；

d) 作为已知品种和标准样品所需的收集量；

e) 品种鉴定的需要量，如 DNA 鉴定、侵权纠纷中的田间鉴定等；

f) 繁殖材料保藏过程中的老化问题，如种子活力的下降速度、菌种的菌龄等。

如果繁殖材料为种子时，以重量或粒(荚/穗)数为单位提供繁殖材料。对于品种间千粒重差异大的植物，建议以粒(荚/穗)为单位提供繁殖材料。

7.5.3 繁殖材料的质量

本节需要提出繁殖材料质量要求，如种子的外观要求、发芽率、净度、健康度和水分含量等方面的要求。

繁殖材料的具体质量标准可以参照相关国家标准中对原种种子或有关无性繁殖材料的质量标准。

示例 1：菜豆：提交的种子应外观健康，活力高，无病虫侵害。繁殖材料的具体质量要求如下：发芽率≥97%，净度≥99.0%，含水量≤12.0%。

示例 2：马铃薯：提交的块茎直径为 35 mm～50 mm，未发芽，外观健康，且无病虫侵害。

示例 3：食用菌：提交的菌种最好为一级种，最佳菌龄，无污染。

7.5.4 繁殖材料的处理

建议采用以下标准用语：“提交的繁殖材料一般不进行任何影响品种性状正常表达的处理(如种子包衣处理)。如果已处理，应提供详细说明。”

7.5.5 其他

建议采用以下标准用语：“提交的繁殖材料应符合中国植物检疫的有关规定。”

7.6 测试方法

7.6.1 测试周期

测试周期通常为 2 个独立的生长周期。在不影响性状正常表达的情况下，有时在一年中不同季节里分 2 次种植，也可认为是 2 个独立的生长周期。对于可控条件下的测试，2 个生长周期的环境基本相同，也可只要求测试一个生长周期。建议可采用以下标准用语：“测试周期通常为 2 个独立的生长周期。”或“测试周期至少为一个生长周期。”

对于果树或食用菌而言，需要明确生长周期的含义。建议采用以下标准用语：“测试周期通常为 2/一个生长周期，在生长周期结束前，应能结出正常的果实。”必要时，还需对一个完整的生长周期进行解释。

示例 1：针对于休眠期明显的果树类：“一个完整的生长周期是指从开始萌芽(花芽和/或营养芽)，经过开花、果实成熟、进入休眠直到休眠期结束(新芽膨起)的整个生长季节。”

示例 2:针对于休眠期不明显的果树类:“一个完整的生长周期是指从活跃的营养生长或开花开始、经过持续活跃的营养生长或开花、果实发育直至果实成熟的整个阶段。”

示例 3:针对可连续出菇的腐生食用菌类群:“一个完整的生长周期指从接种(播种)开始,经过菌丝营养生长、原基形成、第一批子实体成熟的整个阶段。”

7.6.2 测试地点

测试地点的试验环境应满足植株正常生长和发育的需要,以确保性状的正常表达和观测,具体可参照UPOV“特异性(可区别性)测试(TGP/9)”文件。可采用以下标准用语:“测试通常在同一个地点进行。如果某些性状在该地点不能充分表达,可在其他符合条件的地点对其进行观测。”

7.6.3 田间试验

本节需说明田间种植的方式、小区面积和种植植株数量。必要时,也可提出对土壤、前茬植物等的要求。一般根据特异性(可区别性)和一致性鉴定所需要的群体大小确定种植数量,在考虑植物遗传方式的同时应考虑每次取样后剩余的植株足以保证后续测试的进行。可参考 UPOV 文件 TGP/8“统计程序在DUS 中的应用”提供的试验设计。

对于大田作物可采用以下标准用语:“以穴播(条播/穗行播/××)方式种植,每个小区不少于××株,小区设××行,株距××cm,行距××cm,共设××个重复。必要时,近似品种与待测品种相邻种植。”

对于食用菌可参考以下标准用语:“以撒播(沟播/××)后覆土方式种植,每小区不少于××m^2,共设××个重复;袋装栽培以立式或层架平放方式摆放,每个小区不少于××袋,共设××个重复。必要时,近似品种与待测品种相邻种植或摆放。”

7.6.4 田间管理

田间管理一般包括水肥管理和病虫草害防治等内容。有特殊栽培要求的,如棉花的化控措施、温室类植物的温光湿控制措施,可在此详述。也可简单叙述如下:“可按当地大田生产管理方式进行。”

7.6.5 性状观测

7.6.5.1 观测时期

观测时期是指每个性状的最适观察的生育阶段。对于某些可用十进制代码确定生育阶段的植物,需制定出生育阶段代码表。生育阶段代码应用于指南中表 A.1 和表 A.2 的性状表“观测时期和方法”一栏中。表 B.1 对生育阶段代码进行了解释。

建议采用以下标准用语:“性状观测应按照表 A.1 和表 A.2 列出的生育阶段进行。表 B.1 对这些生育阶段进行了解释。”

7.6.5.2 观测方法

性状观测方法通常有以下 4 种,其定义可在正文“术语和定义”中进行解释,其字母缩写可作为符号在正文中“符号”列出。

群体测量(MG):对一批植株或植株的某器官或部位进行测量,获得一个群体记录。

个体测量(MS):对一批植株或植株的某器官或部位进行逐个测量,获得一组个体记录。

群体目测(VG):对一批植株或植株的某器官或部位进行目测,获得一个群体记录。

个体目测(VS):对一批植株或植株的某器官或部位进行逐个目测,获得一组个体记录。

本节可采用以下标准用语:“性状观测应按照表 A.1 和表 A.2 规定的观测方法进行。”

7.6.5.3 观测数量

本节应确定用于性状观测的植株数量和相应器官的数量。可采用以下标准用语:“除非另有说明,个体观测性状(VS、MS)植株取样数量不少于××个,在观测植株的器官或部位时,每个植株取样数量应为××个。群体观测性状(VG、MG)应观测整个小区或规定大小的混合样本。”

7.6.5.4 附加测试

有些性状需要特殊条件才能测试,如抗病性的测试,高海拔、干旱条件下某些性状的测试。为了测试这些性状需安排额外的测试。

本节可采用以下标准用语:“必要时,可选用表 A.2 中的性状或本文件未列出的性状,按照相关要求进行附加测试。”

7.7 特异性(可区别性)、一致性和稳定性结果的判定

7.7.1 总体原则

特异性(可区别性)、一致性和稳定性的判定按照 GB/T 19557.1 确定的原则进行。

7.7.2 特异性(可区别性)的判定

特异性(可区别性)的判定按照 UPOV 文件 TGP/9“特异性(可区别性)审查”中确定的原则进行。本节可采用以下标准用语:“待测品种应明显区别于所有已知品种。在测试中,当待测品种至少在一个性状上与最近似的品种具有明显且可重现的差异时,即可判定待测品种具备特异性(可区别性)。”

7.7.3 一致性的判定

一致性的判定按照 UPOV 文件 TGP/10“一致性审查”中确定的原则进行。

对于品种内遗传变异较小的品种,如无性繁殖材料、(常)自花授粉品种、自交系、单交种等,可采用以下标准用语:“一致性判定时,采用××%的总体标准和至少××%的接受概率。当样本大小为××株时,最多可以允许有××个异型株。”

对于品种内遗传变异较大的品种,如多交种、群体品种或综合品种,可采用以下标准用语:“一致性判定时,品种的变异程度不能显著超过同类型品种。”

7.7.4 稳定性的判定

稳定性的判定按照 UPOV 文件 TGP/11“稳定性审查”中确定的原则进行。可采用以下标准用语:“如果一个品种具备一致性,则可认为该品种具备稳定性。一般不对稳定性进行测试。必要时,可种植该品种的下一代种子或无性繁殖材料,与以前提供的繁殖材料相比,若性状表达无明显变化,则可判定该品种具备稳定性。”

对杂交种而言,可增加以下标准用语:“杂交种的稳定性判定,除直接对杂交种本身进行测试外,还可以通过鉴定其亲本的一致性和稳定性进行判定。”

7.8 性状表

7.8.1 概述

DUS 测试性状按照一定的排列顺序以表格的形式列出,见表 A.1。表中需要列出性状的名称、表达类型、表达状态及相应的代码、标准(标样)品种、观测时期和方法等内容。如果某性状有文字或图例解释说明,需用“+”进行标注;如果是 UPOV 指南中带星号的性状,需用“*”进行标注。

本节可按照“概述”“表达类型”“表达状态和相应代码”“标准(标样)品种”4 个部分进行说明,可采用附录中的标准用语。

7.8.2 性状的选择

7.8.2.1 性状的选择依据

根据 GB/T 19557.1,DUS 测试性状选择依据如下:

a) 该性状是特定的基因型或基因型组合的表达结果;
b) 该性状在特定的环境条件下表现出足够的一致性和重复性;
c) 该性状在品种间表现出足够的变异,从而能用于确定特异性(可区别性);
d) 该性状能准确描述和识别;
e) 该性状能满足一致性的要求;
f) 该性状能满足稳定性的要求,即经反复繁殖或者每一个繁殖周期结束后,能产生一致的、可重复的结果。

7.8.2.2 带星号性状的确定

某些性状在性状表中被标注上“*”符号,称为带星号性状。带星号性状是:

a) UPOV 测试指南中的带星号的性状;
b) 对统一 UPOV 各成员之间的品种描述有重要作用的性状;
c) 应在 DUS 测试和品种描述中使用的性状,除非我国的环境条件不适合该性状的表达;

d） 制定测试指南时，选择抗病、抗虫性状或品质作为带星号性状时应慎重。

7.8.3 性状表中性状的表示方法

性状表中性状由名称、表达状态和代码构成。每个性状划分为一系列表达状态，为便于定义和描述，每个表达状态赋予一个相应的数字代码，便于数据记录、处理和品种描述。

7.8.3.1 性状表中性状的排列顺序

7.8.3.1.1 一般植物

一般遵循植物学顺序、时间顺序、观测顺序来排列性状。

a） 植物学顺序：

1） 一般顺序：

——种子（适用于对提交种子进行调查的性状）；

——幼苗；

——植株（如生长习性）；

——根；

——根系或其他地下器官；

——茎；

——叶（叶片、叶柄、托叶等）；

——花序；

——花（花萼、萼片、花冠、花瓣、雄蕊、雌蕊等）；

——果实；

——种子（适用于对种植试验中收获的种子进行调查的性状）。

2） 器官性状顺序：完整器官的性状在前，其组成部分的性状在后。器官组成部分性状的排列顺序是从大到小、从外到里、从下到上。

3） 例外：当一个亚器官的性状是高一级器官的组成单位时，如“花：花瓣排列”，这些性状一般与高一级器官的性状排列在一起。但为方便观测，这些性状也可与同一亚器官的其他性状排列在一起。例如，“花：花瓣排列”也可以与花瓣的其他性状排列在一起。

基部、顶部和整个器官的性状一般排列在一起，因为这些性状是在同一时期记载的。

b） 时间顺序：按植物生长发育的时间顺序确定。

c） 观测顺序：

1） 姿态；

2） 高度；

3） 长度；

4） 宽度；

5） 大小；

6） 形状；

7） 颜色；

8） 其他细节（如表面、同一器官的不同部位，如基部、顶部、边缘等）。

7.8.3.1.2 食用菌

食用菌分化层次低，形态特征少，以子实体性状为主。伞菌类食用菌子实体性状的排列顺序可从上到下、从外到里、从菌盖到菌柄；胶质类（如木耳）和多孔菌（如灵芝）食用子实体性状的排列顺序可从外到里、从非子实体（背面）到子实层（腹面）。

7.8.3.2 性状名称的表示

a） 一般情况：性状的名称应用词准确，含义明确，不与其通用的植物学或植物分类学描述相矛盾。性状名称格式通常以植株或有关植株部位（器官）的名称为开头，然后用冒号隔开，随之跟以器官或亚器官或其他待调查部位，再加上器官的一系列指标，如数量、大小、长度、宽度、强度、颜色等。

例如,“植株:花的数量”或“花:花瓣宽度”。

b) 仅适用于某些品种的性状:一个性状的表达状态可能不适合所有品种类型。例如,没有叶裂片的品种不能用有叶裂片品种的性状来描述。当性状不易辨别或者有关性状分散在性状表中时,接下来的一个性状的标题应用下划线指出该性状适用的品种类型。例如,“仅适用于叶裂品种:叶:裂片数量”。

7.8.3.3 性状表达状态的表示

a) 表达状态的顺序:通常较小的、较少的、程度低的表达状态应给予低的代码。表达状态按从弱到强、从浅到深、从低到高、从窄到宽的顺序排序。

1) 颜色性状:按光谱顺序,也可按颜色出现的时间顺序(如果实成熟过程)排列表达状态,具体参阅 TGP/14“UPOV 文件术语汇编”第 2 节“植物学术语”。在同一指南中,具有相似表达状态的器官应使用同一顺序(如叶片颜色和茎秆颜色)。

2) 简单形状性状:按尖到圆或凸起到凹陷的顺序排列。

3) 复杂形状性状:可分解成若干性状,并按“长宽比、最宽处的位置、基部形状、顶部形状、侧面轮廓”的顺序进行描述;也可直接描述总体形状,描述的第一级顺序是从最宽处在中部以下到中部以上,第二级顺序是从窄到宽,见下示例及示例图。具体参阅 TGP/14“UPOV 文件术语汇编”第 2 节“植物学术语”。

示例:总体形状(PQ):三角形(1)、卵圆形(2)、直线形(3)、长椭圆形(4)、椭圆形(5);圆形(6)、倒披针形(7)、倒卵圆形(8)、匙形(9)、倒三角形(10)。

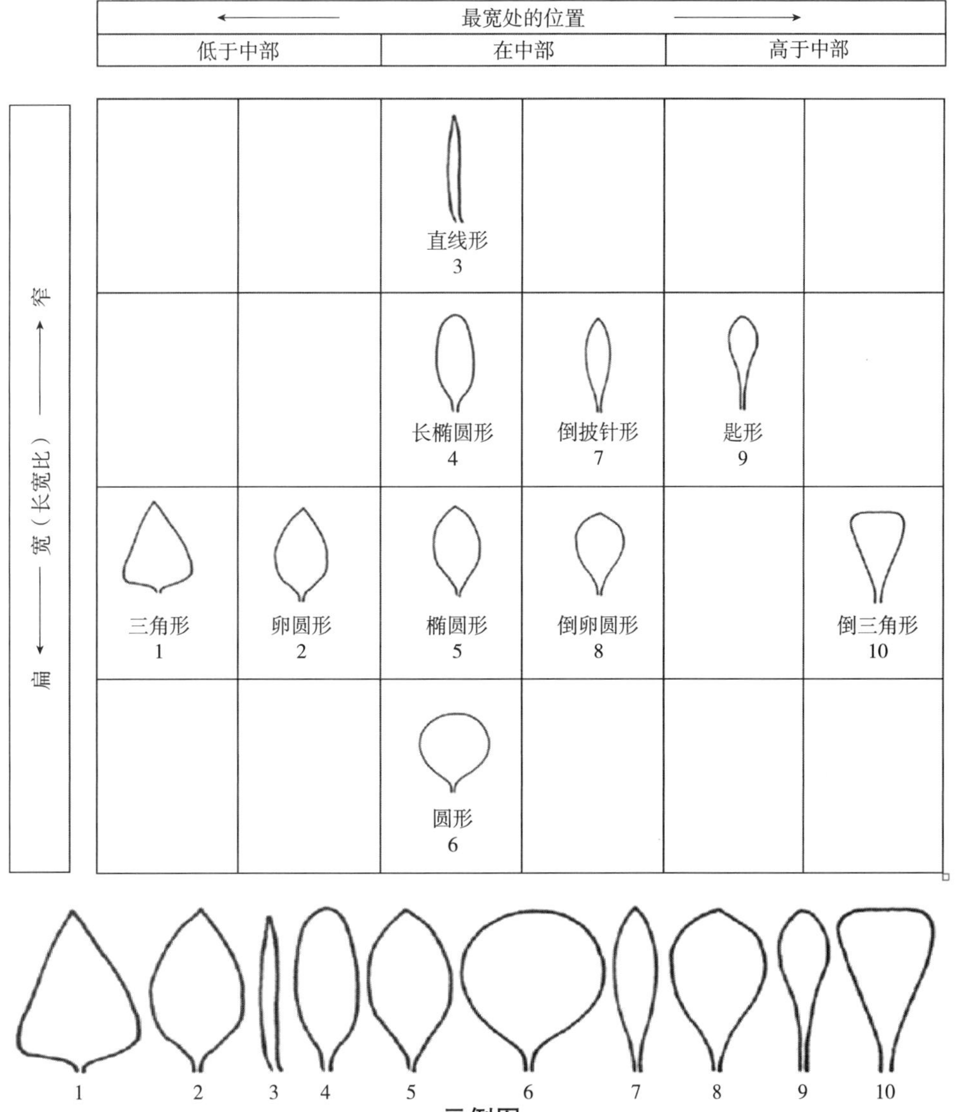

示例图

4） 对于表示姿态/生长习性等性状，应按照“直立到水平”，或“向上到匍匐”，或“直立到弯曲”排列表达状态。状态“直立/向上”总是作为状态1，因为“直立/向上”是所有状态中唯一固定的状态；而在尺度的另一端，可能是“匍匐”“下弯”等不同的状态。

b） 表达状态的用语：表达状态用语不宜用“10％至15％”或者“20克至25克”等具体数值，而应使用不同程度的描述性文字，如“低/中/高”来表示。必要时，其数字范围可在“附录B 性状表的解释”中进行详细说明。

c） 不同类型性状的表达状态和代码：性状分质量性状、数量性状和假质量性状3种类型。不同的性状类型，其表达状态和代码表示方法也不同。质量性状和假质量性状所有的表达状态和代码都应列出。

1） 质量性状：

——表达状态：质量性状的表达状态是不连续的，如植株性别：雌雄异株雌性(1)、雌雄异株雄性(2)、雌雄同株异花(3)、雌雄同株同花(4)。这些表达状态自身含义明确，每个性状表达状态是独立的。因此，其顺序并不重要。

——代码：质量性状的表达状态从“1”开始赋予连续的代码数值，没有上限。但存在以下特例：一是在多倍性的情况下，以染色体组的倍数作为代码，如二倍体(2)、四倍体(4)；二是表达状态为“无”和“有”，且两者之间有非连续间隔时，“无”赋予代码1，“有”赋予代码9。

2） 假质量性状：

——表达状态：假质量性状的表达状态是部分连续的，其变化范围可以是多维的，即在多个方向上呈现连续的变化，如形状：卵圆形(1)、椭圆形(2)、圆形(3)、倒卵形(4)。因此，不能只通过定义一个线性范围的两端来描述。与质量性状类似，假质量性状需确定每一个表达状态，从而恰当地描述性状的范围。

通常假质量性状包括中间状态，而质量性状不存在中间状态，如下示例1。描述假质量性状的中间状态，应使用修饰词，使状态互不重叠，见示例2和示例3；类似“中间”的词用在一个性状上不要超过一次，见示例4。

颜色性状中，不同颜色(如红色、绿色、蓝色等)与亮度(如浅、中、深)或者饱和度(如发白的、灰色的等)结合在一起的性状通常是假质量性状。

值得注意的是，不同形状(如卵圆形、倒卵形、三角形等)的性状通常是假质量性状。但是，表示同一形状大小程度的性状，通常按数量性状进行描述，见示例5。

颜色和形状术语的介绍可参阅TGP/14“UPOV文件中的植物学术语”。

示例1：假质量性状：颜色：绿(1)、黄绿(2)、绿黄(3)、黄(4)、橙(5)、红(6)；

质量性状：颜色：绿(1)、红(2)。

示例2：颜色：浅绿色(1)、中等绿色(2)、深绿色(3)、紫绿色(4)；

错误：浅绿色(1)、绿色(2)、深绿色(3)、紫绿色(4)。

示例3：形状：宽椭圆(1)、中等椭圆(2)、窄椭圆(3)、卵圆(4)；

错误：宽椭圆(1)、椭圆(2)、窄椭圆(3)、卵圆(4)。

示例4：形状：圆(1)、宽椭圆(2)、椭圆(3)、椭圆到卵圆(4)、卵圆(5)；

错误：形状：圆(1)、中间状态(2)、椭圆(3)、中间状态(4)、卵圆(5)。

示例5：卵圆形的宽度：极窄(1)、极窄到窄(2)、窄(3)、窄到中(4)、中(5)、中到宽(6)、宽(7)、宽到极宽(8)、极宽(9)；

错误：形状：窄卵圆形(1)、卵圆形(2)、宽卵圆形(3)。

——代码：当颜色、形状或姿态等性状为假质量性状时，代码可参照本节a)中1)、2)、3)的规定排列顺序并赋予连续的代码。

某些假质量性状含有2个(含2个)以上单个表达状态，以及一个以上的表达状态组合时，排列状态顺序时应将组合状态位于非组合状态之间(示例6和示例7)。

示例6：斑点颜色：仅绿色(1)、绿色和紫色(2)、仅紫色(3)。

示例7：杂色类型：仅扩散状(1)；扩散并呈斑块状(2)；扩散，斑块状和直带状(3)；扩散并呈直带状(4)。

3） 数量性状：

——表达状态：数量性状表达的范围是连续的，可用一维线性尺度来描述，它显示性状从一个极端到另一个极端的连续变化。

数量性状的表达范围可分成一系列连续的状态[如茎秆长度：极短(1)、极短到短(2)、短(3)、短到中(4)、中(5)、中到长(6)、长(7)、长到极长(8)、极长(9)]。状态的划分应尽可能均匀分布在整个尺度上。

——代码：数量性状的表达状态通常用代码1～9尺度来表述，尺度上的性状通常没有固定状态。对于所有已知品种而言，某个性状的表达状态的范围较小，不需要使用整个的"1～9"尺度时，可采用有限的"1～5"尺度或浓缩的"1～3"和"1～4"尺度来描述。

"1～9"尺度：使用从1到9的代码来表达强/弱、长/短、大/小。一般情况下，用1表示极弱/极短/极小，用代码3表示弱/短/小，用代码5总是表示状态变化范围的中点，代码7表示强/长/大，用代码9表示极强/极长/极大。2、4、6、8则分别为相应的中间状态，见示例1。

示例1：无或极弱(1)、极弱到弱(2)、弱(3)、弱到中(4)、中(5)、中到强(6)、强(7)、强到极强(8)、极强(9)。

数量性状除了可用以上典型的弱/强、长/短、大/小表示外，还可采用示例2、示例3、示例4、示例5、示例6中的描述方式：

示例2：相对大小：极小(1)、极小到较小(2)、较小(3)、较小到同样大小(4)、同样大小(5)、同样大小到较大(6)、较大(7)、较大到极大(8)、极大(9)。

示例3：角度：极尖(1)、极尖到较尖(2)、较尖(3)、较尖到直角(4)、直角(5)、直角到较钝(6)、较钝(7)、较钝到极钝(8)、极钝(9)。

示例4：位置：基部(1)、基部到距基部1/4(2)、距基部1/4(3)、距基部1/4到中间(4)、中间(5)、中间到距顶部1/4(6)、距顶部1/4(7)、距顶部1/4到顶部(8)、顶部(9)。

示例5：相对长度：相等(1)、相等到略短(2)、略短(3)、略短到较短(4)、较短(5)、较短到很短(6)、很短(7)、很短到极短(8)、极短(9)。

示例6：外形：极凸(1)、极凸到较凸(2)、较凸(3)、较凸到平(4)、平(5)、平到较凹(6)、较凹(7)、较凹到极凹(8)、极凹(9)。

"1～5"尺度：当性状的表达范围上有2个端点是固定的，不适于分成多于3个中间状态的情况下，可采用"1～5"尺度，见示例7。

示例7：茎秆姿态：直立(1)、直立到半直立(2)、半直立(3)、半直立到匍匐(4)、匍匐(5)。

"1～4"尺度：当尺度存在一个固定的状态，而且在这个状态的左右其他状态的分布不对称时，经常使用"1～4"尺度，如示例8～示例10。此类性状通常目测鉴定。

示例8：角度：尖(1)、直角(2)、较钝(3)、极钝(4)。

示例9：外形：凸(1)、平(2)、较凹(3)、极凹(4)。

示例10：相对位置：低(1)、相同(2)、高(3)、极高(4)。

"1～3"尺度：当性状的表达不适合分成9个状态，至少有一个固定状态时，可使用"1～3"尺度，具体见示例11～示例16。示例11和示例12中状态(1)是固定，这两种关于"无/有(不同程度)"的"1～3"尺度已被接受。示例13～示例16是使用"1～3"尺度的其他例子，其状态(2)或状态(1)是固定的。这种存在固定状态的性状通常采用目测鉴定。

示例11：无或极弱(1)、弱(2)、强(3)。

示例12：无或弱(1)、中(2)、强(3)。

示例13：相对大小：小于(1)、相同(2)、大于(3)。

示例14：角度：锐角(1)、直角(2)、钝角(3)。

示例15：位置：基部(1)、中间(2)、顶部(3)。

示例16：相对长度：相等(1)、略短(2)、较短(3)。

">9"尺度：使用9个代码以上的尺度的描述用语如示例17。

示例17：夏播早熟性：极早熟秋型(1)、极早熟到早熟秋型(2)、早熟秋型(3)、早熟到中熟秋型(4)、中熟秋型(5)、中熟到晚熟秋型(6)、晚熟秋型(7)、晚熟到极晚熟秋型(8)、极晚熟秋型(9)、极早熟冬型(10)、极早熟到早熟冬型(11)、早熟冬型(12)、早熟到中熟冬型(13)、中熟冬型(14)、中熟到晚熟冬型(15)、晚熟冬型(16)、晚熟到极晚熟冬型(17)、极晚熟冬型(18)。

7.8.4 标准(标样)品种

为明确性状的各个表达状态,有时需要列出标准(标样)品种名称。一方面,用实例说明性状;另一方面,校正因年份和地点上的差异而造成的影响,以便建立国际统一的品种描述。

由于品种基因型和地点间的特殊互作,如光周期的影响,因此在不同国家或地点依据同一套标准品种获得的品种描述可能不相同。如何依据不同地点的品种描述进行品种比较,可参阅 TGP/9 文件"特异性(可区别性)测试"。

当难以选择合适的标准(标样)品种时,可采用照片或示意图替代标准(标样)品种。

7.8.4.1 标准(标样)品种的选择

a) 易获得:标准(标样)品种应容易获得。如不易获得,只有在特殊情况下(如该品种是代表某一表达状态的唯一品种)才能作为标准(标样)品种使用。

b) 性状表达稳定:标准(标样)品种是各表达状态的实例。如果标准(标样)品种在某个表达状态上易出现波动,会导致品种描述难以统一。

c) 多套标准(标样)品种:如果某类植物品种本身表达状态易波动,表明存在着品种基因型与地点之间的互作,这种情况下应根据不同地点提供多套标准(标样)品种。

d) 按品种类型设置标准品种:如果用同一套标准(标样)品种难以描述所有类型的品种,如冬性类型和春性类型,可根据不同品种类型筛选出不同的标准(标样)品种,并进行标注,如冬性类型的标准(标样)品种标注"(W)"、春性类型标准(标样)品种标注"(S)"。

e) 减少标准(标样)品种数量:选择一整套标准(标样)品种时,尽可能用最少的标准(标样)品种涵盖所有性状及其表达状态,每一标准(标样)品种应尽可能代表多个性状,不应仅用于一个或少数几个性状。

7.8.4.2 标准(标样)品种的使用原则

a) 某一性状对国际统一品种描述很重要(如带星号性状),受年份或环境的影响较大(如大多数数量性状和假质量性状),并且不能用图片和插图说明,则应提供标准(标样)品种;反之,则可不提供。

b) 某一性状对品种描述的国际统一很重要的(如带星号的性状),不受年份或环境的影响(如质量性状),则可能不需提供标准(标样)品种。

c) 对于数量性状,在"1～9"的尺度上,应至少为 3 种表达状态提供标准(标样)品种,如状态(3)、状态(5)和状态(7);或在"浓缩"尺度"1～5"、"1～4"和"1～3"的情况下,至少为 2 种状态,如(1)和(2)提供标准(标样)品种。

7.8.4.3 标准(标样)品种名称的表示

a) 当某个标准(标样)品种被 UPOV 成员以另一个不同的名称注册时,在性状表中应使用其第一次作为待测品种保护时使用的名称。标准(标样)品种名称能清晰、并唯一地识别相关品种时,才可用在性状表中。

b) 当某个用作标准(标样)品种的品种没有被保护或未进行官方注册时,性状表中应使用其在成员中最广为人知的名称。必要时,其他名称可以列入性状表中,但这些名称应能清晰识别相关该标准(标样)品种。

c) 当标准(标样)品种的其他名称在性状表中列出时,应在测试指南有关 "标准(标样)品种"的章节中指出。

7.9 性状表的解释

为了确保测试的准确性和统一性,需要对性状表中的某些性状的测试部位、取样和测试方法进行补充解释。涉及多个性状的解释应列在 B. 2 中,并用英文字母"a,b,c……"标注在具有相同解释的性状上;涉及单个性状的解释列在 B. 3 中。可采用以下标准用语:"附录 B 对性状表中的观测时期、部分性状观测方法进行了补充解释。"

7.10 分组性状

本节应列出分组性状的名称以及在性状表中的序号。

7.10.1 分组性状的使用目的

a) 在特异性(可区别性)测试中排除部分已知品种。

b) 安排种植试验中将相似品种同组种植。

7.10.2 分组性状的选择

分组性状应是质量性状,或具有分类功能的数量性状或假质量性状,能根据不同地点记载的表达状态有效区分已知品种。分组性状应是带星号性状或技术问卷性状。

分组性状的数量不是固定的。如果只有少量性状满足以上标准,则它们可能全部被选为分组性状。如果有大量性状满足以上标准,可以选择对于7.10.1(a)和(b)最有效的性状作为分组性状。

7.10.3 颜色作为分组性状

对于性状表中表达状态用RHS比色卡编号表示的颜色性状,应建立颜色组,以便将这些颜色性状作为分组性状。

7.11 技术问卷

技术问卷主要用于审查机构从申请人获得更多的品种信息,以便审查和安排测试。本标准的附录A提供了技术问卷的模板。

本节建议采用以下标准用语:"申请人应按附录C格式填写××[植物中文常用名]技术问卷。"

7.11.1 技术问卷(TQ)性状

技术问卷(TQ)性状指包含在技术问卷中的性状,它可以是分组性状和具有鉴别力的性状,也可以是对于管理试验和测试实施有重要作用的性状。例如,在桃的技术问卷中,可以要求填写有关品种是否是"软化"或"非软化"类型的信息,尽管这不是性状表中的性状。

7.11.2 技术问卷(TQ)性状的应用

a) 测试指南中的性状可以简化后用于TQ性状中,如建立颜色组而不要求RHS比色卡编号。

b) 测试指南中的数量性状作为TQ性状时,不应使用其简化尺度,其所有状态都应列出。

c) 对于分组有用的抗病性状,由于技术或检疫原因,一些成员将其列为技术问卷性状可能会有障碍。因此,对于这类性状,可在技术问卷第7节"其他有助于品种测试的信息"中要求提供这些信息。

8 DUS测试指南的补充部分

8.1 "性状表""性状表的解释""技术问卷"以附录A、附录B和附录C的形式作为测试指南正文的补充部分。本标准的附录A给出了相应的模板。

8.2 参考文献

按照GB/T 7714的规定,对参考文献进行编排。本标准的附录A中给出了相应的示例。

附 录 A
(规范性附录)
植物品种 DUS 测试指南模板

植物品种 DUS 测试指南模板见下页:

ICS × × × × × ×
B × ×

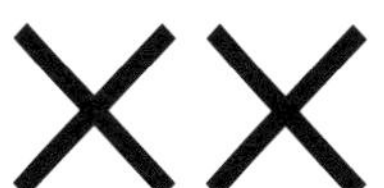

中华人民共和国 × × × × 标准

××/T ×××××—××××

植物品种特异性(可区别性)、一致性和稳定性测试指南　××[植物中文常用名]

Guidelines for the conduct of tests for distinctness, uniformity and stability—
××[植物英文常用名]
(植物拉丁名)
(**UPOV: TG /×/×, Guidelines for the conduct of tests for distinctness, uniformity and stability ××, MOD**)
文稿版次选择

×××× -×× -×× 发布　　　　×××× -×× -×× 实施

× × × × × × × × × × × × ×　发布

目　　次

前　言

［如果有相关 UPOV 指南，介绍与该指南的异同点］：

本标准使用重新起草法修改采用了国际植物新品种保护联盟（UPOV）指南［列出名称］TG/ ×× 。

本标准与 UPOV 指南 TG/ ××相比存在技术性差异，主要差异如下：

——增加了×××××性状；

——删除了×××××性状；

——调整了×××××性状的表达状态。

［如果为修订版，增加］：

本标准为 GB/×× 《植物品种特异性（可区别性）、一致性和稳定性测试指南　××》的修订版。本标准代替×××××。本标准与×××××相比主要变化如下：

——增加了×××××；

——删除了×××××；

——调整了×××××。

本标准由农业农村部种业管理司提出。

本标准由全国植物新品种测试标准化技术委员会（SAC/TC 277）归口。

本标准起草单位：××、××、××。

本标准主要起草人：××、××、××、××、××、××、××等。

［若为修订版，增加本标准所代替标准的历次版本发布情况。］

引　言

（引言为可选要素，即根据实际情况决定可要可不要。内容为：编写本部分的目的、意义和原因，以及与本部分技术内容有关的特殊信息等。不应涉及非技术性内容和信息。）

植物品种特异性(可区别性)、一致性和稳定性测试指南 ××[植物中文常用名]

1 范围

本标准规定了××[植物中文常用名]品种特异性(可区别性)、一致性和稳定性测试的技术要求和结果判定的一般原则。

本标准适用于××[植物中文常用名](拉丁名) 品种特异性(可区别性)、一致性和稳定性测试。

2 规范性引用文件

下列文件对于本文件的应用是必不可少的。凡是注日期的引用文件,仅注日期的版本适用于本文件。凡是不注日期的引用文件,其最新版本(包括所有的修改单)适用于本文件。

GB/T 19557.1　植物品种特异性(可区别性)、一致性和稳定性测试指南　总则

……[相关的国家标准]

注:

(1)引用文件的排列顺序为:国家标准、行业标准、国内有关文件、国际标准、国际有关文件。国家标准按标准顺序号排列;行业标准、其他国际标准先按标准代号的拉丁字母顺序排列,再按标准的顺序号排列。

(2)引用文件标注日期与否意味着使用哪个版本。不标明日期,意味着以后被修订的新版本仍然适用于本文件。

(3)允许引用正在起草的标准草案(但要同时报批)。

3 术语和定义

GB/T 19557.1 界定的术语和定义适用于本文件。

群体测量:对一批植株或植株的某器官或部位进行测量,获得一个群体记录。

个体测量:对一批植株或植株的某器官或部位进行逐个测量,获得一组个体记录。

群体目测:对一批植株或植株的某器官或部位进行目测,获得一个群体记录。

个体目测:对一批植株或植株的某器官或部位进行逐个目测,获得一组个体记录。

注:可增加与本部分有关的术语和定义。

4 符号

下列符号适用于本文件:

MG:群体测量。

MS:个体测量。

VG:群体目测。

VS:个体目测。

QL:质量性状。

QN:数量性状。

PQ:假质量性状。

[可选择]

*:UPOV 用于统一品种描述所需要的重要性状,除非受环境条件限制性状的表达状态无法测试,所有 UPOV 成员都应使用这些性状。

a、b、c、××:标注内容在附录 B 中进行了详细解释。

+:标注内容在附录 B 中进行了详细解释。

5 繁殖材料的要求

5.1 繁殖材料以××[种子/种苗/种球/鳞茎/块茎/块根/枝条/接穗/菌种/……]形式提供。

选择 1[提交的繁殖材料若为种子] 提交的种子数量至少××g[或××粒/荚/穗/……]。[可选择]如果是杂交种,必要时还需提供亲本种子各××kg。

选择 2[提交的繁殖材料若为其他繁殖材料]提交的××[种苗/种球/鳞茎/块茎/块根/枝条/接穗/菌株/……]数量至少××[株/枝/块/个/……]。

提交的繁殖材料应外观健康,活力高,无病虫侵害。繁殖材料的具体质量要求如下:

选择 1[繁殖材料为种子]列出对发芽率、净度、含水量……的最低要求,如菜豆:发芽率≥97%,净度≥99.0%,含水量≤12.0%。

选择 2[繁殖材料为非种子]应根据不同植物的繁殖材料特点列出具体质量要求,如马铃薯:直径为 35 mm~50 mm 的未发芽块茎。

5.2 提交的繁殖材料一般不进行任何影响品种性状表达的处理。如果已处理,应提供处理的详细说明。

5.3 提交的繁殖材料应符合中国植物检疫的有关规定。

6 测试方法

6.1 测试周期

[选择 1][若一个生长周期能够满足 DUS 判定要求时] 测试周期至少为一个生长周期。

[选择 2][若两个生长周期才能够满足 DUS 判定要求] 测试周期至少为 2 个独立的生长周期。

6.2 测试地点

测试通常在同一个地点进行。如果某些性状在该地点不能充分表达,可在其他符合条件的地点对其进行观测。

6.3 田间试验

6.3.1 试验设计

[选择 1]大田作物

以××[穴播/条播/穗行播/……]方式种植,每个小区不少于×株,小区设×行,株距× cm~× cm,行距× cm~× cm,共设×个重复。[可选择][提出对土壤、前茬植物等的要求]。必要时,近似品种与待测品种相邻种植。

[选择 2]不设重复的作物,如多年生果树等

样本数不少于×株,株距× cm~× cm,行距× cm~× cm。[可选择][对砧木等的要求]。必要时,近似品种与待测品种相邻种植。

[选择 3]食用菌

以××(撒播/沟播/……)后覆土方式种植,每小区不少于××m^2,共设××个重复;袋装栽培以立式或层架平放方式摆放,每个小区不少于××袋,共设××个重复。必要时,近似品种与待测品种相邻种植或摆放。

6.3.2 田间管理

可按当地大田生产管理方式进行。

6.4 性状观测

6.4.1 观测时期

性状观测应按照表 A.1 和表 A.2 列出的生育阶段进行。附录 B 对这些生育阶段进行了解释。

6.4.2 观测方法

性状观测应按照表 A.1 和表 A.2 规定的观测方法(VG、VS、MG、MS)进行。

6.4.3 观测数量

除非另有说明,个体观测性状(VS、MS)植株取样数量不少于×个,在观测植株的器官或部位时,每个

植株取样数量应为×个。群体观测性状(VG、MG)应观测整个小区或规定大小的混合样本。

6.5 附加测试

必要时,可选用表 A.2 中的性状或本文件未列出的性状进行附加测试。

7 特异性(可区别性)、一致性和稳定性结果的判定

7.1 总体原则

特异性(可区别性)、一致性和稳定性的判定按照 GB/T 19557.1 确定的原则进行。

7.2 特异性(可区别性)的判定

待测品种应明显区别于所有已知品种。在测试中,当待测品种至少在一个性状上与最为近似的品种具有明显且可重现的差异时,即可判定待测品种具备特异性(可区别性)。

7.3 一致性的判定

[选择 1]对于品种内遗传变异较小的品种,如无性繁殖材料、(常)自花授粉品种、自交系、单交种等,建议采用以下描述:对于××[常规种/自交系/单交种/……]品种,一致性判定时,采用××%的群体标准和至少××%的接受概率。当样本大小为××株时,最多可以允许有××个异型株。

[选择 2]对于品种内遗传变异较大的品种,如多交种/群体品种/综合品种,建议采用以下描述:对于××[多交种/群体/综合/……]品种,一致性判定时,品种的变异程度不能显著超过同类型品种。

7.4 稳定性的判定

如果一个品种具备一致性,则可认为该品种具备稳定性。一般不对稳定性进行测试。

必要时,可以种植该品种的××[下一代种子/下一批无性繁殖材料],与以前提供的繁殖材料相比,若性状表达无明显变化,则可判定该品种具备稳定性。

[可选择]杂交种的稳定性判定,除直接对杂交种本身进行测试外,还可以通过对其亲本系的一致性和稳定性鉴定的方法进行判定。

8 性状表

8.1 概述

根据测试需要,将性状分为基本性状、选测性状,基本性状是测试中必须使用的性状。表 A.1 列出了××[植物中文常用名]基本性状,表 A.2 列出了××[植物中文常用名]选测性状。

性状表列出了性状名称、表达类型、表达状态及相应的代码和标准品种、观测时期和方法等内容。

8.2 表达类型

根据性状表达方式,将性状分为质量性状、假质量性状和数量性状 3 种类型。

8.3 表达状态和相应代码

8.3.1 每个性状划分为一系列表达状态,为便于定义性状和规范描述,每个表达状态赋予一个相应的数字代码,以便于数据记录、处理和品种描述的建立与交流。

8.3.2 对于质量性状和假质量性状,所有的表达状态都应当在测试指南中列出;对于数量性状,所有的表达状态也都应当在测试指南中列出,偶数代码的表达状态可描述为“前一个表达状态到后一个表达状态”的形式。

8.4 标准(标样)品种

性状表中列出了部分性状有关表达状态相应的标准(标样)品种,以助于确定相关性状的不同表达状态和校正年份、地点引起的差异。

8.5 性状表的解释

附录 B 对性状表中的观测时期、部分性状观测方法进行了补充解释。

8.6 分组性状

本文件中,品种分组性状如下:

a) ××[给出具体性状名称](表 A.1 中性状××)。

b) ××[给出具体性状名称](表 A.1 中性状××)。

c) ××[给出具体性状名称](表 A.1 中性状××)。

9 技术问卷

申请人应按附录 C 给出的格式填写××[植物中文常用名]技术问卷。

附　录　A
（规范性附录）
性状表

A.1　××[植物中文常用名]基本性状

见表 A.1。

表 A.1　××[植物中文常用名]基本性状

序号	性　状	观测时期和方法	表达状态	标准(标样)品种	代码
1	[可选择]* [可选择]仅适用于××类型品种 植株部位:性状名称 QN/QL/PQ [可选择]+ [可选择]a/b/c/……	[可选择]××[生育阶段编号] VG/VS/MG/MS	××	××	××
			××	××	××
			××	××	××
			××	××	××
			××	××	××
……					

A.2　××[植物中文常用名]选测性状。

见表 A.2。

表 A.2　××[植物中文常用名]选测性状

序号	性　状	观测时期和方法	表达状态	标准(标样)品种	代码
1	[可选择]* [可选择]仅适用于××类型品种 植株部位:性状名称 QN/QL/PQ [可选择]+ [可选择]a/b/c/……	[可选择]××[生育阶段编号] VG/VS/MG/MS	××	××	××
			××	××	××
			××	××	××
			××	××	××
			××	××	××
……					

附　录　B
（规范性附录）
性状表的解释

B.1　××[植物中文常用名]生育阶段[可选择]

见表B.1。

表B.1　××[植物中文常用名]生育阶段表

序号[或编号]	名称	描述
1[××]	例:干种子	××
2[××]	例:出苗期	××
3[××]	例:开花期	××[如小区50%的植株开花。]
……		

B.2　涉及多个性状的解释

(a)　××[给出具体解释]
(b)　××[给出具体解释]
(c)　××[给出具体解释]
……

B.3　涉及单个性状的解释

性状1　××[性状名称]
性状2　××[性状名称]
性状3　××[性状名称]
……

附　录　C
（规范性附录）
技术问卷格式

××[植物中文常用名]技术问卷

申请号： 申请日： （由审批机关填写）

（申请人或代理机构签章）

C.1　品种暂定名称

C.2　申请测试人信息

姓名：
地址：
电话号码：　　　　　　　　传真号码：　　　　　　　　　　　手机号码：
邮箱地址：
育种者姓名（如果与申请测试人不同）：

C.3　植物学分类

[　　　　　]属　[　　　　　]种　[　　　　　]亚种　[　　　　　]变种
拉丁名：____________________
中文名：____________________

[可选择]C.4　品种来源（在相符的[　]中打√）

例：杂交[　]
　　突变[　]
　　其他[　]

[可选择]C.5　品种类型（在相符的[　]中打√）

C.5.1　按××方式分

C.5.1.1　××[类型 1]　[　]
C.5.1.2　××[类型 2]　[　]
C.5.1.3　××[类型 3]　[　]
……

C.5.2　按××方式分

C.5.2.1　××[类型 1]　[　]
C.5.2.2　××[类型 2]　[　]
C.5.2.3　××[类型 3]　[　]
……

C.6 待测品种的具有代表性彩色照片

（品种照片粘贴处）
（如果照片较多，可另附页提供）

C.7 品种的选育背景、育种过程和育种方法，包括系谱、培育过程和所使用的亲本或其他繁殖材料来源与名称的详细说明

C.8 适于生长的区域或环境以及栽培技术的说明

C.9 其他有助于辨别待测品种的信息

（如品种用途、品质抗性，请提供详细资料）

C.10 品种种植或测试是否需要特殊条件

（在相符的[ ]中打√）
是[ ] 否[ ]
（如果回答是，请提供详细资料）

C.11 品种繁殖材料保存是否需要特殊条件

（在相符的[ ]中打√）
是[ ] 否[ ]
（如果回答是，请提供详细资料）

C.12 待测品种需要指出的性状

（在合适的代码后打√，若有测量值，请填写在表C.1中。）

表C.1 待测品种需要指出的性状

序号	性 状	表达状态	代 码	测量值
1	××	××	1[ ]	
		××	2[ ]	
		××	3[ ]	
		××	4[ ]	
		××	5[ ]	
		××	6[ ]	
		××	7[ ]	
		××	8[ ]	
		××	9[ ]	
……				

C.13 待测品种与近似品种的明显差异性状表

（在自己认知范围内，请申请测试人在表C.2中列出待测品种与其最为近似品种的明显差异。）

表C.2 待测品种与近似品种的明显差异性状表

近似品种名称	性状名称	近似品种表达状态	待测品种表达状态
近似品种1	××	××	××
	……	……	……
近似品种2(可选择)	××	××	××
	……	……	……
注：可提供其他有利于特异性(可区别性)测试的信息。			

申请人员承诺：技术问卷所填写的信息真实！

签名：

参考文献

[1]UPOV:TG/××/× Guidelines for the conduct of tests for distinctness, uniformity and stability ××[相关UPOV测试指南][S/OL].[××公开时间]. 瑞士. http://upov.int/×/×(访问路径)

[2] UPOV:TG/1/3 General introduction to the examination of distinctness, uniformity and stability and the development of harmonized descriptions of new varities of plants [S/OL].[2002.4.19]. 瑞士. http://www.upov.int/export/sites/upov/resource /en/tg_1_3.pdf

[3] UPOV:TGP/7 Development of test guidelines [S/OL].[2014.10.16]. 瑞士. http ://www. upov.int/edocs/tgpdocs/en/tgp_7.pdf

[4] UPOV:TGP/8 Trial design and techniques used in the examination of distinctness, uniformity and stability [S/OL].[2014.10.16]. 瑞士. http://www.upov.int/edocs/tgpdocs/en/tgp_8.pdf

[5] UPOV:TGP/9 Examining distinctness [S/OL].[2008.10.30]. 瑞士. http://www.upov.int/edocs/tgpdocs/en/tgp_10.pdf

[6] UPOV:TGP/10 Examining uniformity [S/OL]. [2008.10.30]. 瑞士. http:// www.upov. int/edocs /tgpdocs/en/tgp_10.pdf

[7] UPOV:TGP/11 Examining stability [S/OL]. [2011.10.20]. 瑞士. http://www.upov.int/edocs/tgpdocs/en/tgp_11.pdf

ICS 67.080.10
B 31

中华人民共和国农业行业标准

NY/T 3516—2019

热带作物种质资源描述规范 毛叶枣

Descriptors standard for germplasm resources—Indian jujube

2019-12-27 发布　　2020-04-01 实施

中华人民共和国农业农村部 发布

前　言

本标准按照 GB/T 1.1—2009 给出的规则起草。

本标准由中华人民共和国农业农村部提出。

本标准由农业农村部热带作物及制品标准化技术委员会归口。

本标准起草单位:云南省农业科学院热区生态农业研究所。

本标准主要起草人:段曰汤、沙毓沧、瞿文林、马开华、金杰、雷虓、赵琼玲、韩学琴、廖承飞、范建成、邓红山、罗会英。

热带作物种质资源描述规范　毛叶枣

1　范围

本标准规定了毛叶枣(*Ziziphus mauritiana* Lam.)种质资源描述的基本信息、植物学特征、生物学特性及农艺性状、品质性状、抗逆性等性状的描述方法。

本标准适用于毛叶枣种质资源的描述。

2　规范性引用文件

下列文件对于本文件的应用是必不可少的。凡是注日期的引用文件,仅注日期的版本适用于本文件。凡是不注日期的引用文件,其最新版本(包括所有的修改单)适用于本文件。

GB/T 2260　中华人民共和国行政区划代码

GB/T 2659　世界各国和地区名称代码

GB 5009.86　食品安全国家标准　食品中抗坏血酸的测定

GB/T 12316　感官分析方法　"A"-"非 A"检验

NY/T 1688　腰果种质资源鉴定技术规范

NY/T 2637　水果和蔬菜可溶性固形物含量的测定　折射仪法

NY/T 2742　水果及制品可溶性糖的测定　3,5-二硝基水杨酸比色法

3　术语和定义

下列术语和定义适用于本文件。

3.1

上午开花型(A 型花)　morning flowering type

当天上午雄蕊成熟,花药开裂,花粉散出。当天下午雌蕊柱头伸长发育成熟,柱头开叉容受。

3.2

下午开花型(B 型花)　afternoon flowering type

当天下午雄蕊成熟,花药开裂,花粉散出。翌日上午雌蕊柱头伸长发育成熟,柱头开叉容受。

4　要求

在植株达到稳定结果期并在正常生长情况下随机采集代表性样本。

5　种质基本信息

5.1　全国统一编号

种质资源的全国统一编号是由枣编号(ZF)+4 位顺序号组成的字符串(后 4 位顺序码从"0001"到"9999"代表具体种质编号),全国统一编号具有唯一性。

5.2　采集号

种质在野外采集时赋予的编号,一般由年份+2 位省份代码+顺序号组成。

5.3　引种号

引种号由年份加 4 位顺序号组成的 8 位字符串,如"20170012"。前 4 位表示种质从外地引进年份,后 4 位位顺序号,从"0001"到"9999"。每份引进种质具有唯一的引种号。

5.4　种质名称

国内外种质的原始名称,如果有多个名称,可以放在英文括号内,英文用逗号分隔;国外引进种质如果

没有中文译名，可以直接填写种质的外文名。

5.5 种质外文名

国外引进种质的外文名和国内种质的汉语拼音名，每个汉字的首字拼音大写，字间用连接符。

5.6 学名

毛叶枣 *Ziziphus mauritiana* Lam.。

5.7 种质类型

分为：野生资源、地方品种、引进品种(系)、选育品种(系)、遗传材料等。

5.8 主要特性

分为：产量、品质、抗性、其他。

5.9 主要用途

分为：食用、砧木用、药用、观赏、育种、组培、其他。

5.10 系谱

毛叶枣选育品种(系)的亲缘关系或杂交组合名称。

5.11 遗传背景

分为：自花授粉、异花授粉、种间杂交、种内杂交、无性选择、自然突变、人工诱变、其他。

5.12 繁殖方式

毛叶枣的繁殖方式，分为：嫁接、扦插、实生、组培、其他。

5.13 选育单位

选育毛叶枣品种(系)的单位或个人，单位名称应写全称。

5.14 育成年份

毛叶枣品种(系)通过新品种审定或登记的年份，表示方法为“年”，格式为“YYYY”。

5.15 原产国

毛叶枣种质的原产国家、地区或国际组织名称。国家和地区按照 GB/T 2659 的规定执行，如该国家不存在，应在原国家前加“前”。

5.16 原产省

省份名称按照 GB/T 2260 的规定执行。国外引进种质原产省用原产国家一级行政区的名称。

5.17 原产地

种质的原产县、乡、村名称，县名参照 GB/T 2260 的规定执行。

5.18 原产地经度

种质原产地的经度，单位为度(°)和分(′)。格式为东经(E)/西经(W)DDDFF，其中 DDD 为度，FF 为分。

5.19 原产地纬度

种质原产地的纬度，单位为度(°)和分(′)。格式为北纬(N)/南纬(S)DDFF，其中 DD 为度，FF 为分。

5.20 原产地海拔

单位为米 (m)。

5.21 采集地

种质资源来源国家、省、县名称，地区名称或国际组织名称。

5.22 采集单位

毛叶枣种质采集单位或个人全称。

5.23 采集时间

以“年月日”表示，格式“YYYYMMDD”。

5.24 采集材料

毛叶枣种质资源收集时采集的种质材料类型，分为：种子、果实、芽、芽条、花粉、组织培养材料、苗木、其他。

5.25 保存单位

负责毛叶枣种质繁殖并提交国家种质资源长期库前原保存单位或个人全称。

5.26 保存单位编号

种质资源在原保存单位中的种质编号，保存单位编号在同一保存单位应具有唯一性。

5.27 种质保存名

种质资源在资源圃中保存时所用的名称，应与来源名称相一致。

5.28 保存种质的类型

保存种质的类型，分为：植株、种子、组织培养物、花粉、DNA、其他。

5.29 种质定植年份

种质资源在资源圃中定植的年份，表示方法为"年"，格式为"YYYY"。

5.30 种质更新年份

种质资源进行换种或重植的年份，表示方法为"年"，格式为"YYYY"。

5.31 图像

毛叶枣种质的图像文件名，图像格式为". jpg"，图像文件名由"统一编号"＋"序号"＋". jpg"组成，图像要求像素在 600 dpi 以上或尺寸在 1 024×768 以上。

5.32 特性鉴定评价的机构名称

种质资源特性鉴定评价的机构名称，单位名称应写全称。

5.33 鉴定评价的地点

种质资源植物学特征和生物学特性的鉴定评价地点、记录到省和县。

5.34 备注

资源收集者了解的生态环境的主要信息、产量、栽培实践等。

6 植物学特征

6.1 植株

取代表性植株 3 株以上，进行下列性状描述。

6.1.1 树姿

测量 3 个基部一级侧枝中心轴线与主干的夹角，并依据夹角的平均值确定树姿类型。参照图 1 按最大相似性原则，分为：1. 直立(夹角＜45°)；2. 半开张(夹角 45°≤夹角＜60°)；3. 开张(夹角 60°≤夹角＜80°)。

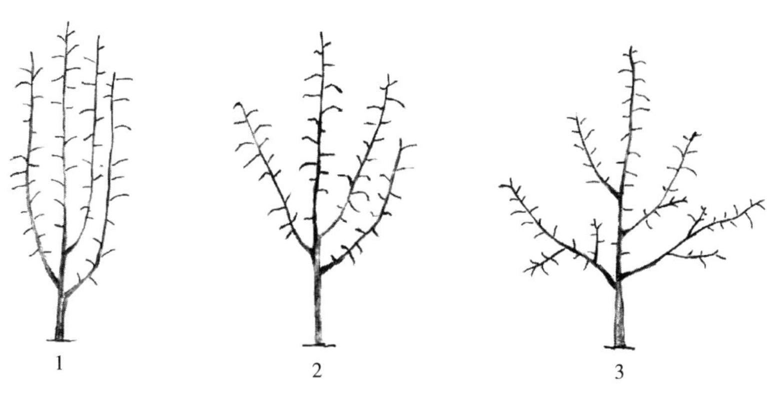

图 1 树 姿

6.1.2 树形

以未修剪成年树自然生长状态树冠的形状确定树形类型，参照图 2 按最大相似性原则，分为：1. 圆头形；2. 圆锥形；3. 乱头形；4. 伞形；5. 半圆形；6. 其他。

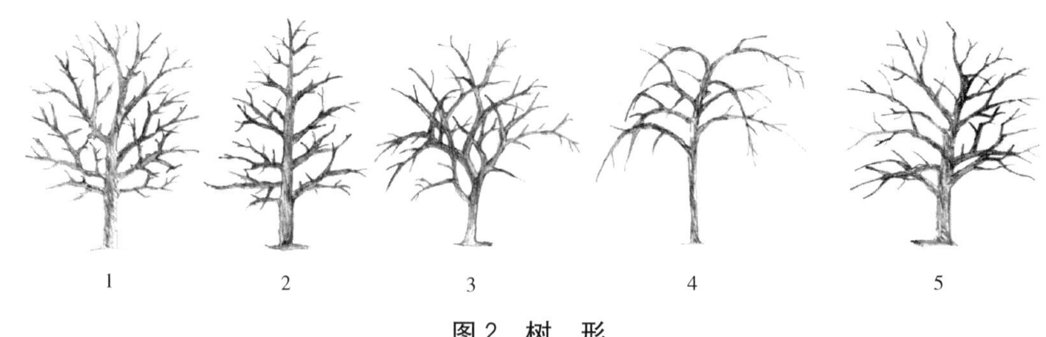

图2 树 形

6.1.3 树势

根据正常生长成年树体的长势状况确定树的长势,分为:1. 弱;2. 中;3. 强。

6.1.4 主干颜色

观察主干颜色,用标准比色卡按最大相似原则确定主干颜色,分为:1. 褐色;2. 灰褐色;3. 其他。

6.1.5 主干表皮特征

观察实生苗的主干全部或嫁接苗的嫁接口上方主干部分的表皮特征,确定植株的主干表皮特征,分为:1. 光滑;2. 粗糙;3. 极粗糙。

6.1.6 嫩梢颜色

在新梢生长期,观察植株幼嫩枝条刚展叶尚未木质化时的表皮颜色,用标准比色卡按最大相似原则确定幼嫩枝条颜色,分为:1. 黄绿色;2. 绿色;3. 黄褐色;4. 其他。

6.1.7 成熟枝条颜色

在末次秋梢充分成熟后至抽梢或开花前,观察植株外围中上部的成熟枝条颜色,用比色卡按最大相似原则确定成熟枝条颜色,分为:1. 黄绿色;2. 黄褐色;3. 暗褐色;4. 其他。

6.1.8 枝条长度

植株开花前,取 30 条老熟枝条,分别测量其长度,取平均值,精确到 0.1 cm。

6.1.9 枝条粗度

植株开花前,取 30 条老熟枝条,分别以游标卡尺测量每个枝条中部的直径,取平均值,精确到 0.1 cm。

6.1.10 节间距

确定成熟枝条的节间距,分为:1. 短;2. 中;3. 长。

6.1.11 枝梢密度

确定树冠枝梢的密集程度,分为:1. 疏;2. 中等;3. 密。

6.1.12 刺

观测正常生长的成年树枝条上的刺着生状况,分为:1. 无;2. 少;3. 中;4. 密。

6.2 叶

在末次秋梢充分成熟后,随机抽取植株外围中上部叶末次秋梢 20 片成熟叶,进行下列性状描述。

6.2.1 叶片形状

参照图 3 按照最大相似性原则确定种质的叶片形状,分为:1. 椭圆形;2. 卵圆形;3. 倒卵形;4. 其他。

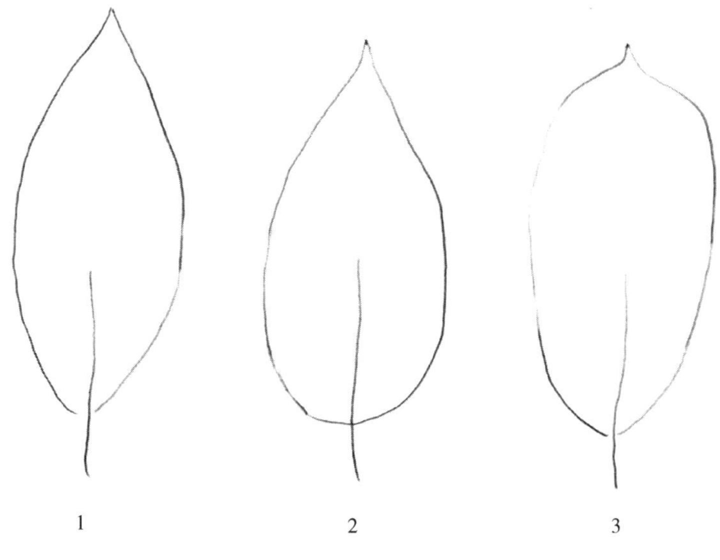

图 3　叶片形状

6.2.2　叶尖形状

参照图 4 按最大相似原则确定叶尖的形状，分为：1. 圆尖；2. 长尖；3. 急尖；4. 内凹；5. 其他。

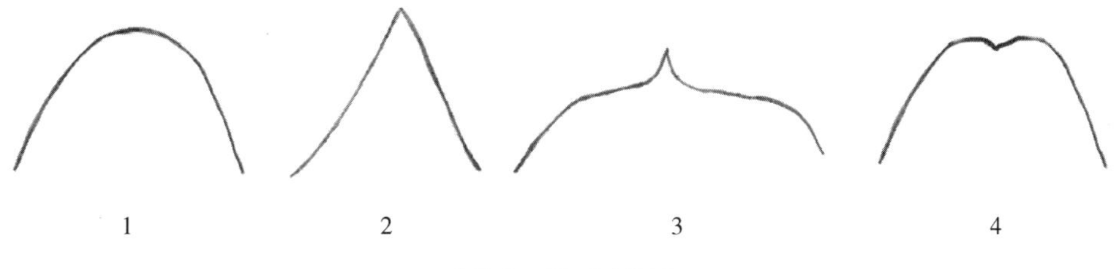

图 4　叶尖形状

6.2.3　叶基形状

参照图 5 按最大相似原则确定叶基的形状，分为：1. 偏斜形；2. 楔形；3. 圆楔形；4. 圆形；5. 其他。

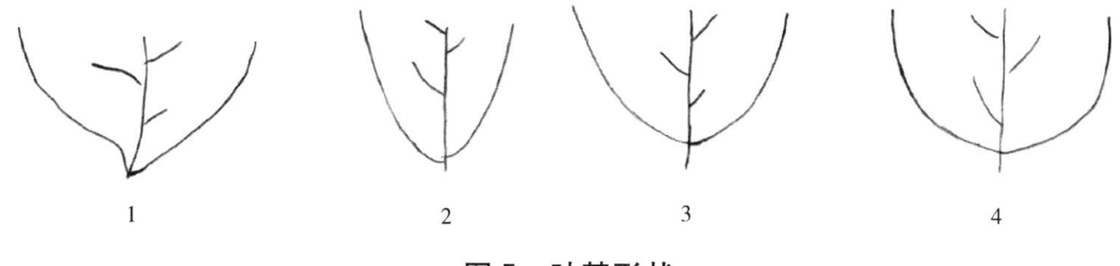

图 5　叶基形状

6.2.4　叶缘形状

参照图 6 按最大相似原则确定确定叶缘的形状，分为：1. 钝齿；2. 粗齿；3. 细齿；4. 其他。

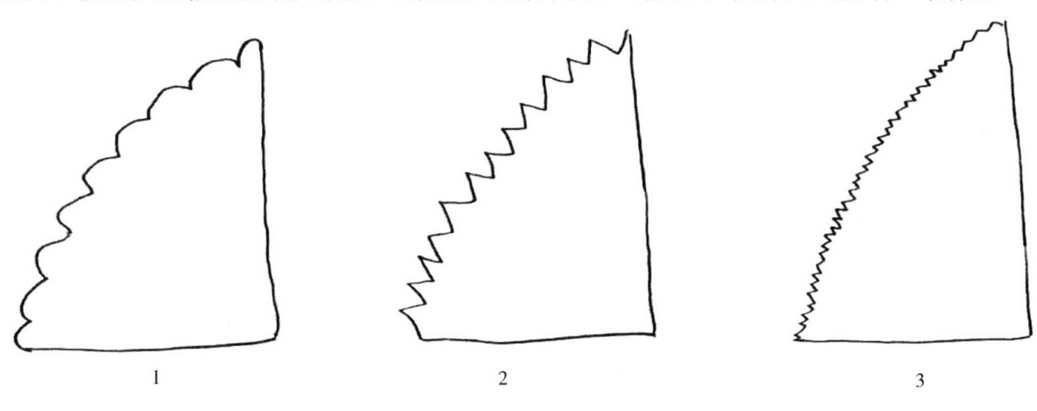

图 6　叶缘形状

6.2.5 叶面状态

参照图 7 按最大相似性原则确定叶面状态,分为:1. 合抱;2. 平展;3. 反卷;4. 其他。

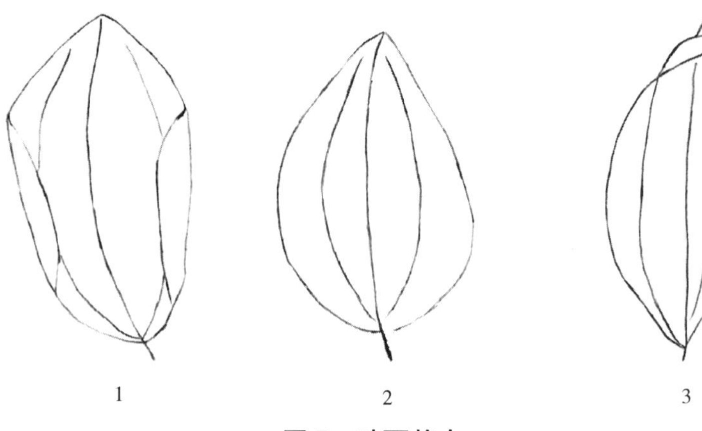

图 7 叶面状态

6.2.6 叶片长度

测量叶片基部至叶尖的长度,取平均值,精确到 0.1 cm。

6.2.7 叶片宽度

测量叶片中部的最宽处的宽度,取平均值,精确到 0.1 cm。

6.2.8 叶形指数

计算叶片长度/叶片宽度的比值,精确到 0.1。

6.2.9 嫩叶颜色

6.2.9.1 叶面颜色

在新梢生长期,目测树冠外围中上部新梢每片完全展开嫩叶正面颜色,用标准比色卡按最大相似原则确定嫩叶颜色,分为:1. 浅绿色;2. 黄绿色;3. 其他。

6.2.9.2 叶背颜色

在新梢生长期,目测树冠外围中上部新梢每片完全展开嫩叶背面颜色,用标准比色卡按最大相似原则确定嫩叶颜色,分为:1. 灰白色;2. 浅黄色;3. 黄绿色;4. 其他。

6.2.10 成熟叶颜色

6.2.10.1 叶面颜色

观察每片成熟叶正面的颜色,用标准比色卡按最大相似原则确定成熟叶颜色,分为:1. 淡绿色;2. 绿色;3. 深绿色;4. 其他。

6.2.10.2 叶背颜色

观察每片成熟叶正面的颜色,用标准比色卡按最大相似原则确定成熟叶颜色,分为:1. 灰白色;2. 浅黄色;3. 黄绿色;4. 其他。

6.2.11 叶背绒毛

观测正常生长树叶背面的绒毛生长情况,分为:1. 无;2. 有;3. 多。

6.2.12 叶柄长度

测量叶柄基部至小叶片基部的长度,取平均值,精确到 0.1 cm。

6.2.13 叶着生方式

观察叶的着生方式,分为:1. 互生;2. 对生;3. 其他。

6.3 花序和花

在植株盛花期,随机选树冠外围不同部位典型花芽抽出的顶端花序 20 个,进行下列性状描述:

6.3.1 花序着生位置

在植株盛花期,观察花序的着生位置,以最多出现的为准,分为:1. 顶生;2. 腋生;3. 其他。

6.3.2 花瓣颜色

观察花瓣的颜色，用标准比色卡按最大相似原则，确定花瓣颜色，分为：1. 白色；2. 浅黄色；3. 黄绿色；4. 其他。

6.3.3 花托颜色

观察花托的颜色，用标准比色卡按最大相似原则，确定花托颜色，分为：1. 米黄色；2. 淡黄色；3. 深黄色；4. 其他。

6.3.4 每花序花朵数

每个花序着生的平均小花数量，单位为朵，精确到整数。

6.3.5 花序长度

测量每个花序基部至顶端的长度，取平均值，精确到 0.1 cm。

6.3.6 花序宽度

测量每个花序最大处的宽度，取平均值，精确到 0.1 cm。

6.3.7 花序长宽比

计算（花序长度）/（花序宽度）的比值，取平均值，精确到 0.1。

6.3.8 花性比例

在盛花期，连续 2 d 分别在每天的上午、下午取 20 朵正常开放的小花，计算其中雄花、雌花、两性花、变态花所占的比例，以百分比（%）表示，精确到 0.1%。

6.3.9 花的直径

在植株盛花期，随机选树冠外围不同部位典型花芽抽出的顶端花序 10 个，每个花序测量 3 朵正常开放状态花朵的最大直径，取平均值，精确到 0.1 mm。

6.4 果

在果实成熟期，从树体上随机抽取 20 个正常果实，进行下列性状描述：

6.4.1 果实形状

参照图 8 以最大相似原则确定种质的果实形状，分为：1. 圆形；2. 扁圆形；3. 卵圆形；4. 长圆形；5. 圆柱形；6. 圆锥形；7. 扁柱形；8. 其他。

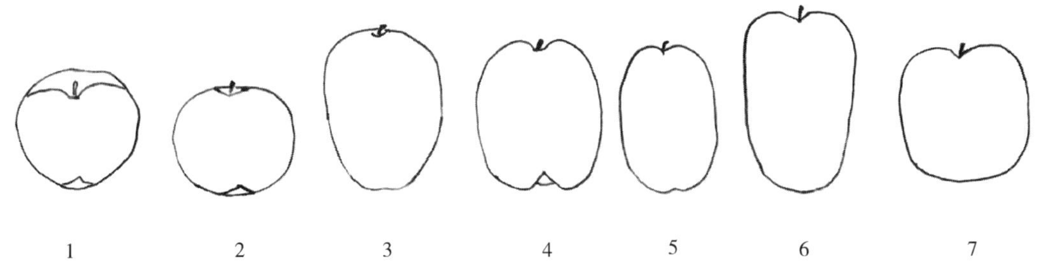

图 8 果实形状

6.4.2 果顶形状

参照图 9 以最大相似原则确定果顶类型，分为：1. 凹；2. 平；3. 凸。

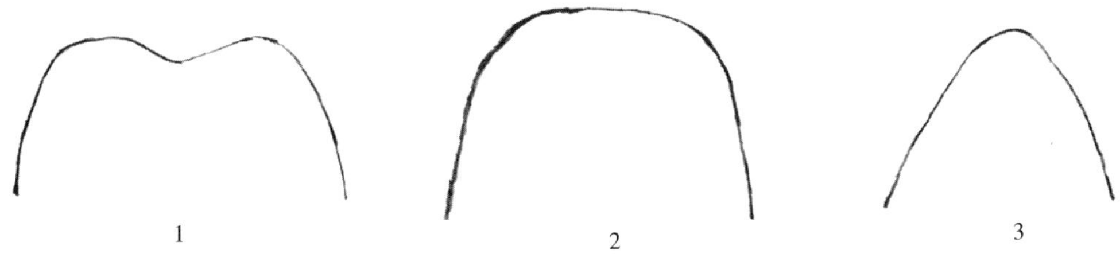

图 9 果顶形状

6.4.3 果肩形状

成熟期果实肩部的形状,分为:1. 平;2. 凸起;3. 其他。

6.4.4 单果重

称取单个果实重,取平均值,精确到 0.1 g。

6.4.5 果实纵径

测量果实果顶至果基的最长距离,取平均值,精确到 0.1 cm。

6.4.6 果实横径

测量果实最大横切面的最长距离,取平均值,精确到 0.1 cm。

6.4.7 果形指数

计算果实纵径/果实横径的比值,取平均值,精确到 0.1。

6.4.8 果肉重

去除果核后称量果肉的重量,取平均值,精确到 0.1 g。

6.4.9 果核重

称量果核重量,取平均值,精确到 0.1 g。

6.4.10 果核形状

去除果核表面附着的果肉,参照图 10 以最大相似原则观察并确定果核形状,分为:1. 圆形;2. 椭圆形;3. 纺锤形;4. 倒纺锤形;5. 其他。

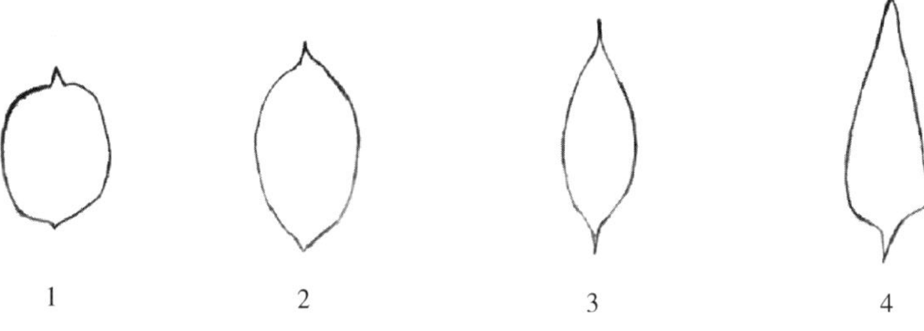

图 10 果核形状

6.4.11 果核脉络形状

观察并确定果核脉络形状,分为:1. 平行;2. 交叉。

6.4.12 果核纵径

测量果核顶部至基部的最长距离,取平均值,精确到 0.1 cm。

6.4.13 果核横径

测量果核最宽处的距离,取平均值,精确到 0.1 cm。

6.4.14 果核侧径

测量果核最厚处的距离,取平均值,精确到 0.1 cm。

7 生物学特性及农艺性状

7.1 定植/播种期

种质定植或播种的时间。

7.2 每年抽生新梢次数

观察并记录每年抽发新梢的次数。

7.3 抽梢期

在生长期,以整个试验小区为调查对象,记录 50%植株开始抽生新梢的日期。表示方法为“年月日”,格式为“YYYYMMDD”,分为:1. 春梢;2. 夏梢;3. 秋梢;4. 冬梢。

7.4 梢老熟期

在生长期,以整个试验小区为调查对象,记录 50%植株新梢老熟的日期。表示方法为“年月日”,格式为“YYYYMMDD”,分为:1. 春梢;2. 夏梢;3. 秋梢;4. 冬梢。

7.5 花期

记录同一种质植株上从一朵花开放到最后一朵花凋谢所经历的时间,精确到 1 d。

7.6 初花期

观察全树初花(开花)情况,记录约有 5%花朵开放的日期。以“年月日”表示,格式为“YYYYMMDD”。

7.7 盛花期

观察全树盛花(开花)情况,记录约有 25%花朵开放的日期。以“年月日”表示,格式为“YYYYMMDD”。

7.8 末花期

观察全树末花(开花)情况,记录约有 75%花朵已开放的日期。以“年月日”表示,格式为“YYYYMMDD”。

7.9 开花习性

7.9.1 花期早晚

根据记录的初花期,确定种质的开花习性,分为:1. 早;2. 中;3. 晚。

7.9.2 开花批次

观察植株开花的情况,记录开花批次。

7.9.3 开花类型

标记 30 朵小花,记录雄蕊和雌蕊的开放情况,依雄蕊、雌蕊的开放时间、顺序,确定开花类型。分为:1. 上午开花型;2. 下午开花型;3. 其他。

7.10 初果期树龄

实生植株在正常生长情况下首次开花结果的树龄,单位为年。

7.11 果实发育期

记录果实从坐果至成熟的天数,单位为天(d)

7.12 果实成熟特性

根据大量采果日期,确定种质的成熟特性,分为:1. 极早;2. 早;3. 中;4. 晚;5. 极晚。

7.13 单株产量

在成年结果树果实成熟期,记录树龄,称取整株果实重量,计算单株果实产量,取平均值,精确到 0.1 kg。

7.14 丰产性

根据记载的单株产量。确定植株的丰产性,分为:1. 丰产;2. 中等;3. 低产。

7.15 果实耐储期

在采收期,随机抽取 50 个～100 个成熟度达到收获要求的果实,在常温条件下储藏的时间,单位为天(d)。

8 品质性状

在果实成熟期,从树体上随机抽取 20 个正常果实,进行下列性状描述:

8.1 果皮颜色

观察果皮颜色,分为:1. 黄白色;2. 淡黄色;3. 黄绿色;4. 淡绿色;5. 深绿色。

8.2 果皮光滑度

观察果实外果皮是否光滑,确定外果皮光滑度,分为:1. 有棱;2. 光滑;3. 粗糙。

8.3 果皮涩味

品尝果皮涩味,分为:1. 涩;2. 微涩;3. 无涩。

8.4 果肉颜色

紧贴果核剖开果实,用标准比色卡按最大相似原则确定种质的果肉颜色,分为:1. 乳白色;2. 白色;3. 其他。

8.5 果肉质地

观察成熟果实的果肉质地，分为：1. 酥松；2. 较致密；3. 致密；4. 酥脆。

8.6 果汁多少

观察确定成熟果实果汁的多少，分为：1. 少；2. 中；3. 多。

8.7 可食率

按照式(1)计算可食率，取平均值，精确到 0.1%。

$$X = \frac{m_1 - m_2}{m_1} \times 100 \qquad (1)$$

式中：

X ——可食率，单位为百分号(%)；

m_1——单果重，单位为克(g)；

m_2——果核重，单位为克(g)。

8.8 可溶性固形物含量

按 NY/T 2637 的规定执行。

8.9 可溶性糖含量

按 NY/T 2742 的规定执行。

8.10 可滴定酸含量

按 NY/T 1688 的规定执行。

8.11 维生素 C 含量

按 GB 5009.86 的规定执行。

8.12 果实风味

按 GB/T 12316 的规定检验，以品尝方式判断果肉的风味，分为：1. 浓甜；2. 清甜；3. 酸甜；4. 微涩；5. 其他。

8.13 食用品质

根据成熟时的风味、甜度、酸度等综合评价果实的品质，分为：1. 优；2. 中；3. 差。

9 抗逆性

9.1 抗寒性

植株忍耐或抵抗冬季低温的能力，分为：1. 强；2. 中；3. 弱。

9.2 耐旱性

植株忍耐或抵抗干旱的能力，分为：1. 强；2. 较强；3. 中等；4. 较弱；5. 弱。

9.3 耐涝性

植株忍耐或抵抗涝害的能力，分为：1. 强；2. 较强；3. 中等；4. 较弱；5. 弱。

9.4 抗病性

植株对白粉病、炭疽病、疫病等病害的抗性强弱，分为：1. 高抗；2. 抗；3. 中抗；4. 感；5. 高感。

9.5 抗虫性

植株对柑橘全爪螨、蓟马、橘小实蝇、蚧壳虫等虫害的抗性强弱，分为：1. 高抗；2. 抗；3. 中抗；4. 感；5. 高感。

ICS 67.080.10
B 31

中华人民共和国农业行业标准

NY/T 3517—2019

热带作物种质资源描述规范 火龙果

Descriptors standard for tropical crops germplasm—Dragon fruit

2019-12-27 发布　　2020-04-01 实施

中华人民共和国农业农村部 发布

前　言

本标准按照 GB/T 1.1—2009 给出的规则起草。

本标准由中华人民共和国农业农村部提出。

本标准由农业农村部热带作物及制品标准化技术委员会归口。

本标准起草单位:中国热带农业科学院热带作物品种资源研究所。

本标准主要起草人:李洪立、胡文斌、李琼、洪青梅、何云、濮文辉。

热带作物种质资源描述规范　火龙果

1　范围

本标准规定了仙人掌科(Cactaceae)量天尺属(*Hylocereus*)或蛇鞭柱属(*Selenicereus*)火龙果种质资源的基本信息、植物学性状、农艺性状、品质性状、抗逆性状、抗病虫性状的记载要求和描述方法。

本标准适用于火龙果种质资源的描述。

2　规范性引用文件

下列文件对于本文件的应用是必不可少的。凡是注日期的引用文件,仅注日期的版本适用于本文件。凡是不注日期的引用文件,其最新版本(包括所有的修改单)适用于本文件。

GB/T 2260　中华人民共和国行政区划代码

GB/T 2659　世界各国和地区名称代码

GB 5009.5　食品安全国家标准　食品中蛋白质的测定

GB 5009.86　食品安全国家标准　食品中抗坏血酸的测定

GB 5009.88　食品安全国家标准　食品中膳食纤维的测定

GB/T 12316　感官分析方法　“A”-非“A”检验

GB/T 12456　食品中总酸的测定方法

NY/T 2637　水果和蔬菜可溶性固形物含量的测定　折射仪法

NY/T 2742　水果及制品可溶性糖的测定　3,5-二硝基水杨酸比色法

3　术语和定义

下列术语和定义适用于本文件。

3.1

茎蔓　stem

火龙果茎蔓为半附生肉质茎,具气生根。分枝多数,延伸,具3棱～5棱,长0.2 m～1.5 m,宽3 cm～8 cm,棱常翅状,边缘波状、齿状或平滑状,淡绿色至深绿色,无毛,老枝边缘常木栓化,淡褐色,骨质。

3.2

刺座　areole

火龙果叶退化成刺,刺的着生部位即为刺座。刺座沿棱排列,相距3 cm～6 cm,每刺座具1根～8根硬刺,长5 mm～50 mm,灰褐色至黑色。

4　基本信息

4.1　全国统一编号

种质资源的全国统一编号,由物种(火龙果)编号“HLG”加保存单位代码再加4位顺序号(4位顺序号从“0001”到“9999”)的字符串组成,全国统一编号具有唯一性。

4.2　种质库编号

种质资源长期保存库编号,由“GP”加2位物种代码再加4位顺序号(4位顺序号从“0001”到“9999”)组成。每份种质具有唯一的种质库编号。

4.3　种质圃编号

种质资源保存圃编号,由“NYNCB”加地名拼音首字母加作物名称拼音首字母加4位顺序号(4位顺序号从“0001”到“9999”)组成。若种质库与种质圃同时保存的,种质资源保存圃编号由种质库编号加

“(P)”组成。

4.4 采集号

种质在野外采集时赋予的编号，由年份加 2 位省份代码加全年采集顺序号组成。省份代码可按 GB/T 2260 的规定表示。

4.5 引种号

引种号是由年份加 4 位顺序号组成的 8 位字符串，如“20150020”，前 4 位表示种质从外地引进年份，后 4 位为顺序号，从“0001”到“9999”。每份引进种质具有唯一的引种号。

4.6 种质名称

国内种质的原始名称，如果有多个名称，可以放在英文括号内，用英文逗号分隔；国外引进种质如果没有中文译名，可以直接填写种质的外文名。

4.7 种质外文名

国外引进种质的外文名和国内种质的汉语拼音名，每个汉字的首字拼音大写，字间用连接符连接。

4.8 科名

仙人掌科(Cactaceae)。

4.9 属名

量天尺属(*Hylocereus*)或蛇鞭柱属(*Selenicereus*)。

4.10 学名

火龙果种质在植物分类学上的名称。主要包括：来自量天尺属的 *Hylocereus undatus*(Haworth) Britton & Rose，*H. monacanthus*(Lem.) Britton & Rose，*H. polyrhizus*(F. A. C. Weber) Britton & Rose，*H. costaricensis*(F. A. C. Weber) Britton & Rose，*H. megalanthus*(K. Schum. ex Vaupel) Ralf Bauer；来自蛇鞭柱属的 *Selenicereus megalanthus*(K. Schum. ex Vaupel) Moran。

4.11 种质类型

分为：野生资源、地方品种、引进品种(系)、选育品种(系)、其他遗传材料。

4.12 主要特性

分为：高产、优质、抗病、抗寒、抗虫、其他。

4.13 主要用途

分为：食用、观赏、药用、砧木用、育种、其他。

4.14 系谱

种质资源的系谱为选育品种(系)的亲缘关系。

4.15 遗传背景

分为：自交、种内杂交、种间杂交、属间杂交、自然突变、人工诱变、其他。

4.16 繁殖方式

分为：种子繁殖、扦插繁殖、组培繁殖、嫁接繁殖、其他。

4.17 选育单位

选育品种(系)的单位或个人。单位名称或个人姓名应写全称。

4.18 育成年份

品种(系)通过新品种审定、品种登记或品种权申请公告的年份，用 4 位阿拉伯数字表示。

4.19 原产国

种质资源的原产国家、地区或国际组织名称。国家和地区名称按照 GB/T 2659 的规定执行，如该国家名称现已不使用，应在原国家名称前加“前”。

4.20 原产省

省份名称按照 GB/T 2260 的规定执行。国外引进种质原产省用原产国家一级行政区的名称。

4.21 原产地

种质资源的原产县、乡、村名称。县名按照 GB/T 2260 的规定执行。

4.22 采集地

种质的来源国家、省、县名称,地区名称或国际组织名称。

4.23 采集地经度

种质资源采集地的经度,单位为度(°)和分(′)。格式为 DDDFF,其中 DDD 为度,FF 为分。东经为正值,西经为负值。例如,“12125”代表东经 121°25′,“−12125”代表西经 121°25′。

4.24 采集地纬度

种质资源采集地的纬度,单位为度(°)和分(′)。格式为 DDFF,其中 DD 为度,FF 为分。

4.25 采集地海拔

种质资源采集地的海拔,单位为米(m)。

4.26 采集单位

种质资源采集单位或个人。单位名称或个人姓名应写全称。

4.27 采集时间

种质资源采集的时间,以“年月日”表示,格式“YYYYMMDD”。

4.28 采集材料

分为:种子、果实、芽、茎、花粉、组培材料、苗、其他。

4.29 保存单位

负责种质繁殖并提交国家种质资源长期库前的原保存单位或个人全称。

4.30 保存单位编号

种质在原保存单位中的种质编号。保存单位编号在同一保存单位应具有唯一性。

4.31 种质保存名

种质在资源圃中保存时所用的名称,应与来源名称相一致。

4.32 保存种质类型

分为:植株、种子、组织培养物、花粉、标本、DNA、其他。

4.33 种质定植年份

种质在种质圃中定植的年份。以“年月日”表示,格式“YYYYMMDD”。

4.34 种质更新年份

种质进行重新种植的年份。以“年月日”表示,格式“YYYYMMDD”。

4.35 图像

种质的图像文件名,图像格式为 .jpg。图像文件名由统一编号(图像种质编号)加“-”加序号加“.jpg”组成。图像精度要求 600 dpi 以上或 1 024×768 以上。

4.36 特性鉴定评价机构名称

种质特性鉴定评价的机构名称,单位名称应写全称。

4.37 鉴定评价地点

种质形态特征和生物学特性的鉴定评价地点,记录到省和县名。

4.38 备注

资源收集者了解的生态环境的主要信息、产量、栽培实践等。

5 植物学性状

5.1 植株

植株的形态结构,如图 1 所示。

样本选择,5.1.1 到 5.1.4 均用 5.1 样本,每份种质取代表性植株 5 株,在自然生长状态下,观察植株性状。

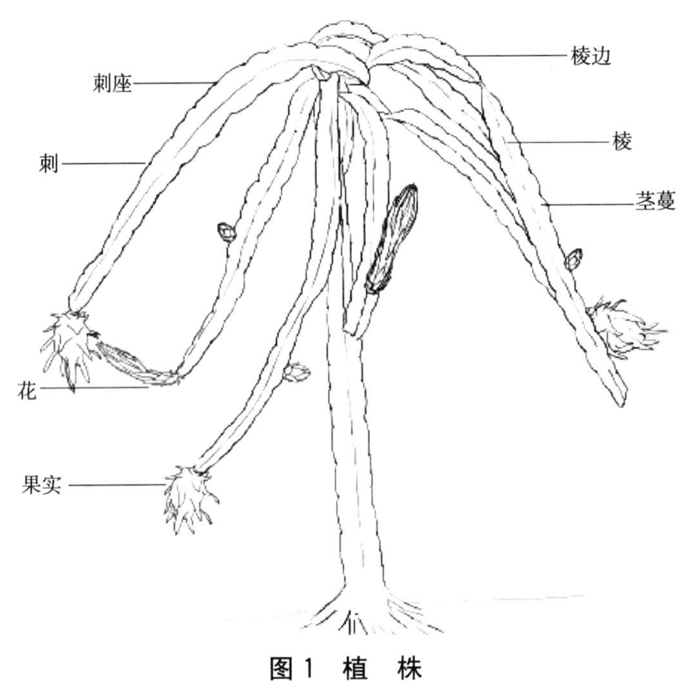

图1 植 株

5.1.1 株型

不使用支架栽培到植株发育完全时，观察火龙果植株生长状态，测量地上茎中心轴线与地面水平面的夹角，依据夹角的平均值确定植株树姿类型，参照图2确定株型类型。分为：1. 直立（夹角≥80°）；2. 非直立（夹角<80°）。

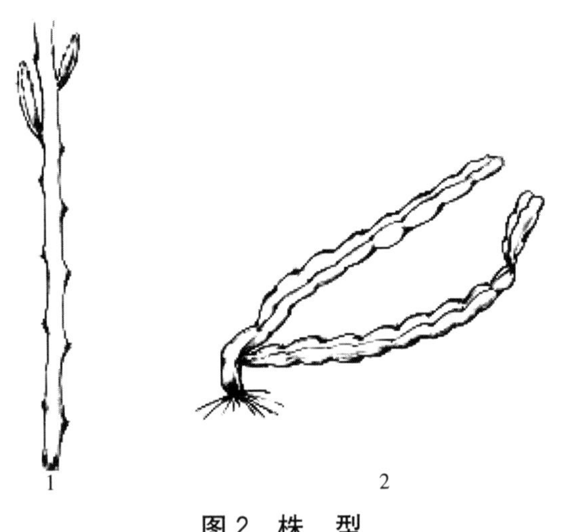

图2 株 型

5.1.2 树势

观察火龙果发育枝条抽枝数量和生长强度的总体表现。分为：1. 弱；2. 中；3. 强。

5.1.3 茎横截面形状

观察成熟茎蔓中间部位横截面所呈现的形状，参照图3确定茎的形状。分为：1. 近圆柱形；2. 三棱形；3. 四棱形；4. 五棱形；5. 其他。

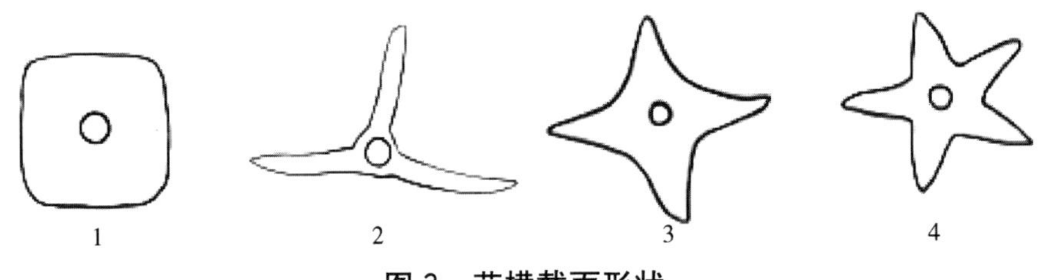

图3 茎横截面形状

5.1.4 棱边形状

观察棱边突起所呈现的形状,参照图4确定棱边形状。分为:1. 锯齿形;2. 波浪形;3. 平滑形;4. 其他。

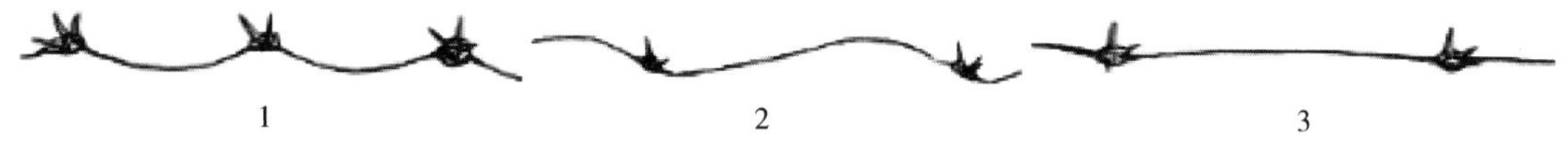

图4 棱边形状

5.2 茎蔓

样本选择,5.2.1到5.2.19用5.1样本,选择5枝茎蔓测量,成熟茎蔓选择树冠外围发育完全的正常挂果的一年生枝条;幼嫩茎蔓选择植株外围抽枝5 d左右的未成熟的茎蔓。

5.2.1 成熟茎蔓颜色

观察成熟茎蔓,并用标准比色卡按最大相似性原则确定成熟茎蔓中部向阳表面的颜色。分为:1. 浅绿色;2. 绿色;3. 深绿色;4. 墨绿色;5. 绿色带紫色;6. 其他。

5.2.2 成熟茎蔓棱边颜色

观察成熟茎蔓棱边,并用标准比色卡按最大相似性原则确定棱边颜色。分为:1. 浅绿色;2. 绿色;3. 紫色;4. 紫红色;5. 灰色;6. 其他。

5.2.3 成熟茎蔓棱边木栓化程度

观察成熟茎蔓棱边木栓化程度。分为:1. 无;2. 刺座缘;3. 不连续;4. 全缘。

5.2.4 成熟茎蔓表面附着粉状物

观察成熟茎蔓表面附着的白色粉状物,参照图5确定其情况及其形状。分为:1. 无;2. 条状;3. 散点状;4. 片状。

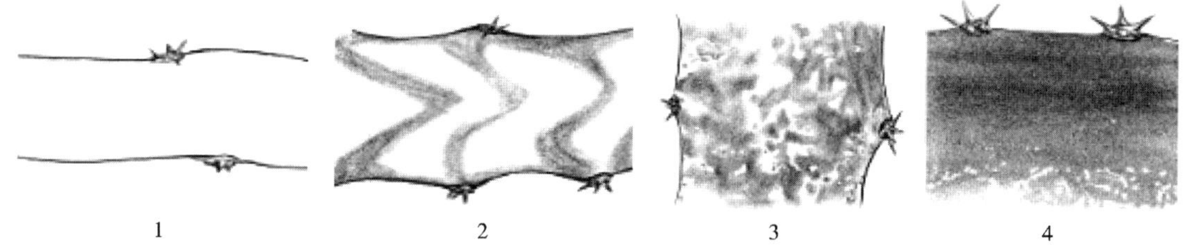

图5 成熟茎蔓表面附着粉状物

5.2.5 成熟茎蔓宽度

测量成熟茎蔓中间部位棱边之间的最大宽度,测量5段,取平均值,精确到0.1 cm。

5.2.6 成熟茎蔓棱厚度

测量成熟茎蔓中间部位单棱的平均厚度,测量5段,取平均值,精确到0.1 mm。

5.2.7 成熟茎蔓刺座间距

测量成熟茎蔓中段刺座间距,测量5段,取平均值,精确到0.1 cm。

5.2.8 成熟茎蔓刺座形态

观察成熟茎蔓刺座分布的形态。分为:1. 部分;2. 全缘。

5.2.9 成熟茎蔓刺座位置

将相邻2个刺座位点连接成线,观察刺座在成熟茎蔓所处的位置,茎蔓边缘在直线之上,则刺座在凹处;反之,则在凸处,参照图6确定刺座位置。分为:1. 凹处;2. 凸处;3. 其他。

图6 成熟茎蔓刺座位置

5.2.10　**成熟茎蔓刺座颜色**

观察成熟茎蔓上刺座，并用标准比色卡按最大相似性原则确定刺座的颜色。分为：1. 灰色；2. 棕褐色；3. 其他。

5.2.11　**成熟茎蔓刺座木栓化情况**

观察成熟茎蔓上刺座有无木栓化，参照图7确定其木栓化情况。分为：1. 无；2. 有。

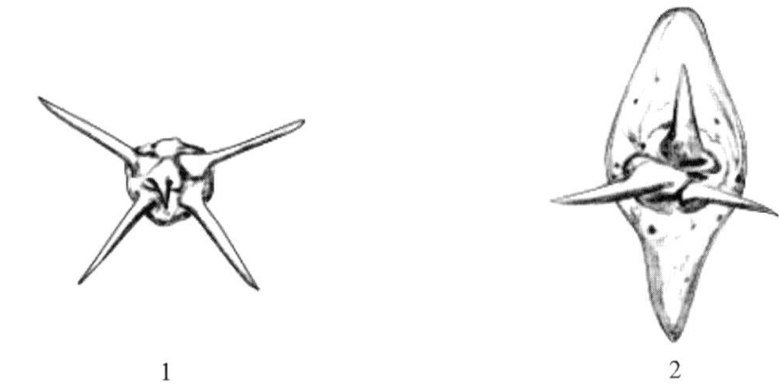

图7　成熟茎蔓刺座木栓化情况

5.2.12　**成熟茎蔓刺形状**

观察成熟茎蔓刺，参照图8确定其形状。分为：1. 弧形；2. 针形；3. 圆锥形；4. 其他。

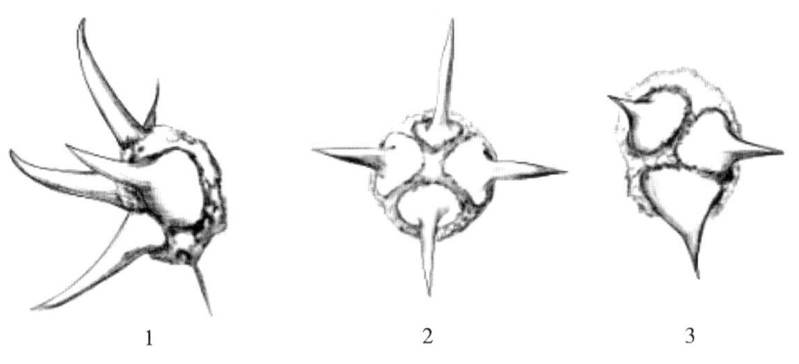

图8　成熟茎蔓刺形状

5.2.13　**成熟茎蔓单个刺座刺数量**

观测成熟茎蔓中部位单个刺座上刺的数量。分为：1. 少（<2根）；2. 中等（2根～5根）；3. 多（>5根）。

5.2.14　**成熟茎蔓刺长度**

观测成熟茎蔓中部位刺座上刺的长度。测量5根，取平均值，精确到0.1 mm。分为：1. 短（≤3 mm）；2. 中等（3 mm～7 mm）；3. 长（>7 mm）。

5.2.15　**成熟茎蔓刺颜色**

观察成熟茎蔓中部位刺座上的刺，并用标准比色卡按最大相似性原则确定刺的颜色。分为：1. 棕色；2. 棕黄色；3. 褐色；4. 其他。

5.2.16　**幼嫩茎蔓颜色**

观察幼嫩茎蔓中间部位向阳表面，并用标准比色卡按最大相似性原则确定幼嫩茎蔓颜色。分为：1. 黄绿色；2. 绿色；3. 绿带紫色；4. 紫红色；5. 其他。

5.2.17　**幼嫩茎蔓末端颜色**

观察幼嫩茎蔓末端，并用标准比色卡按最大相似性原则确定其颜色。分为：1. 黄绿色；2. 绿色；3. 红色；4. 紫红色；5. 其他。

5.2.18　**刚毛**

幼嫩茎蔓刺座上着生的刚毛，茎蔓成熟后一般会慢慢脱落。观察幼嫩茎蔓刺座，参照图9确定其刚毛的着生情况。分为：1. 无；2. 有。

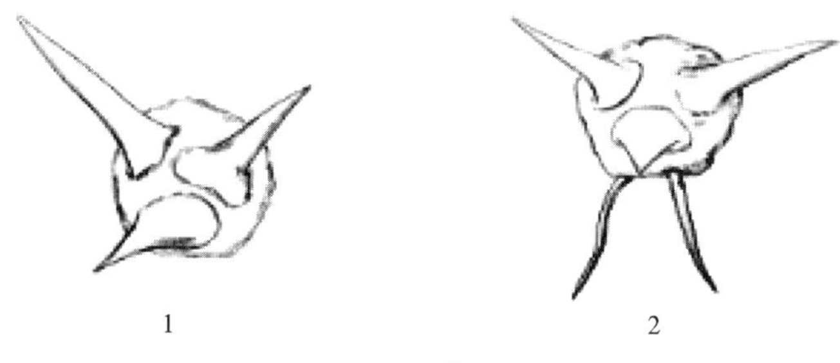

图9 刚 毛

5.2.19 幼嫩茎蔓刺颜色

观察幼嫩茎蔓中部位刺座上的刺,并用标准比色卡按最大相似性原则确定刺的颜色。分为:1. 浅黄色;2. 黄绿色;3. 棕黄色;4. 褐色;5. 其他。

5.3 花

花的形态结构见图 10。

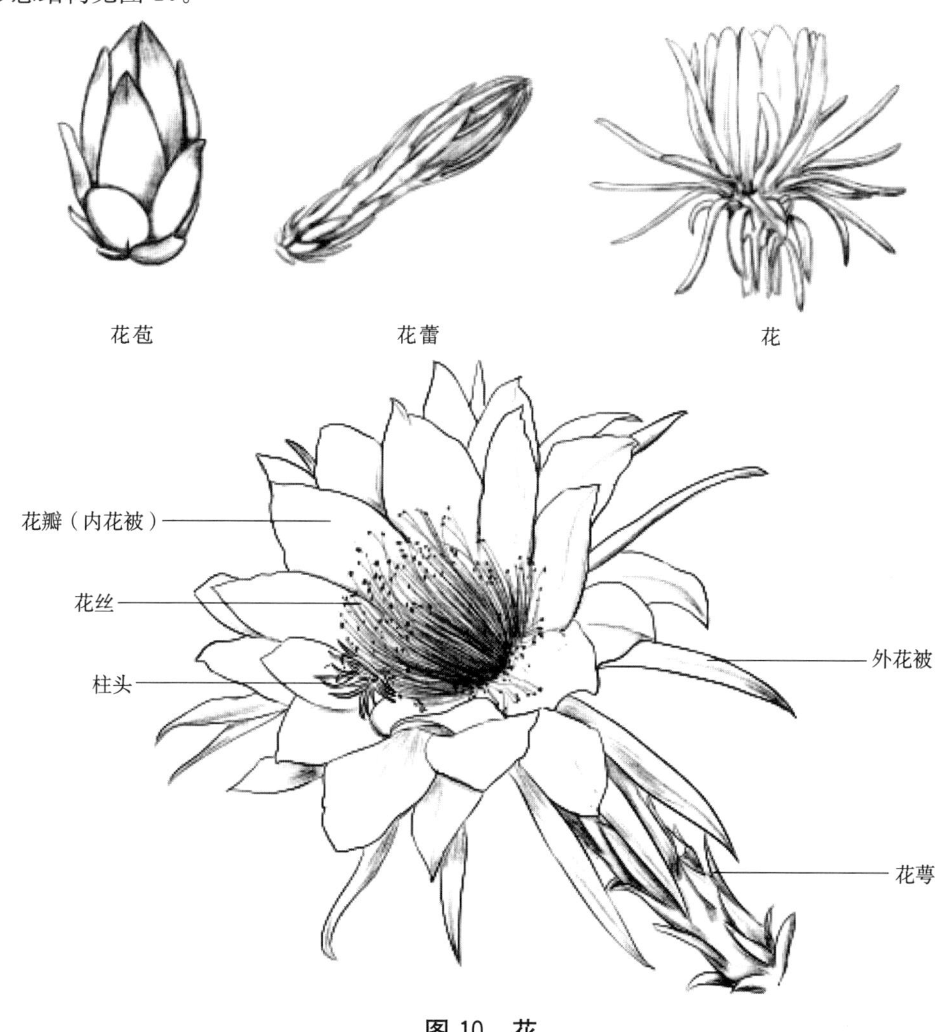

图 10 花

样本选择,5.3.1 到 5.3.24 用 5.3 样本,每份种质随机取 5 株健康植株的正常发育的花苞、花蕾或花观测。

5.3.1 初生花苞颜色

观察现蕾第 5 d 初生花苞,并用标准比色卡按最大相似性原则确定其颜色。分为:1. 乳黄色;2. 绿色;3. 黄绿色尖呈紫红色;4. 粉红色;5. 紫红色;6. 其他。

5.3.2 花苞顶部形状

观察现蕾第 5 d 花苞形状,参照图 11 确定花苞顶部形状。分为:1. 圆;2. 渐尖;3. 尖;4. 其他。

图 11　花苞顶部形状

5.3.3　花蕾期花被边缘颜色

观察花蕾期花被边缘，并用标准比色卡按最大相似性原则确定其颜色。分为：1. 浅绿色；2. 红色；3. 紫红色；4. 其他。

5.3.4　花蕾期花被颜色

观察花蕾期花被，并用标准比色卡按最大相似性原则确定其颜色。分为：1. 黄色；2. 黄绿色；3. 紫红色；4. 其他。

5.3.5　花开放形状

观察正常开放状态花朵的形状，参照图 12 确定花开放形状。分为：1. 漏斗形；2. 高脚杯形；3. 其他。

图 12　花开放形状

5.3.6　花朵长度

测量正常开放状态花朵的花基部着生位点到花瓣顶端的最大距离，测量 5 朵，取平均值，精确到 0.1 cm。分为：1. 短（<20.0 cm）；2. 中（20.0 cm≤长度≤27.0 cm）；3. 长（> 27.0 cm）。

5.3.7　花冠直径

测量正常开放状态花朵的花冠最大直径。测量 5 朵，取平均值，精确到 0.1 cm。

5.3.8　外花被数量

观测外花被的数量。单位为片，精确到个位数。

5.3.9　花期花被边缘颜色

观察正常开放状态花朵的花被边缘，并用标准比色卡按最大相似性原则确定其颜色。分为：1. 浅绿色；2. 紫红色；3. 紫色；4. 其他。

5.3.10　花期花被背轴面颜色

观察正常开放状态花朵的花被背轴面，并用标准比色卡按最大相似性原则确定其颜色。分为：1. 浅绿色；2. 绿色；3. 浅紫色；4. 紫红色；5. 其他。

5.3.11　花瓣颜色

观察正常开放状态花朵的花瓣，并用标准比色卡按最大相似性原则确定其颜色。分为：1. 白色；2. 乳白色；3. 浅黄色；4. 红色；5. 紫红色；6. 其他。

5.3.12 花瓣边缘颜色

观察正常开放状态花朵的花瓣边缘，并用标准比色卡按最大相似性原则确定其颜色。分为：1. 白色；2. 乳白色；3. 红色；4. 紫红色；5. 其他。

5.3.13 花瓣数量

观察正常开放状态花朵的花瓣数量。单位为片，精确到个位数。

5.3.14 花萼颜色

观察正常开放状态花朵的花萼，并用标准比色卡按最大相似性原则确定其颜色。分为：1. 绿色；2. 黄绿色；3. 紫红色；4. 其他。

5.3.15 花萼边缘颜色

观察正常开放状态花朵的花萼边缘，并用标准比色卡按最大相似性原则确定其颜色。分为：1. 绿色；2. 黄绿色；3. 红色；4. 紫红色；5. 其他。

5.3.16 花萼有无褶皱情况

观察正常开放状态花朵的花萼有无褶皱情况。分为：1. 无；2. 有。

5.3.17 花萼末端形态

观察正常开放状态花朵的花萼末端。参照图13确定其形态。分为：1. 圆钝；2. 渐尖；3. 其他。

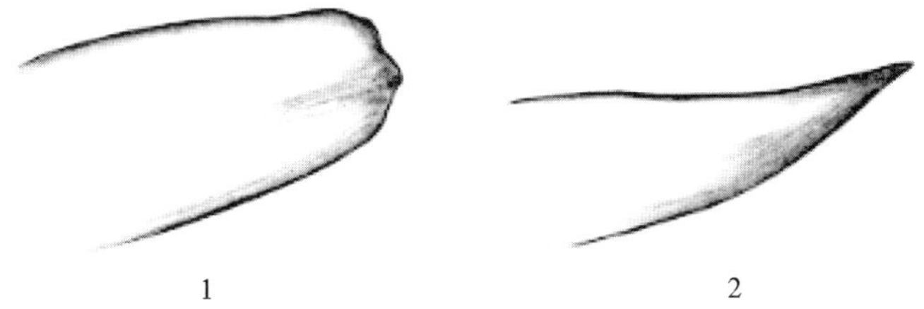

图13 花萼末端形态

5.3.18 花萼带刺情况

观察正常开放状态花朵的花萼有无刺情况。分为：1. 无；2. 有。

5.3.19 柱头形态

观测正常开放状态花朵的柱头，参照图14确定其形态。分为：1. 柱头裂条短粗末端不分叉；2. 柱头裂条短粗末端分叉；3. 柱头裂条细长末端不分叉；4. 柱头裂条细长末端分叉。

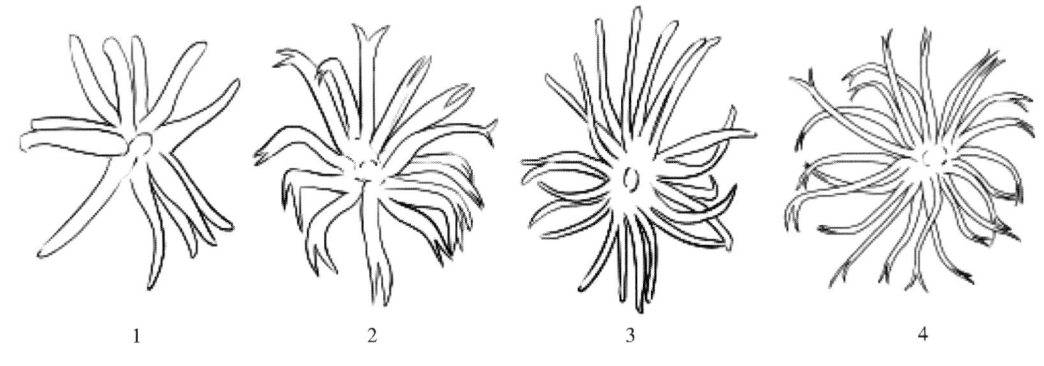

图14 柱头形态

5.3.20 柱头颜色

观察正常开放状态花朵的柱头，并用标准比色卡按最大相似性原则确定其颜色。分为：1. 乳白色；2. 淡黄色；3. 黄绿色；4. 其他。

5.3.21 花的香气

以嗅的方式判断开花时花的香气程度。分为：1. 无；2. 淡；3. 浓。

5.3.22 雄雌蕊相对位置

以目测的方式观测正常开放状态花朵的雄雌蕊相对位置。分为：1. 雄蕊高于雌蕊；2. 雄蕊雌蕊持平；

3. 雄蕊低于雌蕊。

5.3.23 柱头长度

测量正常开放状态花朵的柱头长度。测量 5 个,取平均值,精确到 0.1 cm。

5.3.24 花丝长度

测量正常开放状态花朵的花丝长度。测量 5 个,取平均值,精确到 0.1 cm。

5.4 果实

果实的形态结构见图 15。

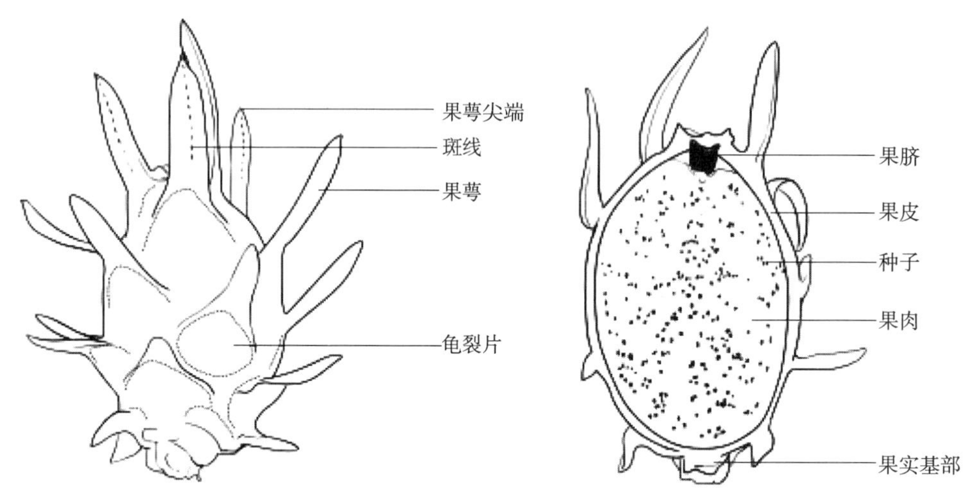

图 15 果 实

样本选择,5.4.1 到 5.4.22 用 5.4 样本,每份种质随机取 5 株正常开花结果的植株,在果实成熟期观测,果实形状结构见图 15。

5.4.1 单果重

随机抽取第一批、中间一批、最后一批,每批取 10 个正常成熟果实,称取果实重量,取平均值,单位为克(g),精确到 0.1 g。

5.4.2 果萼状态

观察成熟果实中部的萼片与果皮相对位置,参照图 16 确定果萼状态。分为:1. 紧贴;2. 稍微背离;3. 严重背离;4. 向下翻卷;5. 其他。

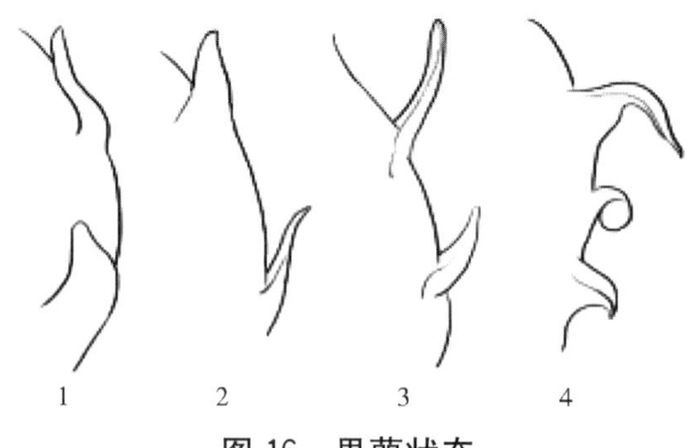

图 16 果萼状态

5.4.3 果萼形状

观察成熟果实中部果萼的形状,参照图 17 确定果萼形状。分为:1. 钝三角形;2. 三角形;3. 长三角形;4. 披针形;5. 其他。

5.4.4 果萼长度

测量成熟果实中部萼片的长度。测量 5 个果实,取平均值,精确到 0.1 cm。

5.4.5 果萼厚度

测量成熟果实中部萼片的厚度。测量 5 个果实,取平均值,精确到 0.1 mm。

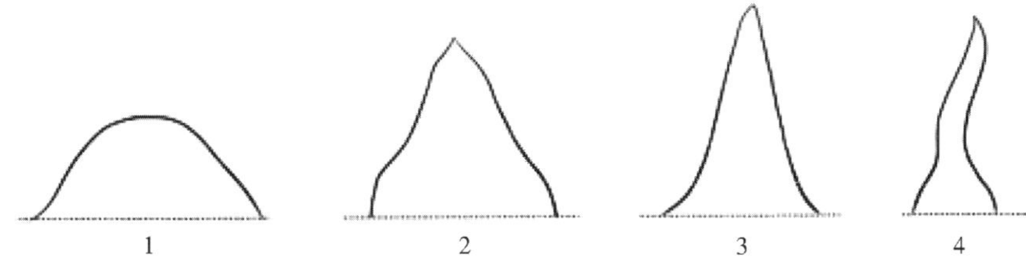

图 17　果萼形状

5.4.6　果萼数量

观测成熟果实的萼片数量。单位为片，精确到个位数。

5.4.7　果萼颜色

观察成熟果实的苞片，并用标准比色卡按最大相似性原则确定其颜色。分为：1. 淡黄色；2. 黄色；3. 绿色；4. 红色；5. 紫红色；6. 深紫色；7. 其他。

5.4.8　果萼末端颜色

观察成熟果实的苞片末端，并用标准比色卡按最大相似性原则确定其颜色。分为：1. 绿色带黄色；2. 绿色带紫色；3. 紫红色；4. 紫色；5. 其他。

5.4.9　果萼末端中央斑线

观察成熟果实的苞片末端中央有无明显的斑线。分为：1. 无；2. 有。

5.4.10　果萼长度的螺旋上升变化

观察成熟果实果萼呈约 45°角螺旋上升果萼长度变化规律，参照图 18 确定其情况。分为：1. 不变；2. 渐变；3. 急变。

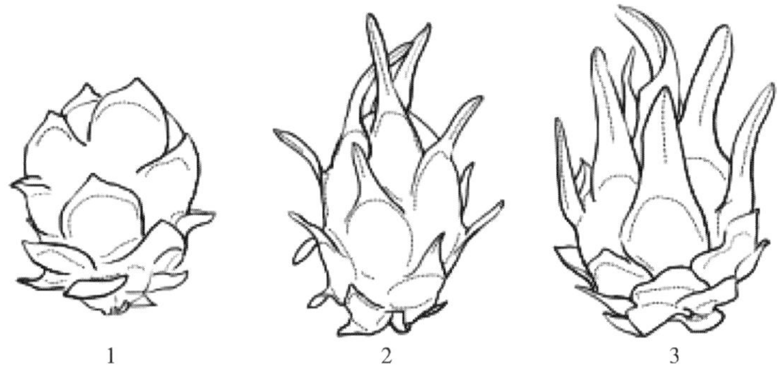

图 18　果萼长度的螺旋上升变化

5.4.11　果实纵径

纵切面剖开果实，参照图 19 测量果实纵切面从基部边缘到顶部边缘的最大距离，测量 5 段，取平均值，精确到 0.1 cm。

5.4.12　果实横径

纵切面剖开果实，参照图 19 测量果实纵切面与果实纵轴垂直方向两边缘之间的最大距离。测量 5 段，取平均值，精确到 0.1 cm。

5.4.13　果实纵横径比

用 5.4.11 和 5.4.12 的结果，计算果实纵径和横径的比值，精确到 0.1。

5.4.14　果实形状

观察成熟果实的形状，参照图 20 确定其果实形状。分为：1. 扁圆形；2. 圆形；3. 短椭圆形；4. 长椭圆形；

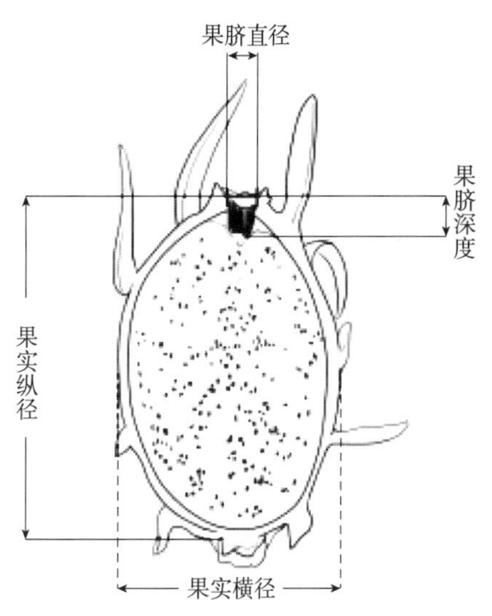

图 19　果实纵径、横径，果脐直径、深度

5. 卵圆形;6. 其他。

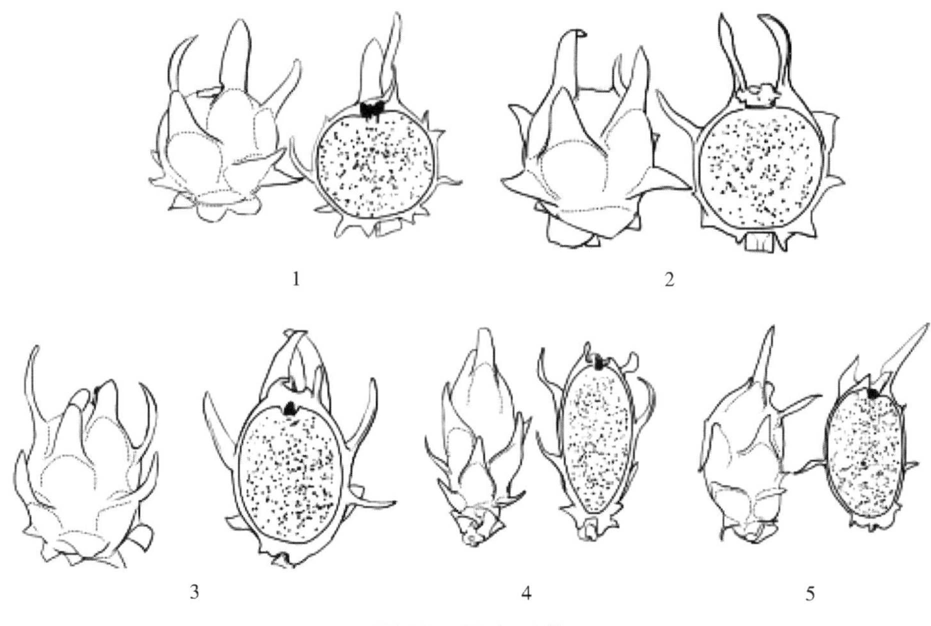

图 20 果实形状

5.4.15 果脐直径

参照图 19 测量成熟果实果脐内径的最大值。测量 5 个,取平均值,精确到 0.1 mm。

5.4.16 果脐深度

参照图 19 测量成熟果实果脐的深度。测量 5 个,取平均值,精确到 0.1 mm。

5.4.17 果实基部形状

观察果实(纵切面)基部的形状,测量果实基部纵横径比值,按照纵横比从大到小并参照图 21 确定基部形状。分为:1. 长椭圆形;2. 短椭圆形;3. 圆形;4. 扁圆形;5. 其他。

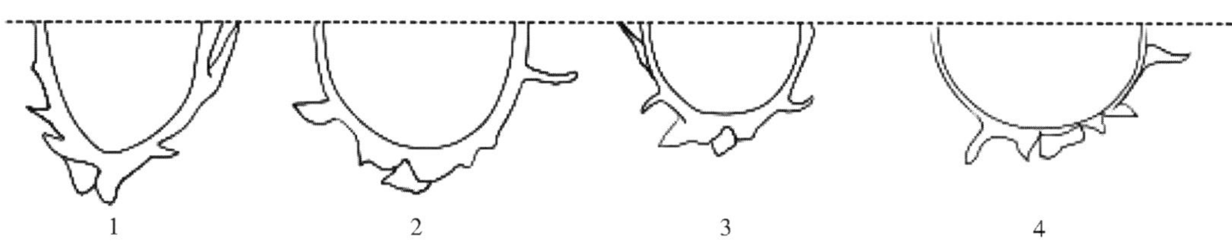

图 21 果实基部形状

5.4.18 果实顶部形状

观测果实(纵切面)有果脐一端的形状,测量果实顶部纵横径比值,按照纵横比从大到小并参照图 22 确定果实顶部形状。分为:1. 长椭圆形;2. 短椭圆形;3. 圆形;4. 扁圆形;5. 其他。

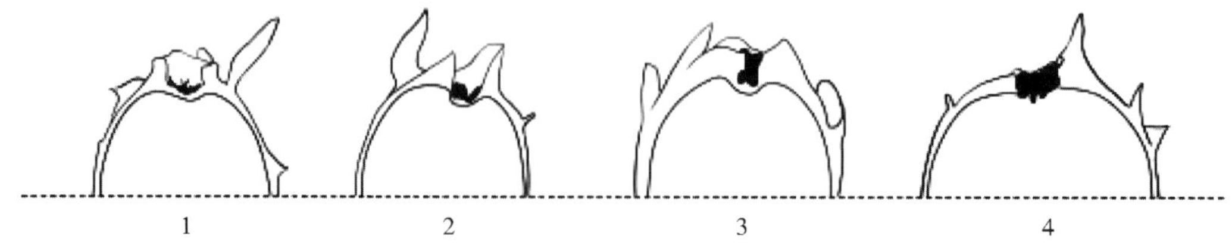

图 22 果实顶部形状

5.4.19 果皮刺

观察果实生长发育各阶段果皮带刺情况。分为:1. 无;2. 近基部带刺;3. 全果带刺。

5.4.20 果皮颜色

观察成熟果实时外果皮,并用标准比色卡按最大相似性原则确定其颜色,分为:1. 青绿色;2. 黄色;

3. 粉红色;4. 橘红色;5. 玫瑰红色;6. 紫红色;7. 褐色;8. 其他。

5.4.21 果肉颜色

观察成熟果实时果肉,并用标准比色卡按最大相似性原则确定其颜色,分为:1. 白色;2. 红白双色;3. 粉红色;4. 红色;5. 紫红色;6. 其他。

5.4.22 果皮厚度

测量成熟果实中部果皮的厚度。测量 5 个果实,取平均值,精确到 0.1 mm。

5.5 种子

5.5.1 千粒重

随机抽取 5 个正常成熟果实,测量 1 000 粒新鲜种子重量,取平均值,精确到 0.1 mg。

5.5.2 种皮颜色

随机抽取 5 个正常成熟果实,观察成熟果实的种子,并用标准比色卡按最大相似性原则确定其颜色,分为:1. 褐色;2. 黑色;3. 其他。

6 农艺性状

6.1 物候期

日期的记载采用 YYYYMMDD 格式。

6.1.1 定植期

记录定植/播种期。表示方法为"年月日"。

6.1.2 抽梢期

记录茎蔓抽新梢日期,分为:1. 春梢;2. 夏梢;3. 秋梢;4. 冬梢。

6.1.3 初果期树龄

从定植到第一次结果的时间,以月为单位。

6.1.4 头批花现蕾日期

记录每年第一批现蕾的日期。表示方法为"年月日"。

6.1.5 末批花现蕾日期

记录每年最后一批现蕾的日期。表示方法为"年月日"。

6.1.6 头批花开花期

用 6.1.4 样本,记录每年第一批花的开花日期。表示方法为"年月日"。

6.1.7 末批花开花期

用 6.1.5 样本,记录每年末批花的开花日期。表示方法为"年月日"。

6.1.8 头批果实成熟期

用 6.1.4 样本,记录每年第一批果的果实成熟日期。表示方法为"年月日"。

6.1.9 末批果实成熟期

用 6.1.5 样本,记录每年最后一批果的果实成熟日期。表示方法为"年月日"。

6.2 生长结果习性

6.2.1 成熟期一致性

分为:1. 一致(同批果成熟时间相差 1 d～3 d 之内);2. 不一致(同批果成熟时间相差超过 3 d)。

6.2.2 从现蕾到开花时间

每份种质随机取 3 株,每株至少取 3 个花苞,从出现花蕾开始算起,记录早中晚批次果出现花蕾日期和开花日期,计算从出现花蕾到开花所需的天数。结果以平均值表示,单位为天(d),精确到 1 d。

6.2.3 自然授粉坐果率

在自然授粉条件下,随机取早中晚批次花,记录开花数量,5 d～10 d 后记录坐果数,计算坐果数占开花数的百分率,用百分号(%)表示,精确到 0.1%。

6.2.4 自然授粉商品果率

商品果为成熟度较高(发育较充分)、新鲜度较高(果皮果萼有光泽)、完整度较好(缺陷面积低于10%)、均匀度较好(差异低于15%)的果实,在自然授粉条件下,记录早中晚批次果实成熟时达到商品果的果实数量,计算商品果数占总结果数的百分率,用百分号(%)表示,精确到0.1%。

6.2.5 果实生育期

计算每批果从坐果至果实成熟的整个生长发育过程所需要的天数。结果以平均值表示,单位为天(d),精确到1 d。

6.2.6 开花结果批次

记录每批果的开花和果实成熟日期,计算全年开花结果批次。分为:1. 多(10批以上);2. 中等(5批~10批);3. 少(5批以下)。

6.2.7 果实收获期

自然条件下,果实第一次采收至最后一次采收之间的天数。单位为天(d),精确到1 d。

6.2.8 果实耐储期

果实成熟采摘后,果实在恒温25℃条件下,果实品质基本保持不变时可储藏的天数。结果以平均值表示,单位为天(d),精确到1 d。

6.2.9 单株产量

在每批果成熟期称果实重量,计算全年单株产量,精确到0.01 kg。

7 品质性状

7.1 果实可食率

随机取早中晚批次果,各5个,称量果实重量 M_1,去掉果肉,称量果皮重量 M_2,按照式(1)计算可食率(X_1)。用百分号(%)表示,精确到0.1%。按比率分为:1. 低(小于70.0%);2. 中(70.1%~75.0%);3. 高(大于75.0%)。

$$X_1=(M_1-M_2)/M_1\times 100 \quad\cdots\cdots\cdots\cdots (1)$$

式中:

X_1——可食率,单位为百分号(%);

M_1——果肉重量,单位为克(g);

M_2——果肉重量,单位为克(g)。

7.2 果皮硬度

用果实硬度计测定不同部位果实果皮的硬度,计算平均值,精确到0.1 kg/cm^2。

7.3 裂果率

随机取早中晚批次果,成熟时调查裂果的数量和裂果程度,计算裂果数占总果数的百分率,计算全年平均裂果率。用百分号(%)表示,精确0.1%。分为:1. 极高(裂果达20%以上);2. 高(裂果在10%~20%);3. 中等(裂果在5%~10%);4. 低(裂果少于5%)。

7.4 可溶性固形物含量

按照NY/T 2637的规定进行测定。随机取早中晚批次果,各5个,使用便携式折光仪测量中心部位、边缘部位以及全部果肉的可溶性固形物含量值,取平均值,用百分号(%)表示,精确到0.1%。

7.5 可溶性糖含量

按照NY/T 2742的规定进行测定。用百分号(%)表示,精确到0.1%。

7.6 可滴定酸含量

按照GB/T 12456的规定进行测定。用百分号(%)表示,精确到0.1%。

7.7 维生素C含量

按照GB 5009.86的规定进行测定。用百分号(%)表示,精确到0.1%。

7.8 膳食纤维含量

按照 GB/ 5009.88 的规定执行。用百分号(%)表示，精确到 0.1%。

7.9 蛋白质含量

按照 GB/T 5009.5 的规定执行。用百分号(%)表示，精确到 0.1%。

7.10 果肉风味

按照 GB/T 12316 的规定检验，以品尝的方式判断成熟果实果肉的风味。分为：1. 清甜；2. 甜；3. 蜜甜；4. 甜酸；5. 微酸；6. 酸。

7.11 果草腥味

以品尝的方式判断成熟果实果肉的草腥味。分为：1. 无；2. 稍有；3. 有。

7.12 果肉质地

按照 GB/T 12316 的规定检验，以品尝的方式判断果肉的质地类型。分为：1. 柔软且细腻；2. 结实且细腻，3. 柔软且较粗；4. 结实且较粗；5. 其他。

7.13 果汁含量

随机取早中晚批次果，各 5 个，称量果肉重量 M_3，榨取果肉果汁，称量果汁重量 M_4，按照式(2)计算果汁含量(X_2)。用%表示，精确到 0.1%。

$$X_2 = M_4 / M_3 \times 100\% \quad \cdots\cdots (2)$$

式中：

X_2——果汁含量，单位为百分号(%)；

M_3——果肉重量，单位为克(g)；

M_4——果汁重量，单位为克(g)。

8 抗逆性状

8.1 抗寒性

抗寒性观测记录是在自然低温(5℃及以下)条件下进行的。分为：1. 高抗(仅少部分幼嫩茎蔓受到冻害)；2. 中抗(未成熟茎蔓均受到不同程度冻害，成熟茎蔓良好)；3. 低抗(成熟茎蔓、幼嫩茎蔓均受到不同程度冻害)。

8.2 抗日灼性

分为：1. 高抗(仅少部分幼嫩茎蔓受到灼伤)；2. 中抗(未成熟茎蔓均受到不同程度灼伤，成熟茎蔓良好)；3. 低抗(成熟茎蔓、幼嫩茎蔓受到不同程度灼伤)。

9 抗病虫性状

9.1 抗病性状

记录分为：1. 高抗；2. 抗；3. 中抗；4. 感；5. 易感。

9.1.1 溃疡病

病原菌：新暗色柱节孢菌 *Neoscytalidium dimidiatum*(Penz.)

9.1.2 软腐病

病原菌：欧文氏菌属 *Erwinia* sp.

9.1.3 炭疽病

病原菌：盘圆孢属 *Colletotrichum gloesporiodes*(Penz.)

9.1.4 枯萎病

病原菌：尖孢镰刀菌 *Fusarium oxysporum*

9.1.5 病毒病

病原病毒：仙人掌 X 病毒 *Cactus virus X*，红龙果 X 病毒 *Pitaya virus X*，蟹爪兰 X 病毒 *Zygocactus virus X*。

9.2 抗虫性

记录分为:1. 高抗;2. 抗;3. 中抗;4. 感;5. 易感。

9.2.1 堆蜡粉蚧 *Nipaecoccus vastator* Maskell

9.2.2 橘小实蝇 *Bactrocera dorsalis*(Hendel)

9.2.3 蚂蚁 *Formicidae*

9.2.4 蜗牛 *Bradybaena* sp.

9.2.5 秀丽隐杆线虫 *Caenorhabditis elegans*

9.2.6 斜纹夜蛾 *Prodenia litura* (Fabricius)

9.2.7 玉米螟 *Ostrinia nubilalis*(Hübner)

ICS 67.200
B 21

中华人民共和国农业行业标准

NY/T 3519—2019

油棕种苗繁育技术规程

Technical code for propagation of oil palm seedlings

2019-12-27 发布　　　　2020-04-01 实施

中华人民共和国农业农村部　发布

前　　言

本标准按照 GB/T 1.1—2009 给出的规则起草。

本标准由中华人民共和国农业农村部提出。

本标准由农业农村部热带作物及制品标准化技术委员会归口。

本标准起草单位:中国热带农业科学院椰子研究所。

本标准主要起草人:曹红星、秦海棠、王永、石鹏、雷新涛、冯美利、刘艳菊、张大鹏。

油棕种苗繁育技术规程

1 范围

本标准规定了油棕(*Elaeis guineensis* Jacq.)种苗繁育的术语和定义、苗圃地选择、苗圃规划、育苗准备、种果采集、小苗培育、大苗培育和生产档案等育苗技术要求。

本标准适用于油棕杂交种子的种苗繁育。

2 规范性引用文件

下列文件对于本文件的应用是必不可少的。凡是注日期的引用文件,仅注日期的版本适用于本文件。凡是不注日期的引用文件,其最新版本(包括所有的修改单)适用于本文件。

LYJ 128 林业苗圃工程设计规范

LY/T 1000 容器育苗技术

LY/T 2289 林业种苗生产经营档案

NY/T 1989 油棕 种苗

NY/T 5010 无公害农产品(种植业)产地环境条件

3 术语和定义

下列术语和定义适用于本文件。

3.1

油棕种果 oil palm nut

受精后发育正常,充分成熟的果实。

3.2

油棕种子 oil palm seed

油棕种果去掉外果皮和中果皮后用于种苗繁育的部分,包括种壳、胚芽、胚乳、种孔。

4 苗圃地选择

选择交通方便、地势平坦、避风、灌溉水源充足、排水良好的地段作为苗圃基地。环境空气、灌溉水和土壤质量应符合 NY/T 5010 的要求。

5 苗圃规划

苗圃应规划完善的道路系统、排灌系统、苗圃功能区和附属设施等。

5.1 道路系统

苗圃内部和对外运输的主干道,宽约 3.5 m;与各培育区相连接的二级路,宽约 3 m;沟通各培育区的作业路,宽 0.6 m~2 m。

5.2 排灌系统

推荐采用喷灌系统;排水系统设置明沟,宽 50 cm~60 cm。

5.3 苗圃功能区划分

苗圃功能区划分为催芽区、小苗区、大苗区。

5.3.1 催芽区

包括种果处理区、种子处理区、种子分拣区、催芽室、催芽种子筛选包装室。

5.3.2 小苗区

从播种至3片叶阶段。区内划分苗床与步道，苗床宽120 cm～130 cm，长依地形而定，步道60 cm～70 cm；搭建荫棚，棚高1.8 m～2.0 m，棚顶与四周覆盖透光度为70%的遮阳网。

5.3.3 大苗区

3片叶阶段至出圃。培育区周围营造2 m以上高的防风网，区内划分育苗小区与步道，育苗小区宽5 m～8 m，小区间距2 m，长依地形而定。

5.4 附属设施

附属设施的建设应符合LYJ 128的要求。

6 育苗准备

6.1 容器选择

6.1.1 小苗容器

小苗培育阶段常采用穴盘育苗，规格为32孔、深度110 mm、底径2 cm×2 cm 、口径6 cm×6 cm、厚度1 mm。

6.1.2 大苗容器

大苗培育阶段常用塑料或无纺布育苗袋，规格为直径29 cm、高度40 cm。

6.2 基质选择

6.2.1 基质处理

容器育苗基质、配制基质的材料、基质中肥料的要求按照LY/T 1000的规定执行。

6.2.2 小苗基质

以红土∶河沙∶椰糠∶有机肥＝4∶2∶3∶1的体积比配制为宜。

6.2.3 大苗基质

以红土∶河沙∶椰糠∶有机肥＝ 5∶2∶2∶1的体积比配制为宜。

7 种果采集

7.1 果穗及种果筛选

在树形正常、无明显病虫害、长势健壮、树龄8年以上的杂交亲本母树上采收成熟果穗，采收后随即脱粒，从中选出发育饱满、无病虫害、无缺损的果粒作为种苗繁育的种果。

7.2 种果处理

种果依次在18%的盐酸及32%的硫酸溶液中各浸泡24 h，捞出后用自来水冲洗掉果肉，再用25%多菌灵可湿性粉剂400倍～600倍液浸泡2 h，用清水洗净后摊开自然风干24 h，选出籽粒饱满、大小基本一致的种子。

7.3 种子储藏

种子应随处理、随催芽。如需短期储藏，通过风干法将种子含水量控制在10%～17%，在环境温度20℃～26℃避光保存。储藏期间每周检查种子1次，保存时间不超过4个月。

8 小苗培育

8.1 种子催芽

把种子用25%多菌灵可湿性粉剂500倍液中浸泡2 d后，阴干装入封口袋，袋口封紧，置于39℃～40℃下催芽40 d～60 d；露白点后用清水浸泡5 d～7 d，吸水至22%～23%，取出，置于阴凉处晾至种子含水量18%～19%，再装袋，置于27℃～28℃下催芽10 d～14 d。

8.2 发芽种子筛选

从经催芽种子中，挑选出芽长1 cm～2 cm、芽生长健壮、无畸形、基部和根无褐变的发芽种子，对于其中有多胚芽的种子，只保留其中一个最健壮的芽，其余芽抹除。将挑选出的发芽种子装袋后写上标签，待播。

8.3 播种

按 6.1.1 和 6.2.2 的要求，播种前 1 d 将育苗穴盘淋透水，利用挖铲把育苗穴盘中每个孔的中央开深 2 cm～3 cm 的小穴，将发芽种子放入小穴中，胚芽朝上，播后盖上一层厚约 2 cm 育苗基质，然后淋透水。

8.4 播种后管理

8.4.1 水分管理

根据天气、基质干湿及小苗生长情况，适当淋水保持基质湿润，一般从播后到 3 片叶阶段每天 10:00 以前、16:00 以后各淋水 1 次，以淋透整个容器基质为宜。及时排除苗圃积水。

8.4.2 施肥管理

在小苗 1 片～3 片叶阶段，于 17:00 至傍晚淋施 0.2%～0.3%尿素水溶液，每 7 d～10 d 一次，施肥后对小苗洒水。

8.4.3 除草

采用人工除草，除尽苗床、步道及棚内其余空间杂草。

8.4.4 病害鼠害防治

主要防治茎基腐病、叶斑病和鼠害，具体防治方法见附录 A。

9 大苗培育

9.1 移栽

待油棕种苗长出 3 片叶后，把小苗连同育苗基质直接从穴盘中取出，剔除弱苗、畸形苗、病虫害苗等劣质小苗。在装好大苗育苗基质的容器中，用挖铲开一个比穴盘基质坨稍大的小穴，将穴盘苗植入小穴中，覆盖育苗基质至原基质坨表面以上 3 cm～5 cm，袋间距离为 50 cm～60 cm，移栽后淋足定根水。

9.2 移栽后管理

9.2.1 水分管理

根据天气、基质干湿和苗木大小生长等情况，适当淋水。移栽后至苗木 4 片～7 片叶阶段，遇旱每周灌水 1 次～2 次，从苗木长出 8 片叶后至出圃前可适当减少灌水，一般容器内表层基质不干可不浇水。

9.2.2 施肥管理

当苗长到 4 片～5 片叶时，施用 0.4%尿素水溶液，每周淋施 1 次。此后阶段每月施用 $N:P_2O_5:K_2O:MgO$ 有效成分质量比为 12:12:17:2 的复混肥 1 次～2 次，按 1:200 的浓度配成水溶液，淋施于育苗容器中。其中当 6 片～10 片叶时，每株施 3 g～5 g；11 片叶至炼苗前，每株施 5 g～7 g。

9.2.3 光照调节

移栽后至 6 片前，搭建荫棚，棚高 1.8 m～2.0 m，棚顶覆盖透光度为 40%～60%的遮阳网；苗木长至 6 片时，一般 9:00 拉上遮阳网，18:00 后再撤去。随着叶片数的增多，遮阳时间逐步缩短，阴雨天气完全撤除；持续 15 d 后，完全去除遮阳网。

9.2.4 除草、松土

人工拔除除草，或可结合施肥时轻度翻动表层基质。

9.2.5 病害鼠害防治

按 8.4.4 的规定执行。

9.2.6 炼苗

在出圃前 10 d～15 d 开始炼苗，期间停止施肥，减少浇水，在种苗叶片不萎蔫情况下不浇水。若大苗根系穿过容器，出圃前 1 个月左右对苗木进行移苗断根，加强灌溉，防苗萎蔫，待苗木恢复正常生长后，再炼苗。

9.3 种苗出圃

按 NY/T 1989 的规定执行。

10 生产档案

对育苗过程进行详细的记载，具体育苗生产记录档案按照 LY/T 2289 的规定执行。

附 录 A
(规范性附录)
油棕苗期主要病害和鼠害防治方法

油棕苗期主要病害和鼠害防治方法见表 A.1。

表 A.1 油棕苗期主要病害和鼠害防治方法

类别	名称	病害特征	防治方法	注意事项
病害	茎基腐病[*Ganoderna lucicum* (*Leyss. et Fr.*)Kars]	致死性病害。发病初期,植株表现为轻度萎蔫,生长缓慢,外轮叶片变黄,随后下部叶片逐渐黄化且垂直向下,6 个～24 个月后整株黄化枯死	发病初期采用 50%多菌灵可湿性粉剂 400 倍～600 倍液、75%百菌清可湿性粉剂 600 倍～800 倍液、70%甲基硫菌灵可湿性粉剂 500 倍液涂抹苗木根颈部,或淋灌于苗木茎基周围基质,10 d～15 d 一次,连续 2 次～3 次	做好预防,发病后及时拔除病株,并对病株周围的基质进行消毒处理
	叶斑病(*phoma herbarum*)	叶片上产生圆形叶上病斑,后扩大呈不规则状大病斑,并产生轮纹,引起叶片干枯	1. 加强水肥管理 2. 用 80%代森锰锌可湿性粉剂 400 倍～600 倍液或 50%多菌灵可湿性粉剂 1 000 倍液进行喷洒	及时清除病叶和枯叶
鼠害	主要咬食油棕种苗		1. 苗圃周围和苗圃内安放鼠笼或鼠夹诱捕器等 2. 用 0.5%溴敌隆液剂 100 倍液与碎玉米混合拌用,投放于苗圃周围或步道	定期检查以及清理

ICS 67.080.10
B 31

中华人民共和国农业行业标准

NY/T 3520—2019

菠萝种苗繁育技术规程

Technical code for propagation of pineapple seedlings

2019-12-27 发布 2020-04-01 实施

中华人民共和国农业农村部 发布

前　言

本标准按照 GB/T 1.1—2009 给出的规则起草。

本标准由中华人民共和国农业农村部提出。

本标准由农业农村部热带作物及制品标准化技术委员会归口。

本标准起草单位:中国热带农业科学院南亚热带作物研究所。

本标准主要起草人:吴青松、孙伟生、刘胜辉、林文秋、孙光明、李运合、张红娜。

菠萝种苗繁育技术规程

1 范围

本标准规定了菠萝[*Ananas comosus*(L.)Merr.]种苗繁育的术语和定义、种苗繁育方法、种苗出圃。

本标准适用于我国菠萝生产上吸芽苗、裔芽苗、冠芽苗、叶芽扦插苗和组培苗的种苗繁育。

2 规范性引用文件

下列文件对于本文件的应用是必不可少的。凡是注日期的引用文件,仅注日期的版本适用于本文件。凡是不注日期的引用文件,其最新版本(包括所有的修改单)适用于本文件。

NY/T 451 菠萝 种苗

NY/T 2253 菠萝组培苗生产技术规程

3 术语和定义

下列术语和定义适用于本文件。

3.1

吸芽 sucker

从菠萝地上茎长出的芽。

3.2

裔芽 slip

从菠萝果柄上长出的芽。

3.3

冠芽 crown

从菠萝果实顶部长出的芽。

3.4

叶芽 leaf dormant bud

带有叶片的休眠腋芽。

4 种苗繁育方法

4.1 吸芽苗、裔芽苗的母株育苗

4.1.1 母株育苗圃选择

选择经济性状良好、植株健壮、无病虫害、果实成熟期不使用植物生长调节剂的果园,去除变异株后作为母株育苗圃。

4.1.2 母株育苗管理

果实采收后,割去母株老叶片末端1/3,施用安全低毒除草剂或人工清除行间杂草。撒施促芽肥,促芽肥施肥推荐用量每667 m^2 可施用复合肥(N∶P∶K=15∶15∶15)10 kg、尿素15 kg;喷施叶面肥,叶面肥施肥推荐为5%(质量分数)的速溶复合肥和2%(质量分数)的尿素液态肥,喷湿叶面即可。母株上的吸芽、裔芽生长达到种苗要求时进行分类分级采收。

4.2 吸芽苗、裔芽苗、冠芽苗的苗圃假植育苗

4.2.1 苗圃地选择

选择阳光充足、无霜冻、土壤肥沃、土质疏松、pH为5~6、坡度25°以下、排灌条件良好、靠近水源、交通便利的土地作为苗圃用地。避免使用低洼积水、地下水位过高的土地以及菠萝连作地。

4.2.2 苗圃整理

基肥以腐熟有机肥或生物肥为主，配合磷肥、复合肥。施肥推荐用量为每 667 m^2 施入腐熟有机肥 2 000 kg、磷肥 100 kg、复合肥 50 kg。经旋耕机粉碎、耙平，按 1.3 m～1.5 m 起畦，畦高 20 cm～30 cm 以利于排水，两畦之间留 30 cm～50 cm 宽走道。

4.2.3 种芽处理

裔芽可直接倒立晾晒，吸芽剥去基部老叶和根后倒立晾晒，冠芽削平基部后倒立晾晒，待切口风干后假植。种芽伤口推荐用 58%（质量分数）甲霜灵锰锌可湿性粉剂 500 倍液（体积分数）浸泡 30 min 或种芽倒立药液喷雾对切口消毒。

4.2.4 假植与管理

裔芽、吸芽、冠芽推荐按照 15 cm×10 cm 株行距进行假植，植后淋水 1 次。生根后，每月喷施 1 次叶面肥（同 4.1.2 叶面施肥），淋水次数视苗床湿度而定。

4.3 叶芽扦插育苗

4.3.1 繁育材料选择

选取叶片数在 40 片以上的冠芽用于叶芽扦插苗育苗。

4.3.2 削叶芽

冠芽阳光下倒立晾晒至切口干燥，去除冠芽基部小叶片，用刀斜向基部沿茎方向同时切下叶片及其基部休眠芽。切下的叶芽推荐用 58%（质量分数）甲霜灵锰锌可湿性粉剂 500 倍（体积分数）液浸泡 30 min，阴凉处风干后扦插。

4.3.3 培养基质准备

培养基质分为扦插出芽基质和育苗基质。扦插出芽基质为干净的河沙，育苗基质为腐熟有机肥：泥炭土＝1：1，基质厚度为 10 cm。

4.3.4 叶芽扦插

叶芽按 5 cm×5 cm 株行距，插入基质深度为埋住叶芽休眠芽。休眠芽萌芽成苗后，小苗长至 3 片～4 片叶时，移栽假植至育苗基质上。

4.3.5 叶芽扦插小苗管理

扦插小苗按 10 cm×10 cm 株行距移栽，小苗发新根前每 1 d～2 d 淋水 1 次。生根后 3 d～5 d 淋水 1 次，具体情况视基质湿度而定，每月淋水肥 1 次（同 4.1.2）。

4.4 组培苗育苗

按 NY/T 2253 的规定执行。

5 种苗出圃

5.1 出圃前准备

出圃前炼苗，逐渐减少淋水。起苗前一周停止淋水和施肥。

5.2 种苗出圃要求

按 NY/T 451 的规定执行。

5.3 起苗

晴天或阴天起苗。起苗后进行种苗消毒处理，种苗消毒推荐用 58%（质量分数）甲霜灵锰锌可湿性粉剂 500 倍液（体积分数）和 40%杀扑磷乳油 800 倍（体积分数）混合液浸泡苗头 5 min～8 min。消毒处理后适当风干晾晒种苗，不同类型种芽、育种方法和育种批次的种苗不可混合。及时分级、包装和运输，避免堆放。

5.4 育苗记录

参照附录 A 的规定执行，种苗级别按 NY/T 451 的规定执行。

5.5 种苗包装、标志与运输

按 NY/T 451 的规定执行。

附　录　A
（资料性附录）
菠萝种苗繁育技术档案

菠萝种苗繁育技术档案见表 A.1。

表 A.1　菠萝种苗繁育技术档案

品种名称		产地	
育苗方法		育苗单位	
育苗时间		育苗责任人	
种苗数量，株			
一级苗数，%			
二级苗数，%			
总苗数，株			
备注			

育苗单位（盖章）：　　　　责任人（签字）：　　　　日期：　　年　　月　　日

附录

中华人民共和国农业农村部公告
第 127 号

《苹果腐烂病抗性鉴定技术规程》等 41 项标准业经专家审定通过，现批准发布为中华人民共和国农业行业标准，自 2019 年 9 月 1 日起实施。

特此公告。

附件：《苹果腐烂病抗性鉴定技术规程》等 41 项农业行业标准目录

农业农村部

2019 年 1 月 17 日

附件:

《苹果腐烂病抗性鉴定技术规程》等 41 项农业行业标准目录

序号	标准号	标准名称	代替标准号
1	NY/T 3344—2019	苹果腐烂病抗性鉴定技术规程	
2	NY/T 3345—2019	梨黑星病抗性鉴定技术规程	
3	NY/T 3346—2019	马铃薯抗青枯病鉴定技术规程	
4	NY/T 3347—2019	玉米籽粒生理成熟后自然脱水速率鉴定技术规程	
5	NY/T 3413—2019	葡萄病虫害防治技术规程	
6	NY/T 3414—2019	日晒高温覆膜法防治韭蛆技术规程	
7	NY/T 3415—2019	香菇菌棒工厂化生产技术规范	
8	NY/T 3416—2019	茭白储运技术规范	
9	NY/T 3417—2019	苹果树主要害虫调查方法	
10	NY/T 3418—2019	杏鲍菇等级规格	
11	NY/T 3419—2019	茶树高温热害等级	
12	NY/T 3420—2019	土壤有效硒的测定　氢化物发生原子荧光光谱法	
13	NY/T 3421—2019	家蚕核型多角体病毒检测　荧光定量 PCR 法	
14	NY/T 3422—2019	肥料和土壤调理剂　氟含量的测定	
15	NY/T 3423—2019	肥料增效剂　3,4-二甲基吡唑磷酸盐(DMPP)含量的测定	
16	NY/T 3424—2019	水溶肥料　无机砷和有机砷含量的测定	
17	NY/T 3425—2019	水溶肥料　总铬、三价铬和六价铬含量的测定	
18	NY/T 3426—2019	玉米细胞质雄性不育杂交种生产技术规程	
19	NY/T 3427—2019	棉花品种枯萎病抗性鉴定技术规程	
20	NY/T 3428—2019	大豆品种大豆花叶病毒病抗性鉴定技术规程	
21	NY/T 3429—2019	芝麻品种资源耐湿性鉴定技术规程	
22	NY/T 3430—2019	甜菜种子活力测定　高温处理法	
23	NY/T 3431—2019	植物品种特异性、一致性和稳定性测试指南　补血草属	
24	NY/T 3432—2019	植物品种特异性、一致性和稳定性测试指南　万寿菊属	
25	NY/T 3433—2019	植物品种特异性、一致性和稳定性测试指南　枇杷属	
26	NY/T 3434—2019	植物品种特异性、一致性和稳定性测试指南　柱花草属	
27	NY/T 3435—2019	植物品种特异性、一致性和稳定性测试指南　芥蓝	
28	NY/T 3436—2019	柑橘属品种鉴定　SSR 分子标记法	
29	NY/T 3437—2019	沼气工程安全管理规范	
30	NY/T 1220.1—2019	沼气工程技术规范　第 1 部分:工程设计	NY/T 1220.1—2006
31	NY/T 1220.2—2019	沼气工程技术规范　第 2 部分:输配系统设计	NY/T 1220.2—2006
32	NY/T 1220.3—2019	沼气工程技术规范　第 3 部分:施工及验收	NY/T 1220.3—2006
33	NY/T 1220.4—2019	沼气工程技术规范　第 4 部分:运行管理	NY/T 1220.4—2006
34	NY/T 1220.5—2019	沼气工程技术规范　第 5 部分:质量评价	NY/T 1220.5—2006
35	NY/T 3438.1—2019	村级沼气集中供气站技术规范　第 1 部分:设计	

（续）

序号	标准号	标准名称	代替标准号
36	NY/T 3438.2—2019	村级沼气集中供气站技术规范　第2部分:施工与验收	
37	NY/T 3438.3—2019	村级沼气集中供气站技术规范　第3部分:运行管理	
38	NY/T 3439—2019	沼气工程钢制焊接发酵罐技术条件	
39	NY/T 3440—2019	生活污水净化沼气池质量验收规范	
40	NY/T 3441—2019	蔬菜废弃物高温堆肥无害化处理技术规程	
41	NY/T 3442—2019	畜禽粪便堆肥技术规范	

中华人民共和国农业农村部公告
第 196 号

《耕地质量监测技术规程》等 123 项标准业经专家审定通过，现批准发布为中华人民共和国农业行业标准，自 2019 年 11 月 1 日起实施。

特此公告。

附件：《耕地质量监测技术规程》等 123 项农业行业标准目录

农业农村部

2019 年 8 月 1 日

附　录

附件：

《耕地质量监测技术规程》等 123 项农业行业标准目录

序号	标准号	标准名称	代替标准号
1	NY/T 1119—2019	耕地质量监测技术规程	NY/T 1119—2012
2	NY/T 3443—2019	石灰质改良酸化土壤技术规范	
3	NY/T 3444—2019	牦牛冷冻精液生产技术规程	
4	NY/T 3445—2019	畜禽养殖场档案规范	
5	NY/T 3446—2019	奶牛短脊椎畸形综合征检测 PCR 法	
6	NY/T 3447—2019	金川牦牛	
7	NY/T 3448—2019	天然打草场退化分级	
8	NY/T 821—2019	猪肉品质测定技术规程	NY/T 821—2004
9	NY/T 3449—2019	河曲马	
10	NY/T 3450—2019	家畜遗传资源保种场保种技术规范　第 1 部分：总则	
11	NY/T 3451—2019	家畜遗传资源保种场保种技术规范　第 2 部分：猪	
12	NY/T 3452—2019	家畜遗传资源保种场保种技术规范　第 3 部分：牛	
13	NY/T 3453—2019	家畜遗传资源保种场保种技术规范　第 4 部分：绵羊、山羊	
14	NY/T 3454—2019	家畜遗传资源保种场保种技术规范　第 5 部分：马、驴	
15	NY/T 3455—2019	家畜遗传资源保种场保种技术规范　第 6 部分：骆驼	
16	NY/T 3456—2019	家畜遗传资源保种场保种技术规范　第 7 部分：家兔	
17	NY/T 3457—2019	牦牛舍饲半舍饲生产技术规范	
18	NY/T 3458—2019	种鸡人工授精技术规程	
19	NY/T 822—2019	种猪生产性能测定规程	NY/T 822—2004
20	NY/T 3459—2019	种猪遗传评估技术规范	
21	NY/T 3460—2019	家畜遗传资源保护区保种技术规范	
22	NY/T 3461—2019	草原建设经济生态效益评价技术规程	
23	NY/T 3462—2019	全株玉米青贮霉菌毒素控制技术规范	
24	NY/T 566—2019	猪丹毒诊断技术	NY/T 566—2002
25	NY/T 3463—2019	禽组织滴虫病诊断技术	
26	NY/T 3464—2019	牛泰勒虫病诊断技术	
27	NY/T 3465—2019	山羊关节炎脑炎诊断技术	
28	NY/T 1187—2019	鸡传染性贫血诊断技术	NY/T 681—2003， NY/T 1187—2006
29	NY/T 3466—2019	实验用猪微生物学等级及监测	
30	NY/T 575—2019	牛传染性鼻气管炎诊断技术	NY/T 575—2002
31	NY/T 3467—2019	牛羊饲养场兽医卫生规范	
32	NY/T 3468—2019	猪轮状病毒间接 ELISA 抗体检测方法	
33	NY/T 3363—2019	畜禽屠宰加工设备　猪剥皮机	NY/T 3363—2018 (SB/T 10493—2008)
34	NY/T 3364—2019	畜禽屠宰加工设备　猪胴体劈半锯	NY/T 3364—2018 (SB/T 10494—2008)
35	NY/T 3469—2019	畜禽屠宰操作规程　羊	
36	NY/T 3470—2019	畜禽屠宰操作规程　兔	
37	NY/T 3471—2019	畜禽血液收集技术规范	

（续）

序号	标准号	标准名称	代替标准号
38	NY/T 3472—2019	畜禽屠宰加工设备　家禽自动掏膛生产线技术条件	
39	NY/T 3473—2019	饲料中纽甜、阿力甜、阿斯巴甜、甜蜜素、安赛蜜、糖精钠的测定　液相色谱-串联质谱法	
40	NY/T 3474—2019	卵形鲳鲹配合饲料	
41	NY/T 3475—2019	饲料中貂、狐、貉源性成分的定性检测　实时荧光 PCR 法	
42	NY/T 3476—2019	饲料原料　甘蔗糖蜜	
43	NY/T 3477—2019	饲料原料　酿酒酵母细胞壁	
44	NY/T 3478—2019	饲料中尿素的测定	
45	NY/T 132—2019	饲料原料　花生饼	NY/T 132—1989
46	NY/T 123—2019	饲料原料　米糠饼	NY/T 123—1989
47	NY/T 124—2019	饲料原料　米糠粕	NY/T 124—1989
48	NY/T 3479—2019	饲料中氢溴酸常山酮的测定　液相色谱-串联质谱法	
49	NY/T 3480—2019	饲料中那西肽的测定　高效液相色谱法	
50	SC/T 7228—2019	传染性肌坏死病诊断规程	
51	SC/T 7230—2019	贝类包纳米虫病诊断规程	
52	SC/T 7231—2019	贝类折光马尔太虫病诊断规程	
53	SC/T 4047—2019	海水养殖用扇贝笼通用技术要求	
54	SC/T 4046—2019	渔用超高分子量聚乙烯网线通用技术条件	
55	SC/T 6093—2019	工厂化循环水养殖车间设计规范	
56	SC/T 7002.15—2019	渔船用电子设备环境试验条件和方法　温度冲击	
57	SC/T 6017—2019	水车式增氧机	SC/T 6017—1999
58	SC/T 3110—2019	冻虾仁	SC/T 3110—1996
59	SC/T 3124—2019	鲜、冻养殖河豚鱼	
60	SC/T 5108—2019	锦鲤售卖场条件	
61	SC/T 5709—2019	金鱼分级　水泡眼	
62	SC/T 7016.13—2019	鱼类细胞系　第 13 部分：鲫细胞系(CAR)	
63	SC/T 7016.14—2019	鱼类细胞系　第 14 部分：锦鲤吻端细胞系(KS)	
64	SC/T 7229—2019	鲤浮肿病诊断规程	
65	SC/T 2092—2019	脊尾白虾　亲虾	
66	SC/T 2097—2019	刺参人工繁育技术规范	
67	SC/T 4050.1—2019	拖网渔具通用技术要求　第 1 部分：网衣	
68	SC/T 4050.2—2019	拖网渔具通用技术要求　第 2 部分：浮子	
69	SC/T 9433—2019	水产种质资源描述通用要求	
70	SC/T 1143—2019	淡水珍珠蚌鱼混养技术规范	
71	SC/T 2093—2019	大泷六线鱼　亲鱼和苗种	
72	SC/T 4049—2019	超高分子量聚乙烯网片　绞捻型	
73	SC/T 9434—2019	水生生物增殖放流技术规范　金乌贼	
74	SC/T 1142—2019	水产新品种生长性能测试　鱼类	
75	SC/T 4048.1—2019	深水网箱通用技术要求　第 1 部分：框架系统	
76	SC/T 9429—2019	淡水渔业资源调查规范　河流	
77	SC/T 2095—2019	大型藻类养殖容量评估技术规范　营养盐供需平衡法	
78	SC/T 3211—2019	盐渍裙带菜	SC/T 3211—2002
79	SC/T 3213—2019	干裙带菜叶	SC/T 3213—2002
80	SC/T 2096—2019	三疣梭子蟹人工繁育技术规范	

（续）

序号	标准号	标准名称	代替标准号
81	SC/T 9430—2019	水生生物增殖放流技术规范　鳜	
82	SC/T 1137—2019	淡水养殖水质调节用微生物制剂　质量与使用原则	
83	SC/T 9431—2019	水生生物增殖放流技术规范　拟穴青蟹	
84	SC/T 9432—2019	水生生物增殖放流技术规范　海蜇	
85	SC/T 1140—2019	莫桑比克罗非鱼	
86	SC/T 2098—2019	裙带菜人工繁育技术规范	
87	SC/T 6137—2019	养殖渔情信息采集规范	
88	SC/T 2099—2019	牙鲆人工繁育技术规范	
89	SC/T 3053—2019	水产品及其制品中虾青素含量的测定　高效液相色谱法	
90	SC/T 1139—2019	细鳞鲴	
91	SC/T 9435—2019	水产养殖环境(水体、底泥)中孔雀石绿的测定　高效液相色谱法	
92	SC/T 1141—2019	尖吻鲈	
93	NY/T 1766—2019	农业机械化统计基础指标	NY/T 1766—2009
94	NY/T 985—2019	根茬粉碎还田机　作业质量	NY/T 985—2006
95	NY/T 1227—2019	残地膜回收机　作业质量	NY/T 1227—2006
96	NY/T 3481—2019	根茎类中药材收获机　质量评价技术规范	
97	NY/T 3482—2019	谷物干燥机质量调查技术规范	
98	NY/T 1830—2019	拖拉机和联合收割机安全技术检验规范	NY/T 1830—2009
99	NY/T 2207—2019	轮式拖拉机能效等级评价	NY/T 2207—2012
100	NY/T 1629—2019	拖拉机排气烟度限值	NY/T 1629—2008
101	NY/T 3483—2019	马铃薯全程机械化生产技术规范	
102	NY/T 3484—2019	黄淮海地区保护性耕作机械化作业技术规范	
103	NY/T 3485—2019	西北内陆棉区棉花全程机械化生产技术规范	
104	NY/T 3486—2019	蔬菜移栽机　作业质量	
105	NY/T 1828—2019	机动插秧机　质量评价技术规范	NY/T 1828—2009
106	NY/T 3487—2019	厢式果蔬烘干机　质量评价技术规范	
107	NY/T 1534—2019	水稻工厂化育秧技术规程	NY/T 1534—2007
108	NY/T 209—2019	农业轮式拖拉机　质量评价技术规范	NY/T 209—2006
109	NY/T 3488—2019	农业机械重点检查技术规范	
110	NY/T 364—2019	种子拌药机　质量评价技术规范	NY/T 364—1999
111	NY/T 3489—2019	农业机械化水平评价　第2部分：畜牧养殖	
112	NY/T 3490—2019	农业机械化水平评价　第3部分：水产养殖	
113	NY/T 3491—2019	玉米免耕播种机适用性评价方法	
114	NY/T 3492—2019	农业生物质原料　样品制备	
115	NY/T 3493—2019	农业生物质原料　粗蛋白测定	
116	NY/T 3494—2019	农业生物质原料　纤维素、半纤维素、木质素测定	
117	NY/T 3495—2019	农业生物质原料热重分析法　通则	
118	NY/T 3496—2019	农业生物质原料热重分析法　热裂解动力学参数	
119	NY/T 3497—2019	农业生物质原料热重分析法　工业分析	
120	NY/T 3498—2019	农业生物质原料成分测定　元素分析仪法	
121	NY/T 3499—2019	受污染耕地治理与修复导则	
122	NY/T 3500—2019	农业信息基础共享元数据	
123	NY/T 3501—2019	农业数据共享技术规范	

中华人民共和国农业农村部公告
第 197 号

《饲料中硝基咪唑类药物的测定　液相色谱-质谱法》等 10 项标准业经专家审定通过，现批准发布为中华人民共和国农业行业标准，自 2020 年 1 月 1 日起实施。

特此公告。

附件：《饲料中硝基咪唑类药物的测定　液相色谱-质谱法》等 10 项国家标准目录

农业农村部

2019 年 8 月 1 日

附件：

《饲料中硝基咪唑类药物的测定　液相色谱-质谱法》等10项国家标准目录

序号	标准号	标准名称	代替标准号
1	农业农村部公告第197号—1—2019	饲料中硝基咪唑类药物的测定　液相色谱-质谱法	农业部1486号公告—4—2010
2	农业农村部公告第197号—2—2019	饲料中盐酸沃尼妙林和泰妙菌素的测定　液相色谱-串联质谱法	
3	农业农村部公告第197号—3—2019	饲料中硫酸新霉素的测定　液相色谱-串联质谱法	
4	农业农村部公告第197号—4—2019	饲料中海南霉素的测定　液相色谱-串联质谱法	
5	农业农村部公告第197号—5—2019	饲料中可乐定等7种α-受体激动剂的测定　液相色谱-串联质谱法	
6	农业农村部公告第197号—6—2019	饲料中利巴韦林等7种抗病毒类药物的测定　液相色谱-串联质谱法	
7	农业农村部公告第197号—7—2019	饲料中福莫特罗、阿福特罗的测定　液相色谱-串联质谱法	
8	农业农村部公告第197号—8—2019	动物毛发中赛庚啶残留量的测定　液相色谱-串联质谱法	
9	农业农村部公告第197号—9—2019	畜禽血液和尿液中150种兽药及其他化合物鉴别和确认　液相色谱-高分辨串联质谱法	
10	农业农村部公告第197号—10—2019	畜禽血液和尿液中160种兽药及其他化合物的测定　液相色谱-串联质谱法	

国家卫生健康委员会
农 业 农 村 部
国家市场监督管理总局
公 告
2019年 第5号

根据《中华人民共和国食品安全法》规定，经食品安全国家标准审评委员会审查通过，现发布《食品安全国家标准 食品中农药最大残留限量》(GB 2763—2019，代替GB 2763—2016和GB 2763.1—2018)等3项食品安全国家标准。其编号和名称如下：

GB 2763—2019 食品安全国家标准 食品中农药最大残留限量

GB 23200.116—2019 食品安全国家标准 植物源性食品中90种有机磷类农药及其代谢物残留量的测定 气相色谱法

GB 23200.117—2019 食品安全国家标准 植物源性食品中喹啉铜残留量的测定 高效液相色谱法

以上标准自发布之日起6个月正式实施。标准文本可在中国农产品质量安全网(http://www.aqsc.org)查阅下载。标准文本内容由农业农村部负责解释。

特此公告。

国家卫生健康委员会

农业农村部

国家市场监督管理总局

2019年8月15日

农 业 农 村 部
国家卫生健康委员会
国家市场监督管理总局
公 告
第114号

根据《中华人民共和国食品安全法》规定，经食品安全国家标准审评委员会审查通过，现发布《食品安全国家标准 食品中兽药最大残留限量》(GB 31650—2019，代替农业部公告第235号中的相应部分)及9项兽药残留检测方法食品安全国家标准，其编号和名称如下：

GB 31650—2019 食品安全国家标准 食品中兽药最大残留限量

GB 31660.1—2019 食品安全国家标准 水产品中大环内酯类药物残留量的测定 液相色谱-串联质谱法

GB 31660.2—2019 食品安全国家标准 水产品中辛基酚、壬基酚、双酚A、己烯雌酚、雌酮、17α-乙炔雌二醇、17β-雌二醇、雌三醇残留量的测定 气相色谱-质谱法

GB 31660.3—2019 食品安全国家标准 水产品中氟乐灵残留量的测定 气相色谱法

GB 31660.4—2019 食品安全国家标准 动物性食品中醋酸甲地孕酮和醋酸甲羟孕酮残留量的测定 液相色谱-串联质谱法

GB 31660.5—2019 食品安全国家标准 动物性食品中金刚烷胺残留量的测定 液相色谱-串联质谱法

GB 31660.6—2019 食品安全国家标准 动物性食品中5种α_2-受体激动剂残留量的测定 液相色谱-串联质谱法

GB 31660.7—2019 食品安全国家标准 猪组织和尿液中赛庚啶及可乐定残留量的测定 液相色谱-串联质谱法

GB 31660.8—2019 食品安全国家标准 牛可食性组织及牛奶中氮氨菲啶残留量的测定 液相色谱-串联质谱法

GB 31660.9—2019 食品安全国家标准 家禽可食性组织中乙氧酰胺苯甲酯残留量的测定 高效液相色谱法

以上标准自2020年4月1日起实施。标准文本可在中国农产品质量安全网(http://www.aqsc.org)查阅下载。

农业农村部
国家卫生健康委员会
国家市场监督管理总局
2019年9月6日

中华人民共和国农业农村部公告
第 251 号

《肥料　包膜材料使用风险控制准则》等 39 项标准业经专家审定通过，现批准发布为中华人民共和国农业行业标准，自 2020 年 4 月 1 日起实施。

特此公告。

附件：《肥料　包膜材料使用风险控制准则》等 39 项农业行业标准目录

农业农村部

2019 年 12 月 27 日

附件：

《肥料　包膜材料使用风险控制准则》等 39 项农业行业标准目录

序号	标准号	标准名称	代替标准号
1	NY/T 3502—2019	肥料　包膜材料使用风险控制准则	
2	NY/T 3503—2019	肥料　着色材料使用风险控制准则	
3	NY/T 3504—2019	肥料增效剂　硝化抑制剂及使用规程	
4	NY/T 3505—2019	肥料增效剂　脲酶抑制剂及使用规程	
5	NY/T 3506—2019	植物品种特异性、一致性和稳定性测试指南　玉簪属	
6	NY/T 3507—2019	植物品种特异性、一致性和稳定性测试指南　蕹菜	
7	NY/T 3508—2019	植物品种特异性、一致性和稳定性测试指南　朱顶红属	
8	NY/T 3509—2019	植物品种特异性、一致性和稳定性测试指南　菠菜	
9	NY/T 3510—2019	植物品种特异性、一致性和稳定性测试指南　鹤望兰	
10	NY/T 3511—2019	植物品种特异性(可区别性)、一致性和稳定性测试指南编写规则	
11	NY/T 3512—2019	肉中蛋白无损检测法　近红外法	
12	NY/T 3513—2019	生乳中硫氰酸根的测定　离子色谱法	
13	NY/T 251—2019	剑麻织物　单位面积质量的测定	NY/T 251—1995
14	NY/T 926—2019	天然橡胶初加工机械　撕粒机	NY/T 926—2004
15	NY/T 927—2019	天然橡胶初加工机械　碎胶机	NY/T 927—2004
16	NY/T 2668.13—2019	热带作物品种试验技术规程　第 13 部分:木菠萝	
17	NY/T 2668.14—2019	热带作物品种试验技术规程　第 14 部分:剑麻	
18	NY/T 385—2019	天然生胶　技术分级橡胶(TSR)浅色胶生产技术规程	NY/T 385—1999
19	NY/T 2667.13—2019	热带作物品种审定规范　第 13 部分:木菠萝	
20	NY/T 3514—2019	咖啡中绿原酸类化合物的测定　高效液相色谱法	
21	NY/T 3515—2019	热带作物病虫害防治技术规程　椰子织蛾	
22	NY/T 3516—2019	热带作物种质资源描述规范　毛叶枣	
23	NY/T 3517—2019	热带作物种质资源描述规范　火龙果	
24	NY/T 3518—2019	热带作物病虫害监测技术规程　橡胶树炭疽病	
25	NY/T 3519—2019	油棕种苗繁育技术规程	
26	NY/T 3520—2019	菠萝种苗繁育技术规程	
27	NY/T 3521—2019	马铃薯面条加工技术规范	
28	NY/T 3522—2019	发芽糙米加工技术规范	
29	NY/T 3523—2019	马铃薯主食复配粉加工技术规范	
30	NY/T 3524—2019	冷冻肉解冻技术规范	
31	NY/T 3525—2019	农业环境类长期定位监测站通用技术要求	
32	NY/T 3526—2019	农情监测遥感数据预处理技术规范	
33	NY/T 3527—2019	农作物种植面积遥感监测规范	
34	NY/T 3528—2019	耕地土壤墒情遥感监测规范	
35	NY/T 3529—2019	水稻插秧机报废技术条件	
36	NY/T 3530—2019	铡草机报废技术条件	
37	NY/T 3531—2019	饲料粉碎机报废技术条件	
38	NY/T 3532—2019	机动脱粒机报废技术条件	
39	NY/T 2454—2019	机动植保机械报废技术条件	NY/T 2454—2013

图书在版编目（CIP）数据

中国农业行业标准汇编．2021．种植业分册/标准质量出版分社编．—北京：中国农业出版社，2021.1
（中国农业标准经典收藏系列）
ISBN 978-7-109-27413-6

Ⅰ．①中… Ⅱ．①标… Ⅲ．①农业—行业标准—汇编—中国②种植业—行业标准—汇编—中国 Ⅳ．①S-65

中国版本图书馆 CIP 数据核字（2020）第 188323 号

中国农业出版社出版
地址：北京市朝阳区麦子店街 18 号楼
邮编：100125
责任编辑：冀 刚
版式设计：杜 然 责任校对：刘丽香
印刷：北京印刷一厂
版次：2021 年 1 月第 1 版
印次：2021 年 1 月北京第 1 次印刷
发行：新华书店北京发行所
开本：880mm×1230mm 1/16
印张：27.75
字数：920 千字
定价：280.00 元